高等职业院校信息技术基础系列教材

信息技术基础

Fundamentals of
Information Technology

陈培军 廖明辉 刘明江 | 主编
郭波涛 田文浪 贺向妮 | 副主编

人民邮电出版社

北 京

图书在版编目（CIP）数据

信息技术基础 / 陈培军，廖明辉，刘明江主编. --
北京：人民邮电出版社，2021.8（2022.9重印）
高等职业院校信息技术基础系列教材
ISBN 978-7-115-56869-4

Ⅰ．①信… Ⅱ．①陈… ②廖… ③刘… Ⅲ．①电子计
算机－高等职业教育－教材 Ⅳ．①TP3

中国版本图书馆CIP数据核字(2021)第128676号

内 容 提 要

本教材采用"任务驱动，理论实训一体"的教学模式，遵循学生认知规律和技能成长规律，形成
模块化结构。全书共 6 个模块，分别为使用与维护计算机、配置与使用 Windows 7、操作与应用 Word
2016、操作与应用 Excel 2016、操作与应用 PowerPoint 2016、应用互联网与认知新一代信息技术。

本教材可以作为高职院校信息技术基础课程的教材，也可以作为计算机操作的培训教材及自学参
考书。

◆ 主　　编　陈培军　廖明辉　刘明江
　　副 主 编　郭波涛　田文浪　贺向妮
　　责任编辑　郭 雯
　　责任印制　王 郁　彭志环
◆ 人民邮电出版社出版发行　　北京市丰台区成寿寺路 11 号
　　邮编　100164　电子邮件　315@ptpress.com.cn
　　网址　https://www.ptpress.com.cn
　　北京市艺辉印刷有限公司印刷
◆ 开本：787×1092　1/16
　　印张：19.5　　　　　　　　　2021 年 8 月第 1 版
　　字数：506 千字　　　　　　　2022 年 9 月北京第 2 次印刷

定价：69.80 元

读者服务热线：(010)81055256　印装质量热线：(010)81055316
反盗版热线：(010)81055315
广告经营许可证：京东市监广登字 20170147 号

前言 FOREWORD

本教材进一步明确"信息技术基础"课程的教学目标，让学习者不但能系统掌握基础知识和基本方法，而且能熟练完成文档编辑排版、数据处理和演示文稿制作，能运用所学知识解决实际问题。本教材在教学内容选取、教学方法运用、教学环节设计、训练任务设置、教学资源配置等方面能充分满足实际教学需求和考证需求，并力求有所创新。

（1）优选 1 种先进的教学模式

采用"任务驱动，理论实训一体"的教学模式，设置了操作训练和提升训练，这些训练都是来源于活动组织、教学管理、企业营销等方面的真实任务，具有较强的代表性。

（2）满足 2 种需求

如今，从小学开始就开设了"信息技术"课程，学生都具备一定的计算机基础知识，对计算机的基本操作有所了解，但缺乏系统性和职业化的训练。"信息技术基础"这门基础课程需要完整的知识梳理和系统的方法指导，进一步加强规范化、职业化的操作训练，以满足学习者现阶段的考证需求和未来的就业需求。基于此，本教材对任务驱动教学方法进一步进行了优化，能够充分发挥学习者的主观能动性和对知识的应用能力，强化训练学习者的动手能力和职业能力。本教材将应用信息技术解决学习、工作、生活中常见问题作为重点教学目标，强调"做中学、做中会"。本教材不是以学习信息技术的理论知识为主线的，而是以完成任务为主线的，使读者在完成规定任务的过程中熟悉规范、掌握知识、学会方法。

（3）覆盖 2 类考试

① 全国计算机等级考试：一级计算机基础及 MS Office 应用。

② 全国计算机技术与软件专业技术资格（水平）考试：信息处理技术员。

（4）实现 3 个目标

① 实现熟练掌握计算机基础知识和基本技能的目标。

② 实现按要求快速完成规定操作任务的目标。

③ 实现遇到疑难问题时能想办法自行解决的目标。

（5）凸显 4 个亮点

① 遵循学生认知规律和技能成长规律，形成模块化结构，包括使用与维护计算机、配置与使用 Windows 7、操作与应用 Word 2016、操作与应用 Excel 2016、操作与应用 PowerPoint 2016、应用互联网与认知新一代信息技术 6 个模块。

② 注重方法和手段的创新，力求基础知识系统化、方法指导条理化、技能训练任务化、理论教学与实训指导一体化。任务驱动、案例教学、多媒体教学、网络教学等多种教学方法均可以使用。

③ 适应教学组织的多样性需求，可以满足"先知识讲解后上机操作""理论实训一体""课程教学+综合实训"等多种教学组织需求，在不同课时、不同教学条件下都能顺利实施课程教学。

④ 提供多样化的教学资源，为授课老师提供课程标准、电子教案、训练素材和习题，方便教学过程。

本教材由陈培军、廖明辉、刘明江任主编，郭波涛、田文浪、贺向妮任副主编，周哲韫、李璇、王娟、龚瑞、李青松、胡闯、曾婷萍、金淑娟、江岸、胡书源参与编写。由于编者水平有限，书中难免存在疏漏和不足之处，敬请各位专家和学习者批评指正。

编　者

2021 年 7 月

目录 CONTENTS

模块1

使用与维护计算机 ……………… 1

1.1 计算机基础知识………………1
  1.1.1 计算机发展历程 ………… 1
  1.1.2 计算机应用领域 ………… 2
  1.1.3 微型计算机主要特点 …… 3
  1.1.4 计算机硬件系统的基本组成 … 3
  1.1.5 微型计算机硬件系统的基本组成 … 4
  1.1.6 微型计算机软件系统的基本构成 … 6
  1.1.7 计算机病毒及其防治措施 … 8
  1.1.8 常用的计数制及其转换方法 … 11
  1.1.9 计算机中数据的表示与常见的信息编码 … 13
  1.1.10 多媒体技术 …………… 16
  1.1.11 信息素养 ……………… 17
  【任务1-1】区分计算机与微型计算机… 18
  【任务1-2】区分计算机的硬件系统与软件系统 … 19
  【任务1-3】认知微型计算机硬件系统的外观组成 … 19
  【任务1-4】认知微型计算机类型… 20
  【任务1-5】认知微型计算机硬件外观与功能 … 20
  【任务1-6】认知微型计算机工作原理 … 21
  【任务1-7】认知计算机系统的主要性能指标 ………… 23
  【任务1-8】实施不同进制数的转换 … 24

1.2 正确使用计算机………………26
  【任务1-9】按正确顺序开机与关机 … 26
  【任务1-10】熟悉基本操作规范与正确使用计算机 ……… 27

1.3 保养与维护计算机………………28
  【任务1-11】保养与维护CPU ………28
  【任务1-12】保养与维护硬盘 ………29
  【任务1-13】保养与维护显示器 ……30

【提升训练】 ………………………30
  【训练1-1】保养与维护台式计算机 …30
  【训练1-2】保养与维护笔记本电脑配件 ………………32

【考核评价】 ………………………33
  【技能测试】 ………………………33
  【测试1-1】列出3类计算机的性能和主要技术参数 ………33
  【测试1-2】列出计算机配件的品牌、价格、性能参数 ………33
  【测试1-3】列出品牌计算机的配置清单和参考价格 ………34
  【测试1-4】列出最新的打印机品牌、型号及主要性能 ………34
  【课后习题】 ………………………34

模块2

配置与使用 Windows 7 … 35

2.1 操作系统 ……………………35
  2.1.1 操作系统基本概念………35
  2.1.2 操作系统的作用与功能 ………36
  2.1.3 操作系统分类 …………36
  2.1.4 Windows操作系统常用术语…36

2.2 Windows 7 基本操作………36
  2.2.1 Windows 7启动与退出 ………37
  【操作2-1】启动与退出Windows 7 …37
  2.2.2 鼠标基本操作……………37
  【操作2-2】鼠标基本操作………37
  2.2.3 键盘基本操作 ……………37
  2.2.4 桌面基本操作 ……………37

【操作 2-3】桌面基本操作……………… 37
　2.2.5　任务栏基本操作……………… 38
【操作 2-4】任务栏基本操作…………… 38
　2.2.6　"开始"菜单基本操作………… 38
【操作 2-5】"开始"菜单基本操作…… 38
　2.2.7　"资源管理器"窗口基本操作… 38
【操作 2-6】窗口基本操作…………… 40
　2.2.8　"资源管理器"窗口菜单基本
　　　　　操作……………………… 40
【操作 2-7】Windows 7 菜单基本
　　　　　操作……………………… 41
　2.2.9　对话框基本操作…………… 41
【操作 2-8】对话框基本操作………… 41
　2.2.10　获取帮助信息……………… 42
　2.2.11　"控制面板"窗口基本操作…… 42
【操作 2-9】"控制面板"窗口基本
　　　　　操作……………………… 42
2.3　配置 Windows 7 操作系统
　　　环境………………………… 42
【操作 2-10】定制与优化桌面外观…… 42
【操作 2-11】设置个性化任务栏……… 43
【操作 2-12】设置个性化"开始"
　　　　　菜单……………………… 43
【操作 2-13】设置显示器外观………… 43
【操作 2-14】设置窗口颜色和外观…… 43
【操作 2-15】设置网络连接属性……… 43
【操作 2-16】为 Windows 7 设置默认
　　　　　程序……………………… 43
【操作 2-17】添加与删除 Windows 7 的
　　　　　功能……………………… 44
【操作 2-18】设置计算机系统属性…… 44
2.4　管理文件夹和文件 ………… 44
【操作 2-19】浏览文件夹和文件……… 44
【任务 2-1】新建文件夹和文件……… 44
【任务 2-2】复制与移动文件夹和文件… 46
【任务 2-3】删除文件夹和文件与使用
　　　　　"回收站"………………… 48
【任务 2-4】搜索文件夹和文件……… 50
【任务 2-5】设置文件夹选项………… 52
【任务 2-6】查看与设置文件和文件夹

　　　　　属性……………………… 53
【任务 2-7】设置文件夹共享属性…… 56
2.5　管理磁盘…………………… 58
【操作 2-20】查看与设置磁盘属性…… 58
【任务 2-8】磁盘检查与碎片整理…… 59
2.6　创建与管理用户账户………… 62
　2.6.1　管理员账户………………… 62
　2.6.2　标准账户…………………… 62
　2.6.3　来宾账户…………………… 62
【任务 2-9】使用"管理账户"窗口创建
　　　　　管理员账户"admin"…… 63
【任务 2-10】使用"计算机管理"窗口
　　　　　创建账户"user01"……64
【提升训练】……………………… 67
【训练 2-1】优化系统的启动性能…… 67
【训练 2-2】启用密码策略…………… 68
【考核评价】……………………… 69
【技能测试】……………………… 69
【测试 2-1】启动应用程序…………… 69
【测试 2-2】Windows 7 桌面操作…… 69
【测试 2-3】文件夹和文件操作……… 69
【测试 2-4】搜索文件夹和文件……… 70
【测试 2-5】创建与切换账户………… 70
【课后习题】……………………… 70

模块 3

操作与应用 Word 2016 …… 72

3.1　初识 Word 2016 …………72

　3.1.1　Word 的主要功能与特点……72
　3.1.2　Word 2016 窗口的基本组成及其
　　　　　主要功能………………………72
　3.1.3　Word 2016 的视图…………73

3.2　认知键盘与熟悉字符输入………73

　3.2.1　熟悉键盘布局 ………………73
　3.2.2　熟悉基准键位与手指键位分工 …74
　3.2.3　掌握正确的打字姿势…………74
　3.2.4　掌握正确按键方法……………74
　3.2.5　切换输入法…………………74
　3.2.6　正确输入英文字母……………76

3.2.7 正确输入中英文标点符号 ········ 76

3.3 Word 2016 基本操作 ·········· **76**

3.3.1 启动与退出 Word 2016 ········ 76

【操作 3-1】启动与退出 Word 2016 ··· 76

3.3.2 Word 文档基本操作 ··········· 76

【操作 3-2】Word 文档基本操作 ····· 76

【任务 3-1】在 Word 2016 中输入英文祝
愿语 ··········· 77

3.4 在 Word 2016 中输入与编辑
文本 ···················· **78**

3.4.1 输入文本 ·········· 78

【操作 3-3】在 Word 文档中输入
文本 ··········· 78

3.4.2 编辑文本 ·········· 78

【操作 3-4】在 Word 文档中编辑
文本 ··········· 79

3.4.3 设置项目符号与编号 ·········· 79

【操作 3-5】在 Word 文档中设置项目
符号与编号 ········· 79

3.4.4 查找与替换文本 ·········· 79

【操作 3-6】在 Word 文档中查找与替换
文本 ··········· 79

【任务 3-2】在 Word 2016 中输入中英文
短句 ··········· 80

3.4.5 设置文档保护 ·········· 81

3.5 Word 2016 格式设置 ·········· **81**

3.5.1 设置字符格式 ·········· 81

【操作 3-7】在 Word 文档中设置字体
格式 ··········· 82

3.5.2 设置段落格式 ·········· 82

【操作 3-8】在 Word 文档中设置段落
格式 ··········· 82

3.5.3 应用样式设置文档格式 ········· 82

【操作 3-9】在 Word 文档中应用样式
设置文档格式 ········ 82

3.5.4 创建与应用模板 ·········· 83

【操作 3-10】在 Word 文档中创建与应用
模板 ··········· 83

【任务 3-3】设置"教师节贺信"文档的
格式 ··········· 83

【任务 3-4】创建与应用通知文档中的样式
与模板 ··········· 85

3.6 Word 2016 页面设置与文档
打印 ···················· **89**

3.6.1 文档内容分页与分节 ·········· 90

3.6.2 设置页面边框 ·········· 90

3.6.3 页面设置 ·········· 91

3.6.4 设置页眉与页脚 ·········· 91

3.6.5 插入与设置页码 ·········· 92

3.6.6 打印文档 ·········· 92

【任务 3-5】"教师节贺信"文档页面设置
与打印 ··········· 93

3.7 Word 2016 表格制作与数值
计算 ···················· **94**

3.7.1 创建表格 ·········· 94

【操作 3-11】在 Word 文档中创建
表格 ··········· 94

3.7.2 绘制与擦除表格线 ·········· 94

3.7.3 移动与缩放表格与行列 ········· 95

3.7.4 表格中的选定操作 ·········· 96

3.7.5 表格中的插入操作 ·········· 97

【操作 3-12】Word 文档表格中的插入
操作 ··········· 97

3.7.6 表格中的删除操作 ·········· 97

【操作 3-13】Word 文档表格中的删除
操作 ··········· 97

3.7.7 调整表格行高和列宽 ·········· 97

【操作 3-14】在 Word 文档中调整表格行
高和列宽 ········· 97

3.7.8 合并与拆分单元格 ·········· 98

【操作 3-15】在 Word 文档中合并与
拆分单元格 ········· 98

3.7.9 表格格式设置 ·········· 98

【操作 3-16】Word 文档中的表格格式
设置 ··········· 98

3.7.10 表格内容输入与编辑 ········· 98

3.7.11 表格内容格式设置 ·········· 98

3.7.12 表格中数值计算与数据排序 ···· 99

【任务 3-6】制作班级课表 ··········100

【任务 3-7】计算商品销售表中的金额和
总计 ·········· 105

3.8 Word 2016 图文混排········· 106
3.8.1 插入与编辑图片 ····· 106
【操作 3-17】在 Word 文档中插入与编辑
图片 ·········· 106
3.8.2 插入与编辑艺术字 ····· 107
【操作 3-18】在 Word 文档中插入与编辑
艺术字 ·········· 107
3.8.3 插入与编辑文本框 ····· 107
【操作 3-19】在 Word 文档中插入与编辑
文本框 ·········· 107
3.8.4 插入公式 ····· 107
3.8.5 绘制与编辑图形 ····· 108
3.8.6 制作水印效果 ····· 108
【任务 3-8】编辑"九寨沟风景区景点介绍"
实现图文混排效果 ········· 108
【任务 3-9】在 Word 文档中插入一元二次
方程的求根公式 ·········· 111
【任务 3-10】在 Word 文档中绘制闸门
形状和尺寸标注示意图··· 112

3.9 用 Word 2016 批量制作
文档··············· 116
3.9.1 初识"邮件合并" ····· 116
3.9.2 邮件合并主要过程 ····· 116
【任务 3-11】利用邮件合并功能制作并
打印研讨会请柬 ·········· 117

【提升训练】·················· 122
【训练 3-1】利用邮件合并功能制作
毕业证书 ····· 122
【训练 3-2】编辑制作悠闲居创业
计划书 ····· 128

【考核评价】·················· 130
【技能测试】················· 130
【测试 3-1】合理设置 Word 选项 ····· 130
【测试 3-2】在 Word 2016 中输入中英文
和特殊字符 ····· 130
【测试 3-3】定义样式与模板 ····· 131
【测试 3-4】在 Word 文档中制作个人
基本信息表 ····· 131

【测试 3-5】Word 表格操作与数据
计算 ··············132
【测试 3-6】在 Word 文档中插入与设置
图片 ··············133
【测试 3-7】在 Word 文档中绘制计算机
硬件系统基本组成的
图形 ··············133
【课后习题】·················133

模块 4

操作与应用 Excel 2016 ·· 135

4.1 初识 Excel 2016 ··············135
4.1.1 Excel 窗口的基本组成及其
主要功能··············135
4.1.2 Excel 的基本工作对象 ·····136

4.2 Excel 2016 基本操作 ········137
4.2.1 启动与退出 Excel 2016 ·····137
【操作 4-1】启动与退出
Excel 2016 ·············137
4.2.2 Excel 工作簿基本操作 ·····137
【操作 4-2】Excel 工作簿基本操作 ····137
4.2.3 Excel 工作表基本操作 ·····137
【操作 4-3】Excel 工作表基本操作 ····137
4.2.4 工作表窗口基本操作 ·····138
4.2.5 Excel 行与列基本操作 ·····139
【操作 4-4】Excel 行与列基本操作 ·····139
4.2.6 Excel 单元格基本操作 ·····139
【操作 4-5】Excel 单元格基本操作 ····139
【任务 4-1】Excel 工作簿"企业通讯录
.xlsx"基本操作 ··········139

4.3 在 Excel 2016 中输入与编辑
数据 ··············· 141
4.3.1 输入文本数据 ·············141
4.3.2 输入数值数据 ·············142
4.3.3 输入日期和时间 ·············142
4.3.4 输入有效数据 ·············143
【操作 4-6】在 Excel 工作表中设置数据
有效性··············143
4.3.5 自动填充数据 ·············143

【操作 4-7】在 Excel 工作表中自动
　　填充数据 ················· 143
4.3.6　自定义填充序列 ········· 143
【操作 4-8】在 Excel 工作表中自定义
　　填充序列 ················· 143
4.3.7　编辑工作表中的内容 ········· 143
【任务 4-2】在 Excel 工作簿中输入与编辑
　　"客户通讯录 1"数据 ······ 144

4.4　Excel 工作表格式设置 ········ 145
4.4.1　设置数字格式和对齐方式 ····· 145
【操作 4-9】在 Excel 工作表中设置数字
　　格式和对齐方式 ·········· 145
4.4.2　设置字体格式 ········· 145
4.4.3　设置单元框边框 ········· 146
4.4.4　设置单元格的填充颜色和
　　图案 ················· 146
4.4.5　自动套用表格格式 ········· 146
4.4.6　设置单元格条件格式 ········· 148
【操作 4-10】在 Excel 工作表中设置
　　单元格条件格式 ·········· 148
【任务 4-3】Excel 工作簿"客户通讯录
　　2.xlsx"格式设置与效果
　　预览 ················· 148

4.5　Excel 2016 中数据计算 ······· 150
4.5.1　单元格引用 ·············· 150
4.5.2　自动计算 ·············· 151
4.5.3　使用公式计算 ·············· 151
【操作 4-11】Excel 工作表中公式的输入
　　与计算 ················· 152
4.5.4　使用函数计算 ·············· 152

4.6　Excel 2016 数据统计与
　　分析 ················· 152
4.6.1　数据排序 ·············· 153
【操作 4-12】Excel 工作表中的数据
　　排序 ················· 153
4.6.2　数据筛选 ·············· 153
【操作 4-13】Excel 工作表中的数据
　　筛选 ················· 153
4.6.3　数据分类汇总 ·············· 153
【操作 4-14】Excel 工作表中的数据
　　分类汇总 ················· 154

【任务 4-4】产品销售数据处理与
　　计算 ················· 154
【任务 4-5】产品销售数据排序 ········· 155
【任务 4-6】产品销售数据筛选 ········· 156
【任务 4-7】产品销售数据分类汇总 ···· 158

4.7　用 Excel 2016 管理数据 ····· 158
4.7.1　Excel 数据安全保护 ········· 159
4.7.2　隐藏行、列与工作表 ········· 159
【任务 4-8】尝试保护文档"蓝天易购电器
　　商城产品销售情况表 5.xlsx"
　　及其工作表 ················· 159

4.8　Excel 2016 展现与输出
　　数据 ················· 162
4.8.1　初识 Excel 图表的作用与类型
　　选择 ················· 162
4.8.2　Excel 2016 图表基本操作 ······ 162
4.8.3　设置图表元素的布局 ········· 163
4.8.4　初识数据透视表 ········· 164
4.8.5　Excel 工作表页面设置 ········· 164
【操作 4-15】Excel 工作表页面设置 ···· 164
4.8.6　工作表预览与打印 ········· 164
【操作 4-16】Excel 工作表预览与
　　打印 ················· 164
【任务 4-9】创建与编辑产品销售情况
　　图表 ················· 164
【任务 4-10】创建产品销售数据
　　透视表 ················· 167
【任务 4-11】产品销售情况页面设置与
　　打印输出 ················· 171

【提升训练】 ················· 174
【训练 4-1】人才需求量的统计与
　　分析 ················· 174
【训练 4-2】公司人员结构分析 ········· 175

【考核评价】 ················· 177
【技能测试】 ················· 177
【测试 4-1】五四青年节活动经费支出
　　预算数据的输入 ··········· 177
【测试 4-2】五四青年节活动经费预算
　　表格式设置与效果预览 ···· 177

【测试 4-3】五四青年节活动经费决算
表格式设置与数据计算 … 178
【测试 4-4】计算机配件销售数据的计算与
统计 ……………… 179
【测试 4-5】计算机配件销售数据的统计与
分析 ……………… 179
【测试 4-6】计算机配件销售图表的创建与
编辑 ……………… 179
【课后习题】……………… 179

模块 5

操作与应用
PowerPoint 2016 ………181

5.1 初识 PowerPoint 2016 ……181
5.1.1 PowerPoint 基本概念 ………… 181
5.1.2 PowerPoint 窗口基本组成及其
主要功能 ……………… 181
5.1.3 PowerPoint 的视图与切换
方式 ……………… 182
5.1.4 幻灯片母版与版式 ……………… 183
5.2 PowerPoint 2016 基本
操作……………………185
5.2.1 启动与退出
PowerPoint 2016 …………… 185
【操作 5-1】启动与退出
PowerPoint 2016 ……… 185
5.2.2 演示文稿基本操作 …………… 185
【操作 5-2】演示文稿基本操作 ……… 185
5.2.3 幻灯片基本操作 …………… 185
【操作 5-3】幻灯片基本操作 ………… 185
5.3 在演示文稿中重用幻灯片 ……186
【操作 5-4】重用幻灯片 …………… 186
5.4 合并演示文稿 …………………186
5.5 在演示文稿中设置幻灯片版式
与大小 ……………………187
5.5.1 设置幻灯片版式 …………… 187
5.5.2 设置幻灯片大小 …………… 187
5.6 演示文稿中的内容编辑与格式
设置 ……………………188

5.6.1 在幻灯片中输入与编辑文字……188
【操作 5-5】在幻灯片中输入与编辑
文字 ……………… 188
5.6.2 在幻灯片中插入与设置媒体
对象 ……………… 189
【操作 5-6】在幻灯片中插入与设置
图片 ……………… 189
【操作 5-7】在幻灯片中插入与设置
形状 ……………… 189
【操作 5-8】在幻灯片中插入与设置
艺术字 ……………… 190
【操作 5-9】在幻灯片中插入与
设置 SmartArt 图形 ……… 190
【操作 5-10】在幻灯片中插入与设置
文本框 ……………… 191
【操作 5-11】在幻灯片中插入与设置
表格 ……………… 191
【操作 5-12】在幻灯片中插入与设置
Excel 工作表 ……… 192
【操作 5-13】在幻灯片中插入音频
和视频 ……………… 192
5.6.3 在幻灯片中插入与设置
超链接 ……………… 192
【操作 5-14】在幻灯片中插入与设置
超链接 ……………… 192
5.6.4 在幻灯片中插入与设置动作
按钮 ……………… 193
【操作 5-15】在幻灯片中插入与设置
动作按钮 ……………… 193
5.6.5 幻灯片中的对象格式设置 ……… 193
5.7 演示文稿主题选用与母版
使用 ……………………194
5.7.1 使用主题统一幻灯片风格 ……… 194
5.7.2 快速调整字体 ……………… 194
5.7.3 幻灯片更换与应用配色方案 …… 196
5.7.4 幻灯片设置与应用主题样式 …… 197
5.7.5 幻灯片模板设计 …………… 197
5.7.6 幻灯片和幻灯片页面元素
复制 ……………… 198
5.7.7 设置幻灯片背景 …………… 199
【操作 5-16】设置幻灯片背景 ………200

5.7.8　使用母版 ······ 200
5.7.9　在幻灯片中制作备注页 ······ 201
5.8　演示文稿动画设置与放映
　　　操作 ······ **201**
5.8.1　设置幻灯片中对象的动画
　　　　效果 ······ 201
【操作 5-17】设置幻灯片中对象的动画
　　　　　　效果 ······ 202
5.8.2　设置幻灯片切换效果 ······ 202
【操作 5-18】设置幻灯片切换效果 ······ 202
5.8.3　幻灯片放映排练计时 ······ 202
5.8.4　幻灯片放映操作 ······ 203
5.9　打印演示文稿 ······ **204**
5.9.1　设置幻灯片大小 ······ 204
5.9.2　打印演示文稿 ······ 204
【任务 5-1】制作"五四青年节活动方案"
　　　　　演示文稿 ······ 205
【任务 5-2】设置演示文稿"五四青年节
　　　　　活动方案"动画效果与幻灯片
　　　　　放映方式 ······ 217
【提升训练】 ······ **219**
【训练 5-1】制作演示文稿"图形在 PPT
　　　　　中的应用.pptx" ······ 219
【训练 5-2】制作演示文稿"绘制与美化
　　　　　SmartArt 图形.pptx" ······ 222
【训练 5-3】制作展示阿坝美景的演示
　　　　　文稿"阿坝美景.pptx" ······ 224
【考核评价】 ······ **232**
【技能测试】 ······ 232
【测试 5-1】制作"自我推荐"演示
　　　　　文稿 ······ 232
【测试 5-2】创建展示九寨沟美景的演示
　　　　　文稿"九寨沟
　　　　　美景.pptx" ······ 233
【课后习题】 ······ 233

模块 6

应用互联网与认知新一代
信息技术 ······ **235**
6.1　认知计算机网络 ······ **235**

6.1.1　计算机网络组成 ······ 235
6.1.2　计算机网络分类 ······ 235
6.1.3　计算机与网络信息安全 ······ 237
6.2　认知与应用互联网 ······ **237**
6.2.1　认知互联网服务 ······ 237
6.2.2　认知互联网地址 ······ 237
6.2.3　认知 TCP/IP ······ 238
6.2.4　认知浏览器 ······ 238
6.2.5　认知搜索引擎 ······ 238
6.2.6　认知电子邮件 ······ 238
【任务 6-1】使用百度网站搜索信息 ······ 239
【任务 6-2】使用 E-mail 邮箱收发电子
　　　　　邮件 ······ 239
6.3　云计算 ······ **242**
6.3.1　云计算的定义 ······ 242
6.3.2　云计算的优势与特点 ······ 243
6.3.3　云计算的服务类型 ······ 244
6.3.4　云计算的应用领域 ······ 244
6.3.5　如何选择云服务提供商 ······ 245
6.4　大数据 ······ **246**
6.4.1　大数据的定义 ······ 246
6.4.2　大数据的特点 ······ 247
6.4.3　大数据的作用 ······ 248
6.4.4　大数据技术的主要应用行业 ······ 249
6.4.5　大数据预测及其典型应用
　　　　领域 ······ 249
6.5　人工智能 ······ **252**
6.5.1　人工智能的定义 ······ 252
6.5.2　人工智能的主要研究内容 ······ 253
6.5.3　人工智能对人们生活的积极
　　　　影响 ······ 254
6.5.4　人工智能的应用领域 ······ 255
6.5.5　人工智能趋势与展望 ······ 256
6.6　物联网 ······ **257**
6.6.1　物联网的定义 ······ 257
6.6.2　物联网的工作原理 ······ 258
6.6.3　物联网的主要特征 ······ 258
6.6.4　物联网的体系结构 ······ 258
6.6.5　物联网的应用案例 ······ 259
6.7　信息检索 ······ **261**

6.7.1 使用搜索引擎⋯⋯⋯⋯⋯ 261
6.7.2 商标检索⋯⋯⋯⋯⋯⋯ 264
6.7.3 专利检索⋯⋯⋯⋯⋯⋯ 269
6.7.4 信息资源库检索⋯⋯⋯ 274

6.8 量子信息⋯⋯⋯⋯⋯⋯⋯277
6.8.1 量子通信⋯⋯⋯⋯⋯⋯ 277
6.8.2 量子计算⋯⋯⋯⋯⋯⋯ 278

6.9 移动通信⋯⋯⋯⋯⋯⋯⋯278
6.9.1 第一代移动通信技术⋯⋯ 278
6.9.2 第二代移动通信技术⋯⋯ 278
6.9.3 第三代移动通信技术⋯⋯ 279
6.9.4 第四代移动通信技术⋯⋯ 279
6.9.5 第五代移动通信技术⋯⋯ 279

6.10 区块链⋯⋯⋯⋯⋯⋯⋯280
6.10.1 区块链的概念⋯⋯⋯⋯ 280
6.10.2 发展过程及应用领域⋯⋯ 280

6.11 信息安全⋯⋯⋯⋯⋯⋯281
6.11.1 信息安全概念⋯⋯⋯⋯ 281
6.11.2 信息安全的主要威胁⋯⋯ 281
6.11.3 信息安全技术⋯⋯⋯⋯ 282
6.11.4 信息安全法规⋯⋯⋯⋯ 282

6.12 计算机病毒⋯⋯⋯⋯⋯282
6.12.1 计算机病毒的概念⋯⋯⋯ 282
6.12.2 计算机病毒的主要传播途径⋯ 283
6.12.3 计算机病毒的分类⋯⋯⋯ 283
6.12.4 计算机病毒的防治⋯⋯⋯ 283

【提升训练】⋯⋯⋯⋯⋯⋯⋯284
【训练6-1】通过招聘网站制作与发送
求职简历⋯⋯⋯⋯ 284

【训练6-2】分析云计算在智能电网中的
应用⋯⋯⋯⋯⋯284
【训练6-3】分析大数据的典型应用
案例⋯⋯⋯⋯⋯285
【训练6-4】分析人工智能在物流领域的
综合应用⋯⋯⋯⋯289
【训练6-5】探析人工智能在计算机视觉
和模式识别中的应用⋯⋯⋯292
【训练6-6】探析人工智能在自然语言
领域的应用⋯⋯⋯⋯294
【训练6-7】探析物联网技术在智能交通中
的应用⋯⋯⋯⋯296
【训练6-8】探析物联网技术在环境监测
中的应用⋯⋯⋯⋯298

【考核评价】⋯⋯⋯⋯⋯⋯⋯298
【技能测试】⋯⋯⋯⋯⋯⋯⋯298
【测试6-1】通过互联网搜索招聘网站与
获取招聘信息⋯⋯⋯298
【测试6-2】通过互联网查询旅游景点
信息⋯⋯⋯⋯⋯299
【测试6-3】通过互联网查询火车车次
及时间⋯⋯⋯⋯299
【测试6-4】通过互联网查询乘车
路线⋯⋯⋯⋯⋯299
【测试6-5】通过互联网搜索与获取台式
计算机配置方案⋯⋯⋯299
【测试6-6】通过互联网搜索与下载所需
的资料⋯⋯⋯⋯299
【课后习题】⋯⋯⋯⋯⋯⋯⋯299

模块1
使用与维护计算机

01

计算机是一种存储和处理数据的工具，如今已广泛应用于日常生活、教育文化、工农业生产、商贸流通、科学研究、军事、金融证券等各个领域，计算机技术的高速发展极大地推动了经济增长乃至整个社会的进步。目前计算机在政府机关、企事业单位、学校、商场、超市、银行等的行政管理、人事管理、财务管理、生产管理、物资管理等诸多方面起着重要的作用，是实现办公自动化、提高工作效率必不可少的工具。

我们在日常的工作和生活中所接触到的"电脑"是计算机的俗称，它具有体积小、价格低、功能全和可靠性高等特点，但其稳定性和运算速度相对欠佳。

【说明】本书中所说的"计算机"若没有特别说明，都是指微型计算机，由于计算机具备人脑的某些功能，因此也俗称为"电脑"。

1.1 计算机基础知识

计算机是一种能够按照事先存储的程序，自动、高速进行大量数值运算和数据处理的智能电子装置。首先我们回顾计算机的发展历程，了解计算机的应用领域和微型计算机的主要特点。

1.1.1 计算机发展历程

1946 年 2 月，世界上第一台通用电子计算机"埃尼阿克"（Electronic Numerical Integrator and Computer，ENIAC）在美国的宾夕法尼亚大学宣告研制成功。"埃尼阿克"的成功，是计算机发展史上的一座里程碑，是人类在发展计算技术的历程中到达的一个新的起点。"埃尼阿克"共使用了超过 17000 个电子管，约 1500 个继电器，以及其他器件，重约 30 吨，占地约 167 平方米，是一个地地道道的庞然大物。这台每小时耗电量约为 150 千瓦时的计算机，运算速度约为每秒 5000 次加法运算或者 400 次乘法运算，比机械式的继电器计算机快约 1000 倍。

根据计算机所采用的主要电子元器件，一般把计算机的发展分成 4 个阶段，习惯上称为"四代"。

1. 第一代：电子计算机时代

这一阶段（从 1946 年到 20 世纪 50 年代后期）的计算机的主要特点是采用电子管作为基本器件，主存储器为磁鼓，外存储器采用纸带、卡片和磁带等，体积庞大、运算速度慢、可靠性差、功耗大、维护困难，代表机型有 IBM 公司的 IBM 650。

软件方面，开始时只能使用机器语言，20 世纪 50 年代中期出现了汇编语言。这一时期的计算机主要用于科学计算和军事领域。

2. 第二代：晶体管计算机时代

这一阶段（从 20 世纪 50 年代后期到 20 世纪 60 年代后期）的计算机采用的基本器件逐步由电子管改为晶体管，缩小了体积，减小了功耗，减轻了重量，降低了价格，提高了运算速度，增强了可靠性，代表机型有控制数据公司（CDC）的大型计算机系统 CDC 6600。

软件方面，已开始使用操作系统，出现了各种计算机高级语言（如 ALGOL 语言、FORTRAN 语言、COBOL 语言等），输入和输出方式有了很大改进。这一时期计算机的应用已由科学计算扩展到数据处理及事务处理领域。

3. 第三代：集成电路计算机时代

这一阶段（从 20 世纪 60 年代中期到 20 世纪 70 年代初期）的计算机采用集成电路作为基本器件，功耗、价格等进一步下降，体积进一步缩小，运算速度和可靠性相应提高，代表机型有 IBM 公司的 IBM 360。

软件方面，操作系统得到发展与完善，高级语言发展到多种。这一时期计算机主要用于科学计算、数据处理和过程控制等方面。

4. 第四代：大规模和超大规模集成电路计算机时代

20 世纪 70 年代初期，半导体存储器问世，迅速取代了磁芯存储器，并不断向大容量、高速度发展。1971 年，内含约 2300 个晶体管的 Intel 4004 芯片问世，开启了现代计算机的篇章，微型计算机开始得到迅速发展，并走向社会各个领域和家庭。

软件方面，操作系统不断发展和完善，各种高级语言和数据库管理系统进一步发展。这一时期计算机已广泛应用于科学计算、数据处理、过程控制、计算机辅助系统以及人工智能等各个方面。

1.1.2 计算机应用领域

计算机广泛应用于科研、生活等各个领域，其应用领域可以概括为以下几个方面。

1. 科学计算

科学计算又称为数值计算，主要是指解决科学研究和工程技术中所提出的数学问题，如用于工程设计、天气预报、地震预测、火箭发射等。应用计算机进行数值计算的速度快、精度高，可以大大缩短计算周期，节省人力和物力。

2. 数据处理

数据处理是目前计算机应用最广泛的领域，数据处理的特点是数据量大但计算并不复杂，其任务是对大量的数据进行分析和处理，如用于人口统计、工资管理、成本核算、档案管理、图书检索、库存管理等。

3. 过程控制

过程控制也称为实时控制，是指利用计算机及时采集监测数据，按最佳方法迅速地对控制对象进行自动控制和调节。计算机广泛应用于石油化工、电力、冶金、机械加工、通信等领域中的生产过程控制，例如用于数控机床、高炉炼钢、生产线等方面的自动控制。

4. 辅助设计

计算机辅助设计（Computer-Aided Design，CAD）是工程设计人员借助计算机进行设计的一项专门技术，利用该技术不仅可以缩短设计周期，还可以提高设计质量和设计过程的自动化程度。

目前，计算机辅助设计已被广泛用于机械设计、电路设计、建筑设计、服装设计等各个方面。

5. 辅助教学

计算机辅助教学（Computer-Aided Instruction，CAI）是利用计算机进行辅助教学的一项专门技术，它利用图、文、声、像等多媒体使教学过程形象化，使教学内容图文并茂，从而大大提升教学效果。也可以利用计算机给学生提供多样化的教学方法和丰富的学习资料，通过人机交互方式帮助学生自学、自测，使教学更加灵活和方便，有效激发学生的学习兴趣，有利于实现因材施教。

除了计算机辅助设计和辅助教学之外，计算机还可以用于计算机辅助制造（Computer-Aided Manufacturing，CAM）、计算机辅助测试（Computer-Aided Testing，CAT）等方面。

6. 人工智能

人工智能（Artificial Intelligence，AI）主要研究如何利用计算机"模仿"人的智能，也就是使计算机具有"推理"的功能，例如工业机器人、智能机器人、计算机模拟医生看病、指纹识别等。

7. 网络通信

计算机网络可以使不同地区的计算机之间实现资源共享；通过计算机网络，计算机可以收发电子邮件、搜索资料、共享资源等。

1.1.3 微型计算机主要特点

微型计算机的主要特点如下。

1. 运算速度快

运算速度是指计算机每秒能执行的指令数，常用单位是 MIPS，即百万条指令/秒。当今计算机系统的运算速度已达到每秒万亿条指令，微型计算机也可达每秒亿条指令以上，使大量复杂的科学计算问题能够得以解决，如卫星轨道的计算、大型水坝的计算、24 小时天气预报的计算等。

2. 计算精确度高

科学技术的发展，特别是尖端科学技术的发展，需要高精度的计算。计算机控制的导弹之所以能准确地击中预定的目标，与计算机的精确计算是分不开的。

3. 存储容量大

计算机中的存储器能够存储大量数据，且能对存入的数据和程序进行数据处理和计算，并把结果保存起来，当需要时又能准确无误地取出来。

4. 具有记忆和逻辑判断能力

随着计算机存储容量的不断增大，可存储记忆的信息越来越多。计算机能够进行各种基本的逻辑判断，并且根据判断的结果，自动决定下一步该做什么。

5. 有自动控制能力

计算机内部操作是根据人们事先编好的程序自动控制进行的。用户根据解题需要，事先设计好运行步骤与程序，计算机严格地按程序规定的步骤操作，整个过程不需人工干预。

1.1.4 计算机硬件系统的基本组成

计算机由运算器、控制器、存储器、输入设备和输出设备 5 个基本部分组成，这 5 个基本部分也称计算机的五大部件。计算机硬件系统的基本组成如图 1-1所示。

1. 控制器

控制器主要由指令寄存器、指令译码器、程序计数器和操作控制器等组成，控制器用来控制计算机各部件协调工作，并使整个处理过程有条不紊地进行。它的基本功能就是从内存中取出指令和执行指令，即控制器按程序计数器提供的指令地址从内存中取出该指令进行译码，然后根据该指令功能向有关部件发出控制命令，执行该指令。另外，控制器在工作过程中，还要接受各部件反馈回来的信息。

2. 运算器

运算器又称算术逻辑部件（Arithmetic and Logic Unit，ALU），它是计算机对数据进行运算和处理的部件，它的主要功能是对二进制数码进行加、减、乘、除等算术运算和与、或、非等基本逻辑运算，实现逻辑判断。运算器在控制器的控制下实现其功能，运算结果由控制器指挥送到内存中。

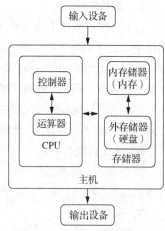

图 1-1　计算机硬件系统的基本组成

3. 存储器

存储器具有记忆功能，用来保存信息，如数据、指令和运算结果等。存储器可分为两种：内存储器与外存储器。

（1）内存储器

内存储器也称主存储器（简称主存），存储容量较小，但存储速度快，用来存放当前运行程序的指令和数据，并直接与 CPU 交换信息。内存由许多存储单元组成，每个单元能存放一个二进制数，或一条由二进制编码表示的指令。

（2）外存储器

外存储器（简称外存）又称辅助存储器（简称辅存），它是内存的扩充。外存存储容量大，价格低，但存储速度较慢，一般用来存放大量暂时不用的程序、数据和中间结果，需要时，可成批地和内存进行信息交换。外存只能与内存交换信息，不能被计算机系统的其他部件直接访问。

4. 输入/输出设备

输入/输出设备简称 I/O（Input/Output）设备。用户通过输入设备将程序和数据输入计算机，输出设备将计算机处理的结果（如数字、字母、符号和图形）显示或打印出来。常用的输入设备有键盘、鼠标、扫描仪等，常用的输出设备有显示器、打印机、绘图仪等。

1.1.5　微型计算机硬件系统的基本组成

微型计算机（简称微机）的硬件系统是指计算机系统中可以看得见摸得着的物理装置，即机械器件、电子线路等设备。

1. 微处理器

微型计算机的中央处理器习惯上称为微处理器（Microprocessor），微处理器是微型计算机的核心，也由运算器和控制器两部分组成。运算器（也称执行单元）是微型计算机的运算部件，控制器是微型计算机的指挥控制中心。大规模集成电路的出现，使得微处理器的所有组成部分都集成在一块半导体芯片上成为可能。

评价微型计算机运算速度的指标是 CPU 的主频,主频是 CPU 的时钟频率,主频的单位是 MHz（兆赫兹）。主频越高,微型计算机的运算速度越快。

2. 主板

主板是整台计算机稳定运行的基础,就好比人体的神经中枢,承载起计算机中的各种部件并使它们得以进行数据交换。CPU、内存、显卡以及电源等都必须连接到主板上使用。

主板又叫主机板（MainBoard）、系统板（SystemBoard）或母板（MotherBoard）,它安装在机箱内,是微型计算机最基本的也是最重要的部件之一。

3. 内存

目前,微型计算机的内存由半导体器件构成。内存按功能可分为两种:只读存储器（Read-Only Memory,ROM）和随机（存取）存储器（Random Access Memory,RAM）。

ROM 的特点:存储的信息只能读出（取出）,不能改写（存入）,断电后信息不会丢失。ROM 一般用来存放专用的或固定的程序和数据。

RAM 的特点:可以读出,也可以改写,因此又称读写存储器。读取时不损坏原有存储的内容,只有写入时才修改原来所存储的内容。断电后,存储的内容立即消失。内存通常是以字节为单位编址的,一个字节由 8 个二进制位组成。

4. 外存

外存可分为硬盘存储器、U 盘、光盘等多种类型。

（1）硬盘存储器

硬盘存储器习惯上称为硬盘（Hard Disk）。硬盘是将一组高密度的磁性材料盘片与磁头、传动机构等部分进行密封组合的大容量存储器。硬盘通常内置于主机箱内,也可以加装硬盘盒作为移动硬盘使用。移动硬盘携带方便,通常使用 USB 接口和计算机相连。由于硬盘是内置在硬盘驱动器里的,所以一般就把硬盘和硬盘驱动器混为一谈了。平常所说的 C 盘、D 盘,与真正的硬盘不完全是一回事。真正的硬盘称为"物理硬盘",可以将物理硬盘分区,分为 C 盘、D 盘、E 盘等若干个"逻辑硬盘"。

一个硬盘一般由多个盘片组成,盘片的每一面都有一个读写磁头。硬盘在使用时,要将盘片格式化成若干个磁道（称为柱面）,再将每个磁道划分为若干个扇区。

硬盘的存储容量计算方式如下。

$$存储容量=磁头数×柱面数×扇区数×每扇区字节数（512B）$$

硬盘的一个重要性能指标是存取速度。影响存取速度的因素有平均寻道时间、数据传输率、盘片的旋转速度和缓冲存储器容量等。一般来说,转速越高的硬盘寻道的时间越短,数据存取速度也越快。

（2）U 盘

U 盘具有存储容量大、携带方便、存取速度快、不需要驱动器等特点,能通过 USB 接口和计算机相连,即插即用、支持热插拔。

（3）光盘

光盘（Optical Disk）是一种利用激光技术将信息写入和读出的高密度存储媒体,能在光盘上进行信息读出或写入的装置称为光盘驱动器。

5. 输入设备

（1）键盘

键盘（Keyboard）是用户与计算机进行交流的主要工具,是计算机最重要的输入设备之一,也是微型计算机必不可少的外部设备。

键盘通常由主键盘区、小键盘区、功能键区 3 部分组成。主键盘区包括字母键、数字键、符号键和控制键等，是实现数据输入的主要区域。小键盘区上的 11 个键印有上档符（数字 0、1、2、3、4、5、6、7、8、9 及小数点）和相应的下档符（Ins、End、↓、PageDown、←、→、Home、↑、PageUp、Del）。功能键区中的功能键一般设置成常用命令的字符序列，即按某个键就是执行某条命令或完成某个功能，在不同的应用软件中，相同的功能键可以具有不同的功能。

（2）鼠标

鼠标（Mouse）又称为鼠标器，也是微型计算机上的一种常用输入设备，是控制显示屏上鼠标指针的一种设备。在软件支持下，通过鼠标上的按钮，向计算机发出输入命令，或完成某种特殊的操作。

6. 输出设备

（1）显示器

显示器（Display Device）是微型计算机不可缺少的输出设备。用户可以通过显示器方便地观察输入和输出的信息。显示器单位面积的像素越多，分辨率越高，显示的字符或图形也就越清晰、细腻。一般显示器的分辨率在 800×600 以上，如 1024×768、1280×1024 等。

显示器按输出色彩可分为单色显示器和彩色显示器两大类，按其显示器件可分为阴极射线管显示器和液晶显示器，按其显示器屏幕的对角线尺寸可分为 14 英寸（1 英寸=2.54 厘米）、15 英寸、17 英寸和 21 英寸等几种。分辨率、彩色数目及屏幕尺寸是显示器的主要指标。显示器必须配置正确的适配器（显卡），才能构成完整的显示系统。

（2）打印机

打印机（Printer）是计算机产生硬拷贝输出的一种设备，用户可通过打印机保存计算机处理的结果。打印机的种类有很多，按工作原理可分为击打式打印机和非击打式打印机。目前微型计算机系统中常用的针式打印机属于击打式打印机，喷墨打印机和激光打印机属于非击打式打印机。

针式打印机打印的字符和图形是以点阵的形式构成的。它的打印头由若干根打印针和驱动电磁铁组成。打印时使相应的针头接触色带击打纸面来完成。目前使用较多的是 24 针打印机。针式打印机的主要特点是价格便宜、使用方便，但打印速度较慢、噪声大。

喷墨打印机是直接将墨水喷到纸上来实现打印。喷墨打印机具有价格低廉、打印效果较好等优势，较受用户欢迎，但喷墨打印机使用的纸张要求较高，墨盒消耗较快。

激光打印机是激光技术和电子照相技术的复合产物。激光打印机的技术来源于复印机，但复印机的光用的是灯光，而激光打印机用的是激光。由于激光光束能聚成很细的光线，因此激光打印机能打印分辨率很高且色彩很好的图形。激光打印机具有打印速度快、分辨率高、无噪声等优势，但价格稍高。

1.1.6 微型计算机软件系统的基本构成

软件是计算机系统必不可少的组成部分。微型计算机软件系统分为系统软件和应用软件两部分。系统软件一般包括操作系统、语言编译程序、数据库管理系统。应用软件是指计算机用户为某一特定应用而开发的软件，例如文字处理软件、表格处理软件、绘图软件、财务软件、实时控制软件等。

1. 操作系统

操作系统（Operating System，OS）是最基本、最重要的系统软件，它负责管理计算机系统的全部软件资源和硬件资源，合理地组织计算机各部分协调工作，为用户提供操作界面。

2. 语言编译程序

人和计算机交流信息使用的语言称为计算机语言或称程序设计语言，计算机语言通常分为机器语言、汇编语言和高级语言 3 类。

（1）机器语言

机器语言（Machine Language）是一种用二进制代码"0"和"1"形式表示的，能被计算机直接识别和执行的语言。用机器语言编写的程序，称为计算机机器语言程序。它是一种低级语言，用机器语言编写的程序不便于记忆、阅读和书写，通常不用机器语言直接编写程序。

（2）汇编语言

汇编语言（Assembly Language）是一种用助记符表示的面向机器的程序设计语言。汇编语言的每条指令对应一条机器语言代码，不同类型的计算机系统一般有不同的汇编语言。用汇编语言编制的程序称为汇编语言程序，汇编语言程序不能被机器直接识别和执行，必须由"汇编程序"（或汇编系统）翻译成机器语言程序才能被运行。这种汇编程序就是汇编语言的翻译程序。汇编语言适用于编写直接控制机器操作的低层程序，它与机器密切相关。

（3）高级语言

高级语言（High Level Language）是一种比较接近自然语言和数学表达式的计算机程序设计语言。一般用高级语言编写的程序称为"源程序"，源程序不能被计算机识别和执行，要将其翻译成机器指令才能被识别和执行。翻译通常有编译和解释两种方式。编译方式是将源程序整个编译成目标程序，然后通过连接程序将目标程序连接成可执行程序。解释方式是将源程序逐句翻译，翻译一句执行一句，边翻译边执行，不产生目标程序，由计算机执行解释程序自动完成。常用的高级语言程序有 Visual Basic、FORTRAN、C、C#、Java 等。

3. 数据库管理系统

数据库管理系统（Database Management System，DBMS）的作用是管理数据库。数据库管理系统是有效地进行数据存储、共享和处理的工具。目前，微型计算机系统常用的数据库管理系统有 SQL Server、Oracle、Sybase、DB2 等。当今数据库管理系统主要用于档案管理、财务管理、图书资料管理、仓库管理、人事管理等数据处理。

4. 应用软件

（1）文字处理软件

文字处理软件主要用于对用户输入计算机的文字进行编辑并能将输入的文字以多种字形、字体及格式打印出来。目前常用的文字处理软件有 Microsoft Word、WPS 等。

（2）表格处理软件

表格处理软件可根据用户的要求处理各式各样的表格并进行存盘或打印。目前常用的表格处理软件有 Microsoft Excel 等。

（3）实时控制软件

用于生产过程自动控制的计算机一般都可进行实时控制，实时控制软件对计算机的运算速度要求不高，但对可靠性要求很高。用于实时控制的计算机，其输入信息往往是电压、温度、压力、流量等模拟量，将模拟量转换成数字量后计算机才能进行处理或计算。

1.1.7 计算机病毒及其防治措施

1. 计算机病毒的概念

计算机病毒是指"编制或者在计算机程序中插入的破坏计算机功能或者破坏数据、影响计算机使用并且能够自我复制的一组计算机指令或者程序代码"。其旨在干扰计算机操作，记录、毁坏或删除数据，或者自行传播到其他计算机和整个互联网。随着计算机及网络的发展，能造成恶劣结果的计算机病毒越来越受到人们的关注。互联网上出现的很多新病毒与以往的计算机病毒相比，其破坏性更大、传播性更强，可给用户和整个网络造成极大的损失。计算机病毒的主要特征有传染性、潜伏性、破坏性、可触发性和衍生性等。对计算机病毒的防治，应采取以"防"为主、以"治"为辅的方法，阻止病毒的侵入比病毒侵入后再查杀它重要得多。

2. 计算机病毒的特征

计算机病毒主要具有如下特征。

（1）传染性

传染性是计算机病毒最基本的特征，是判断一段程序代码是否为计算机病毒的依据之一。计算机病毒可以通过各种渠道从已经被感染的计算机扩散到未被感染的计算机，使被感染的计算机工作异常甚至瘫痪，计算机病毒一旦侵入计算机系统就开始寻找可以感染的程序或者磁介质，然后通过自我复制迅速传播。由于计算机网络日益发达，计算机病毒的传播更为迅速，破坏性更大。

（2）潜伏性

一个编制精巧的计算机病毒进入系统之后不会立即发作，它可以在几周甚至几年内隐藏在合法文件中，对其他文件进行感染而不被人发现，只有条件满足时才被激活，开始进行破坏性活动。潜伏性越好，它在系统中的存在时间就越长，感染范围就越大，危害就越大。

（3）破坏性

计算机病毒不仅占用系统资源，还会删除或者修改文件或数据，加密磁盘中的一些数据，格式化磁盘，降低运行效率或者中断系统运行，甚至使整个计算机网络瘫痪，造成灾难性的后果。计算机病毒的破坏性直接体现了计算机病毒设计者的真正的意图。

（4）可触发性

病毒因某个事件或者数值的出现，而诱使其实施感染或进行攻击的特性称为可触发性。病毒的触发机制用来控制感染和破坏动作的频率。病毒具有预定的触发条件，这些条件可能是时间、日期、文件类型或者某些特定数据等。病毒运行时，触发机制检查预定条件是否满足，如果满足，启动感染或破坏动作；如果不满足，病毒则继续潜伏。

（5）衍生性

病毒的传染性和破坏性是病毒设计者的目的和意图。但是，如果被其他一些恶作剧者或者恶意攻击者所模仿，就会衍生出不同于原版本的新的计算机病毒（又称为变种），这就是计算机病毒的衍生性。这种变种病毒造成的后果可能比原版病毒要严重很多。

除了以上特征外，计算机病毒还有其他的一些特点，如攻击的主动性、执行的非授权性、欺骗性、持久性、检测的不可预见性、对不同操作系统的针对性等。计算机病毒的这些特点，决定了其难以被发现，难以被清除，危害持久。

3. 计算机病毒的分类

根据计算机病毒的特征，计算机病毒的分类方法有许多种。

（1）按照病毒的破坏能力分类

① 无害型：除了传染时减少磁盘的可用空间外，对系统没有其他影响。

② 无危险型：这类病毒仅仅会占用内存、影响图像显示、声音发出等。

③ 危险型：这类病毒会造成严重的错误。

④ 非常危险型：这类病毒可以删除程序、破坏数据、消除系统内存区和操作系统中一些重要的信息。

计算机病毒对系统造成的危害，并不完全是本身的算法中存在危险的调用，而是当它们传染时会引起无法预料的破坏。由病毒引起其他的程序产生的错误也会破坏文件。一些现在的无害型病毒也可能会对新版的 DOS、Windows 和其他操作系统造成破坏。

（2）根据病毒特有的算法分类

① 伴随型病毒：这类病毒并没有改变本身，它们根据算法产生.exe 文件的伴随体，具有同样的名字和不同的扩展名，例如，xcopy.exe 的伴随体是 xcopy.com。病毒把自身写入.com 文件，并不改变.exe 文件，当加载文件时，伴随体优先被执行，再由伴随体加载执行原来的.exe 文件。

② 蠕虫型病毒：这类病毒主要通过计算机网络进行传播，它们不改变文件和资料信息，利用网络从一台机器的内存传播到其他机器的内存、计算网络地址，将自身的病毒通过网络发送。这种病毒一般除了内存外不占用其他的资源。

③ 变型病毒：又被称为幽灵病毒。这类病毒使用了一个复杂的算法，使自己每传播一次都具有不同的内容和长度。它们一般由一段混有无关指令的解码算法和被变化过的病毒体组成。

（3）根据病毒的传染方式分类

① 文件型病毒：文件型病毒是指能够感染文件并能通过被感染的文件进行传染与扩散的计算机病毒。这种病毒的主要感染文件为可执行文件（扩展名为.exe、.com 等）和文本文件（扩展名为.doc、.xls 等）。前者通过实施传染，后者则通过 Word 或 Excel 等软件在调用文档中的"宏"病毒指令实施感染和破坏。已感染病毒的文件执行速度会减慢，甚至完全无法执行。有些文件被感染后，一旦执行就会遭到删除。感染病毒的文件被执行后，病毒通常会趁机对下一个文件进行感染。

② 系统引导型病毒：这类病毒隐藏在硬盘或软盘的引导区，当计算机从感染了引导区病毒的硬盘或者软盘启动，或者当计算机从受感染的磁盘中读取数据时，病毒就会开始发作。一旦加载系统，启动时病毒会将自己加载在内存中，然后开始感染其他被执行的文件。早期出现的大麻病毒、小球病毒就属于此类。

③ 混合型病毒：混合型病毒综合了系统引导型和文件型病毒的特性，它的危害比系统引导型病毒和文件型病毒更为严重。这种病毒不仅感染系统引导区，还感染文件，通过这两种方式来感染，更增强了病毒的传染性以及提高了存活率。不管以哪种方式感染，都会在开机或执行程序时感染其他的磁盘或文件。所以，这种病毒也是最难杀灭的。

④ 宏病毒：宏病毒是一种寄存于文档或模板的宏中的计算机病毒，主要利用 Word 提供的宏功能来将病毒带进带有宏的.doc 文档中，一旦打开这样的文档，宏病毒就会被激活，转移到计算机内存中，并驻留在 Normal 模板上。从此，所有自动保存的文档都会感染上宏病毒。如果网上其他用户打开感染了病毒的文档，宏病毒就会被传染到其他计算机上。宏病毒的传播速度很快，对系统和文件都可以造成破坏。

4. 计算机病毒的危害

计算机病毒的危害可以分为对计算机网络系统的危害和对微型计算机系统的危害两方面。

（1）计算机病毒对网络系统的危害

计算机病毒对网络系统的危害如下。

① 病毒程序通过"自我复制"传染正在运行其他程序的系统，并与正常运行的程序争夺系统的资源，使系统瘫痪。

② 病毒程序可在发作时"冲毁"系统存储器中的大量数据，致使计算机及其用户丢失数据，蒙受巨大损失。

③ 病毒程序不仅侵害使用的计算机系统，而且通过网络侵害与之联网的其他计算机系统。

④ 病毒程序可导致计算机控制的空中交通指挥系统失灵，使卫星、导弹失控，使银行金融系统瘫痪，使自动生产线控制紊乱等。

（2）计算机病毒对微型计算机系统的危害

计算机病毒对微型计算机系统的危害如下。

① 破坏磁盘的文件分配表或目录区，使用户磁盘上的信息丢失。

② 删除软、硬盘上的可执行文件或覆盖文件。

③ 将非法数据写入内存参数区，引起系统崩溃。

④ 修改或破坏文件和数据。

⑤ 影响内存常驻程序的正常执行。

⑥ 在磁盘上标记虚假的坏簇，从而破坏有关的程序或数据。

⑦ 更改或重新写入磁盘的卷标号。

⑧ 对可执行文件反复传染复制，造成磁盘存储空间减少，并影响系统运行效率。

⑨ 对整个磁盘进行特定的格式化，破坏全盘的数据。

⑩ 使系统空挂，造成显示器键盘被封锁。

5. 防治计算机病毒传播的主要措施

防治计算机病毒传播的主要措施如下。

① 谨慎使用公共和共享的软件，因为这种软件的使用人多而杂，它们携带病毒的可能性较大。应尽量不使用外来的移动存储设备，特别是公用计算机上使用过的 U 盘。对外来盘要查、杀病毒，确认无病毒后再使用。

② 写保护所有的系统文件，提高病毒防范意识，尽量使用正版软件，不使用盗版软件和来历不明的软件。

③ 密切关注媒体发布的病毒信息，及时打补丁，更新杀毒软件、操作系统和应用软件。

④ 除非是原始盘，绝不用来历不明的启动盘去引导硬盘。

⑤ 在计算机中安装正版杀毒软件，定期对系统进行查毒、杀毒，对杀毒软件及时进行升级。使用防火墙，实时监控病毒，抵御大部分的病毒入侵。

⑥ 对重要的数据、资料、分区表要进行备份，创建一张无毒的启动盘，用于重新启动或安装系统。不要把用户数据或程序写到系统盘中。

⑦ 如果无法防止病毒入侵，至少应尽早发现病毒的入侵。发现病毒越早越好，如果能够在病毒产生危害之前发现和排除它，则可以使系统免受危害；如果能够在病毒广泛传播之前发现它，则可以使修复系统的任务较轻和较容易。总之，病毒在系统中存在的时间越长，产生的危害就越大。

⑧ 计算机染上病毒后，应尽快予以清除，对付计算机病毒比较快捷和简便的方法就是使用优秀的杀毒软件进行查杀，几乎所有的杀毒软件都能事先备份正常的硬盘引导区。当硬盘被病毒感染时，

先清除病毒再将引导区重新复制回硬盘，以保证硬盘能正确引导系统。

1.1.8 常用的计数制及其转换方法

常用的计数制有十进制、二进制、八进制和十六进制。熟悉这些常用的计数制及其相互之间的转换方法。

1. 计数制的基本概念

数制也称计数制，是指用一组固定的符号和统一的规则来表示数值的方法。人们在日常生活、工作中常用多种进制来描述事物，例如 10 角为 1 元，即"逢 10 进 1"；7 天为 1 周，即"逢 7 进 1"；12 个月为 1 年，即"逢 12 进 1"；24 小时为 1 天，即"逢 24 进 1"；60 分钟为 1 小时，即"逢 60 进 1"，1 双或 1 对为 2 个，即"逢 2 进 1"等。

在计数制中有数位、基数和位权 3 个要素。数位是指数码在数中的位置；基数是指在某种计数制中，每个数位上所能使用的数码个数。例如二进制数基数是 2，每个数位上可以使用的数码为 0 和 1 两个，即其基数为 2；十进制数基数是 10，每个数位上可以使用的数码为"0～9"10 个，即其基数为 10。在数制中有一个规则，如果是 N 进制数，必须是逢 N 进 1。

对于多位数，每个数位上的数码所代表数值的大小都等于该数位上的数码乘一个固定的数值，这个固定数值称为该位的位权。例如，二进制整数部分第 1 位的位权为 2^0，第 2 位的位权为 2^1，第 3 位的位权为 2^2；十进制中，小数点左边的第 1 位的位权为 10^0，第 2 位的位权为 10^1，第 3 位的位权为 10^2，小数点右边第 1 位的位权为 10^{-1}，第 2 位的位权为 10^{-2}。一般情况下，对于 N 进制数，整数部分第 i 位的位权为 N^{i-1}，而小数部分第 j 位的位权为 N^{-j}。

（1）十进制

我们习惯使用的十进制（十进位计数制）数由 0、1、2、3、4、5、6、7、8、9 共 10 个不同的数码组成，每一个数码处在十进制数中不同的位置时，它所代表的实际数值是不一样的。例如"1011"可表示成 $1×1000+0×100+1×10+1×1=1×10^3+0×10^2+1×10^1+1×10^0$，式中每个数码的位置不同，它所代表的数值也不同，这就是经常所说的个位、十位、百位、千位。十进制的基数为 10，逢十进一。

（2）二进制

二进制（二进位计数制）和十进制一样，也是一种计数制，但它的基数是 2。数中 0 和 1 的位置不同，所代表的数值也不同。例如二进制数 1101 表示十进制数 13，如下所示。

$(1101)_2=1×2^3+1×2^2+0×2^1+1×2^0=8+4+0+1=(13)_{10}$

二进制数具有两个基本特点：有两个不同的数码，即 0 和 1；逢二进一。

（3）八进制

八进制（八进位计数制）有 8 个不同的数码 0、1、2、3、4、5、6、7，其基数为 8，逢八进一。例如，$(1011)_8=1×8^3+0×8^2+1×8^1+1×8^0=(521)_{10}$

（4）十六进制

十六进制（十六进位计数制）有 16 个不同的数码 0、1、2、3、4、5、6、7、8、9、A、B、C、D、E、F，其基数为 16，逢十六进一。例如，$(1011)_{16}=1×16^3+0×16^2+1×16^1+1×16^0=(4113)_{10}$

2. 不同进制数之间的转换方法

用计算机处理十进制数，必须先把它转化成二进制数才能被计算机所接受，同理，计算结果应将二进制数转换成人们习惯的十进制数。部分 4 位二进制数与其他进制数的对照如表 1-1 所示。

表 1-1 部分 4 位二进制数与其他进制数的对照

二进制数	十进制数	八进制数	十六进制数
0000	0	0	0
0001	1	1	1
0010	2	2	2
0011	3	3	3
0100	4	4	4
0101	5	5	5
0110	6	6	6
0111	7	7	7
1000	8	10	8
1001	9	11	9
1010	10	12	A
1011	11	13	B
1100	12	14	C
1101	13	15	D
1110	14	16	E
1111	15	17	F

（1）十进制整数转换成二进制整数

十进制整数转换为二进制整数的方法如下。

把被转换的十进制整数反复地除以 2，直到商为 0，所得的余数（从末位读起）就是这个数的二进制表示。简单地说，就是"除以 2 取余法"。

掌握了十进制整数转换成二进制整数的方法以后，学习十进制整数转换成八进制或十六进制就很容易了。十进制整数转换成八进制整数的方法是"除以 8 取余法"，十进制整数转换成十六进制整数的方法是"除以 16 取余法"。

（2）十进制小数转换成二进制小数

十进制小数转换成二进制小数是将十进制小数连续乘 2，选取进位整数，直到满足精度要求为止。简单地说，就是"乘 2 取整法"。

十进制小数转换成八进制小数的方法是"乘 8 取整法"，十进制小数转换成十六进制小数的方法是"乘 16 取整法"。

（3）二进制数转换成十进制数

把二进制数转换为十进制数的方法是，将二进制数按权展开求和即可。

同理，其他非十进制数转换成十进制数的方法是，把各个非十进制数按权展开求和即可。例如，把二进制数（或八进制数或十六进制数）写成 2（或 8 或 16）的各次幂之和的形式，然后计算其结果即可。

（4）二进制数转换成八进制数

二进制数与八进制数之间的转换十分简捷方便，由于二进制数和八进制数之间存在特殊关系，

即 $8^1=2^3$，八进制数的每一位对应二进制数的 3 位。具体转换方法是，将二进制数从小数点开始，整数部分从右向左 3 位一组，小数部分从左向右 3 位一组，不足 3 位用 0 补足即可（整数部分左侧补 0，小数部分右侧补 0），每组对应转换为 1 位八进制数即可。

（5）八进制数转换成二进制数

方法为，以小数点为界，向左或向右每一位八进制数用相应的 3 位二进制数取代，然后将其连在一起即可。

（6）二进制数转换成十六进制数

二进制数的每 4 位，刚好对应十六进制数的 1 位（$16^1=2^4$），二进制数转换成十六进制数的转换方法是，将二进制数从小数点开始，整数部分从右向左 4 位一组，小数部分从左向右 4 位一组，不足 4 位用 0 补足（整数部分左侧补 0，小数部分右侧补 0），每组对应转换为 1 位十六进制数即可得到十六进制数。

（7）十六进制数转换成二进制数

方法是以小数点为界，向左或向右将每 1 位十六进制数转换为 4 位二进制数，然后将其连在一起即可。

1.1.9　计算机中数据的表示与常见的信息编码

1．计算机中数据的表示

计算机内表示的数，分成整数和实数两大类。在计算机内部，数据是以二进制的形式存储和运算的。数的正负用字节的最高位来表示，定义为符号位，用"0"表示正数，用"1"表示负数。

（1）整数的表示

整数可分为无符号整数（不带符号的整数）和有符号整数（带符号的整数）。无符号整数中，所有二进制位全部用来表示数的大小；有符号整数则用最高位表示数的正负号，其他位表示数的大小。如果用 1 个字节表示 1 个无符号整数，其取值范围是 $0\sim255$（2^8-1）。如果用 1 个字节表示 1 个有符号整数，其取值范围是 $-128\sim+127$（$-2^7\sim2^7-1$）。如果用 1 个字节表示有符号整数，则能表示的最大正整数为 01111111（最高位为符号位），即最大值为 127，若数值 > |127|，则"溢出"。计算机中的地址常用无符号整数表示。

（2）实数的表示

实数一般用浮点数表示。它是既有整数又有小数的数，纯小数可以看作实数的特例，例如，57.625、-1984.045、0.00456 都是实数。

以上 3 个数又可以表示为

$57.625=10^2\times(0.57625)$

$-1984.045=10^4\times(-0.1984045)$

$0.00456=10^{-2}\times(0.456)$

其中指数部分用来指出实数中小数点的位置，括号内是一个纯小数。二进制的实数表示也是这样，例如，二进制数 110.101 可表示为

$110.101=2^{10}\times1.10101=2^{-10}\times11010.1=2^{11}\times0.110101$

在计算机中，一个浮点数由指数（阶码）和尾数两部分组成。阶码用来指示尾数中的小数点应当向左或向右移动的位数；尾数表示数值的有效数字，其小数点约定在数符和尾数之间，在浮点数中数

符和阶符各占一位，阶码的值随浮点数数值的大小而定，尾数的位数则依浮点数的精度要求而定。

2. 常见的信息编码

信息编码是采用少量的基本符号，选用一定的组合原则，以表示大量复杂多样数据的技术。计算机是处理数据的工具，任何信息必须转换成二进制形式数据后才能由计算机进行处理、存储和传输。

（1）BCD

BCD（Binary Coded Decimal）是用若干个二进制数表示 1 个十进制数的编码。BCD 有多种编码方法，常用的是 8421 码。表 1-2 是十进制数 0～19 的 8421 编码表。

表 1-2　十进制数 0～19 的 8421 编码表

十进制数	8421 码	十进制数	8421 码
0	0000	10	00010000
1	0001	11	00010001
2	0010	12	00010010
3	0011	13	00010011
4	0100	14	00010100
5	0101	15	00010101
6	0110	16	00010110
7	0111	17	00010111
8	1000	18	00011000
9	1001	19	00011001

8421 码是将十进制数码 0～9 中的每个数分别用 4 位二进制编码表示，从左至右每一位对应阶码尾数数符，阶符的数是 8、4、2、1，这种编码方法比较直观、简便，对于多位数，只需将它的每一位数字按表 1-2 中所列的对应关系用 8421 码直接列出即可。例如，十进制数转换成 8421 码如下。

$(1209.56)_{10}=(0001\ 0010\ 0000\ 1001.0101\ 0110)_{8421}$

8421 码与二进制数之间的转换不是直接转换的，要先将 8421 码表示的数转换成十进制数，再将十进制数转换成二进制数。例如，

$(1001\ 0010\ 0011.0101)_{8421}=(923.5)_{10}=(1110011011.1)_{2}$

（2）熟悉 ASCII

计算机中，对非数值的文字和其他符号进行处理时，要对文字和符号进行数字化处理，即用二进制编码来表示文字和符号。字符编码（Character Code）是用二进制编码来表示字母、数字以及专门符号。

目前计算机中普遍采用的是 ASCII（American Standard Code for Information Interchange），即美国信息交换标准代码。ASCII 有 7 位版本和 8 位版本两种，国际上通用的是 7 位版本，7 位版本的 ASCII 有 128 个元素，只需用 7 个二进制位（2^{7}=128）表示，其中控制字符 34 个，阿拉伯数字 10 个，大小写英文字母 52 个，各种标点符号和运算符号 32 个。在计算机中实际用 8 位表示一个字符，最高位为"0"。例如，数字 0 的 ASCII 为 48，大写英文字母 A 的 ASCII 为 65，空格的 ASCII 为 32 等。如果 ASCII 用十六进制数表示，数字 0 的 ASCII 为 30H，字母 A 的 ASCII 为

41H。

（3）熟悉汉字编码

汉字也是字符，与西文字符比较，汉字数量大，字形复杂，同音字多，这就给汉字在计算机内部的存储、传输、交换、输入、输出等带来了一系列的问题。为了能直接使用西文标准键盘输入汉字，必须为汉字设计相应的编码，以适应计算机处理汉字的需要。

① 国标汉字字符集。

为了规范汉字信息的表示形式，便于汉字信息的交流，1980 年我国颁布了《信息交换用汉字编码字符集 基本集》，其代号为 GB/T 2312—1980，简称《国标汉字字符集》，是国家规定的用于汉字信息处理的代码依据。其中共收录了 6763 个常用汉字和 682 个非汉字字符（图形、符号），其中一级汉字 3755 个，以汉语拼音的顺序排列，二级汉字 3008 个，以偏旁部首的顺序进行排列。

② 区位码。

GB/T 2312—1980 规定，所有的汉字与符号组成一个 94×94 的矩阵，在此矩阵中，每一行称为一个"区"（区号为 01～94），每一列称为一个"位"（位号为 01～94），该矩阵组成了一个有 94 个区、每个区内有 94 个位的汉字字符编码表，每一个汉字或符号在编码表中都有一个由区号和位号组成的唯一的 4 位位置编码，称为该字符的区位码。使用区位码方法输入汉字时，必须先在表中查找汉字并找出对应的代码，才能输入。以区位码输入汉字的优点是无重码，而且输入码与内部编码的转换方便。

汉字字符编码表也称为汉字字符区位码表，简称区位码表。区位码表的总容纳量为 94×94=8836 个编码单位。

在区位码表中，第 1 区～第 9 区为字符，第 16 区～第 55 区为一级汉字，第 56 区～第 87 区为二级汉字，第 10 区～第 15 区以及第 88 区～第 94 区为空区，分别保留给扩展汉字和扩展字符时使用。

汉字的区位码由在汉字编码表中的每个汉字的区号和位号共两个字节组成。即汉字的区位码由以下两个字节组成。

区位码高字节=区号

区位码低字节=位号

区号和位号的有效范围为十进制的 1～94，十六进制的 1～5E，二进制的 00000001～01011110。

③ 国标码。

汉字的国标码与区位之间有着密切的联系，汉字的国标码也由两个字节组成，分别称为国标码低字节和国标码高字节。在 ASCII 中有 94 个可打印字符（21H～7EH），为了与 ASCII 对应，给区位码的区号和位号都分别加上十进制的 32（十六进制的 20H）从而得到国标码。国标码与区位码之间的关系如下。

国标码高字节=区位码高字节+20H

国标码低字节=区位码低字节+20H

例如，汉字"中"的区位码十进制为 5448，十六进制为 3630，使用 3630H 表示。

国标码高字节=区位码高字节+20H=36H+20H=56H

国标码低字节=区位码低字节+20H=30H+20H=50H

即汉字"中"的国标码为 5650H，二进制为 01010110 01010000。

④ 机内码。

汉字的机内码是计算机系统内部对汉字进行存储、处理、传输统一使用的代码，又称为汉字内码。由于汉字数量多，一般用两个字节来存放汉字的内码。在计算机内汉字字符必须与英文字符区别开，以免造成混乱。英文字符的机内码是用一个字节来存放 ASCII，一个 ASCII 占一个字节的低 7 位，最高位为"0"。为了达到与英文字符兼容的目的，汉字的机内码必须不与标准 ASCII 相冲突。因此，在汉字真正被存储到计算机的存储器里时使用的汉字机内码采用变形的国标码，即将国标码的两个字节的最高位均置为"1"，相当于在国标码的高字节和低字节均加上十进制的 128（十六进制的 80H 或二进制的 10000000）。

机内码与国标码之间的关系如下。

机内码高字节=国标码高字节+80H

机内码低字节=国标码低字节+80H

例如，汉字"中"的国标码为十六进制的 5650H，即二进制的 01010110 01010000。

机内码高字节=国标码高字节+80H=56H+80H=D6H

机内码低字节=国标码低字节+80H=50H+80H=D0H

即汉字"中"的机内码为 D6D0H，即二进制的 11010110 11010000。

比较汉字"中"的国标码和机内码可以发现，其国标码的两个字节的最高位为"0"，机内码的两个字节的最高位为"1"。

汉字的区位码、国标码、机内码之间的对应关系如下。

国标码=区位码+2020H

机内码=国标码+8080H

机内码=区位码+A0A0H

例如，汉字"啊"的区位码以十进制表示为 1601，以十六进制表示为 1001H，国标码为 3021H，机内码为 B0A1H。

⑤ 汉字的字形码。

每一个汉字的字形都必须预先存放在计算机内，例如《国标汉字字符集》中的所有字符的形状描述信息集合在一起，称为字形信息库，简称字库。通常分为点阵字库和矢量字库。目前汉字字形的产生方式大多用点阵方式形成汉字，即用点阵表示的汉字字形代码。根据汉字输出精度的要求，有不同密度点阵。汉字字形点阵有 16×16 点阵、24×24 点阵、32×32 点阵、64×64 点阵等。汉字字形点阵中每个点的信息用一位二进制码来表示，"1"表示对应位置处是黑点，"0"表示对应位置处是空白。字形点阵的信息量很大，所占存储空间也很大，例如 16×16 点阵，每个汉字就要占 32 个字节（16×16÷8=32）；24×24 点阵的字形码需要用 72 字节（24×24÷8=72），因此字形点阵只能用来构成"字库"，而不能用来替代机内码用于机内存储。字库中存储了每个汉字的字形点阵代码，不同的字体（如宋体、仿宋、楷体、黑体等）对应着不同的字库。在输出汉字时，计算机要先到字库中去找到它的字形描述信息，再把字形送去输出。

1.1.10 多媒体技术

多媒体技术是指利用计算机对文字、数据、图形、图像、动画、声音等多种媒体信息进行综合处理和管理，使用户可以通过多种感官与计算机进行实时信息交互的技术，又称为计算机多媒体技术。

多媒体技术除信息载体的多样化以外，还具有以下的关键特性。

1. 集成性

采用数字信号，可以综合处理文字、声音、图形、动画、图像、视频等多种信息，并将这些不同类型的信息有机地结合在一起。

2. 交互性

信息以超媒体结构进行组织，可以方便地实现人机交互。换言之，人可以按照自己的思维习惯，按照自己的意愿主动地选择和接受信息，拟定观看内容的路径。

3. 智能性

提供了易于操作、十分友好的界面，使计算机更直观、更方便、更亲切、更人性化。

4. 易扩展性

可方便地与各种外部设备挂接，实现数据交换、监视控制等多种功能。此外，采用数字化信息有效地解决了数据在处理传输过程中的失真问题。

1.1.11　信息素养

"信息素养"（Information Literacy）的本质是全球信息化需要人们具备的一种基本能力。

1. 信息素养的定义

信息素养这一概念是 1974 年在美国提出的。简单的定义来自 1989 年美国图书馆协会（American Library Association，ALA），它包括文化素养、信息意识和信息技能 3 个层面。一个有信息素养的人，能够判断什么时候需要信息，并且懂得如何去获取信息，如何去评价和有效利用所需的信息。

（1）信息素养是一种基本能力

信息素养是一种对信息社会的适应能力。适应能力包括基本学习技能（指读、写、算）、信息素养、创新思维能力、人际交往与合作精神、实践能力。信息素养是其中一个方面，它涉及信息的意识、信息的能力和信息的应用。

（2）信息素养是一种综合能力

信息素养涉及各方面的知识，是一个特殊的、涵盖面很宽的能力，它包含人文的、技术的、经济的、法律的诸多因素，和许多学科有着紧密的联系。信息技术支持信息素养，强调对技术的理解、认识和使用技能。信息素养的重点是内容、传播、分析，包括信息检索以及评价，涉及更宽的方面。它是一种了解、搜集、评估和利用信息的知识结构，既需要通过熟练的信息技术，也需要通过完善的调查方法，通过鉴别和推理来完成。信息素养是一种信息能力，信息技术是它的一种工具。

2. 信息素养的内容

信息素养是一个内容丰富的概念。它不仅包括利用信息工具和信息资源的能力，还包括选择、获取、识别信息，加工、处理、传递信息并创造信息的能力。

信息素养包括关于信息和信息技术的基础知识和基本技能，运用信息技术进行学习、合作、交流和解决问题的能力，以及信息的意识和社会伦理道德问题。具体而言，信息素养应包含以下 5 个方面的内容。

① 热爱生活，有获取新信息的意愿，能够主动地从生活实践中不断地查找、探究新信息。

② 具有基本的科学和文化常识，能够较为自如地对获得的信息进行辨别和分析，正确地加以评估。

③ 可灵活地支配信息，较好地掌握选择信息、拒绝信息的技能。

④ 能够有效地利用信息，表达个人的思想和观念，并乐意与他人分享不同的见解或资讯。

⑤ 无论面对何种情境，能够充满自信地运用各类信息解决问题，有较强的创新意识和进取精神。

信息素养包含 4 个要素：信息意识、信息知识、信息能力、信息道德，这 4 个要素共同构成一个不可分割的统一整体，其中信息意识是先导，信息知识是基础，信息能力是核心，信息道德是保证。

3. 信息素养的特点

信息素养有以下特点。

（1）信息素养具有知识性

知识是信息素养的重要内容。信息素养的知识性体现在互相承接的两个方面，要把无序的信息经过整理转化成能够理解的有序的知识，还要把知识变为智能而作用于人类社会。

知识对人的信息素养的影响，取决于知识的广度、深度和对知识的运用能力，知识的广度能够提高对信息的敏感程度，有利于从纷繁杂乱的信息中建立有机的联系。深厚的知识功底能够提高对信息的筛选和跟踪能力，有利于从浩瀚的信息中采集到真正有用的信息。对知识的运用能力能够提高对信息的改造能力，信息只有成为知识后，它的传播才会更加有效，才会更有利于知识的积累。

（2）信息素养具有普及性

对每一个人来说，在信息社会中具备信息素养可以说属于公民的基本素质。生活在现代社会，人们的日常生活和工作学习都离不开信息技术，人们经常要接触各种各样的信息系统，例如在线修读课程、银行存款、网上查找资料、网上通信等，人们遇到问题也经常想到利用信息技术去寻求答案和帮助。

（3）信息素养具有操作性

操作性是人们在处理和运用信息时，在技术、诀窍、方法和能力等方面所表现出来的素养。信息素养的所有内容最终必然表现在人们利用信息技术、操作信息系统上。

在评判一个人的信息素养时，实际操作能力的权值要比其他方面更大一些。也就是说，不是看人们如何说，而是看怎样做，那种只能够空泛地谈论信息技术和使用信息系统的人，不能视为具有较高的信息素养。

【任务 1-1】区分计算机与微型计算机

任务描述

区分计算机与微型计算机。

任务实施

计算机	微型计算机
计算机是一种能够按照事先存储的程序，自动、高速进行大量数值运算和数据处理的智能电子装置，是一种存储和处理数据的工具。 按照计算机规模，并考虑其运算速度、存储能力等因素将计算机分为以下几类。 ① 巨型计算机。 ② 大型计算机。 ③ 小型计算机。 ④ 微型计算机。	微型计算机是以微处理器为基础，由大规模集成电路等组成的体积较小的电子计算机，也就是人们日常工作生活中常用的计算机。它是实现办公自动化、提高工作效率必不可少的工具。 微型计算机简称：微型机、微机。 微型计算机的俗称如下。 ① 个人计算机或 PC（Personal Computer）。 ② 微电脑或简称为电脑。

【任务 1-2】区分计算机的硬件系统与软件系统

任务描述

区分计算机的硬件系统与软件系统。

任务实施

完整的计算机系统包括硬件系统和软件系统两大部分，我们平时讲到"计算机"一词，都是指含有硬件和软件的计算机系统。

硬件系统	软件系统
硬件系统是指看得到、摸得着的物理设备，即由机械、电子器件构成的具有输入、存储、计算、控制和输出功能的实物部件。 计算机硬件系统主要由主机和外部设备组成，主机从外观上看是一个整体，是由多个独立部分组合而成的，这些部件安装在主机内部，它们相互配合完成相应的工作。	软件系统广义上是指系统中的程序以及开发、使用和维护程序所需的所有文档的集合，用来管理和控制硬件设备。 软件系统分为系统软件和应用软件两部分。系统软件是支持应用软件开发和运行的系统。应用软件是指计算机用户为某一特定应用而开发的软件。

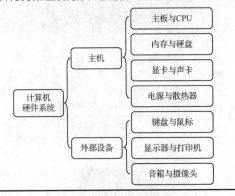

【任务 1-3】认知微型计算机硬件系统的外观组成

任务描述

认知微型计算机硬件系统的外观组成。

任务实施

微型计算机硬件系统的外观组成

主机：计算机的主体与"总管"

显示器：输出设备

键盘：输入设备

鼠标：输入设备

音箱：播放声音的设备

【任务 1-4】认知微型计算机类型

任务描述

欣赏各类计算机，并认知微型计算机类型。

任务实施

根据用途和性能，微型计算机可以分为台式计算机、笔记本电脑、平板电脑、计算机一体机等多种类型。

台式计算机	笔记本电脑

台式计算机分为主机和外部设备两大部分，外部设备主要包括显示器、键盘、鼠标、音箱、摄像头，还包括打印机、扫描仪等。台式计算机的主要优点是用途广、价格低、耐用、升级性能好。	笔记本电脑（Notebook Computer）又称手提电脑或膝上型电脑，是一种小型、可携带的微型计算机。笔记本电脑把主机和外部设备集成在一起，其主要优点是体积小、重量轻、携带方便。

平板电脑	计算机一体机

平板电脑（Tablet Personal Computer，Tablet PC）是一种小型、携带方便的个人计算机。平板电脑以触摸屏作为基本的输入设备，允许用户通过触控来进行作业而不是使用传统的键盘或鼠标。平板电脑是一款无须翻盖、没有键盘、小到足以放入手袋中，且功能完整的微型计算机。	计算机一体机把主机集成到显示器中，与台式计算机相比有着连线少、体积小、集成度更高的优势。计算机一体机可以说是笔记本电脑和台式计算机融合的一种新兴计算机，可以用来看电视、上网、办公，且电视、计算机互不干扰。

【任务 1-5】认知微型计算机硬件外观与功能

任务描述

认知微型计算机硬件的外观与功能。

任务实施

微型计算机硬件的外观与功能如下所示。

主机	显示器

主机是计算机的主体部分,在主机箱中有主板、CPU、内存、硬盘、显卡、声卡、网卡、电源、散热器等硬件设备。主机箱将各个设备封装起来,同时对主机内部的重要设备起到保护作用。	显示器用于观察输入和输出的信息。其单位面积的像素越多,分辨率越高,显示的字符或图形也就越清晰细腻。
键盘	鼠标

键盘是用户与计算机进行交流的主要工具,是计算机最重要的输入设备之一,也是微型计算机必不可少的外部设备。键盘通常由主键盘区、小键盘区、功能键区 3 部分组成,主键盘区包括字母键、数字键、符号键和控制键等。	鼠标又称为鼠标器,是一种常用的输入设备,是控制屏幕上鼠标指针位置的一种设备。在软件支持下,通过鼠标上的按钮,向计算机发出输入命令,或完成某种特殊的操作。
打印机	音箱

打印机是计算机产生硬拷贝输出的一种设备,用户可通过打印机保存计算机处理的结果。打印机的种类有很多,按工作原理可分为击打式打印机和非击打式打印机。常用的针式打印机属于击打式打印机,喷墨打印机和激光打印机属于非击打式打印机。	音箱指将音频信号变换为声音的一种设备,音箱箱体内可自带功率放大器,对音频信号进行放大处理后由音箱本身回放出声音。音箱是多媒体计算机的重要组成部分,音箱的性能高低对一个计算机音响系统的放音质量起着关键作用。
摄像头	扫描仪

摄像头(Video Camera Head)是一种视频输入设备,广泛应用于视频会议、远程医疗、实时监控等方面。人们通过摄像头可以在网络中进行有影像、有声音的交谈和沟通。	扫描仪(Scanner)是捕获图像并将之转换成计算机可以显示、编辑、存储和输出的数字化输入设备,具有比键盘和鼠标更强的功能,可将图片、照片及各类文稿资料输入计算机中。

【任务 1-6】认知微型计算机工作原理

任务描述

以计算"6+4"为例说明微型计算机的工作原理。

任务实施

下面以计算"6+4"为例说明微型计算机的工作原理。

如果我们用心算，计算过程描述如下。

① 将数字"6"通过眼睛存入大脑。

② 将运算符"+"通过眼睛存入大脑。

③ 将数字"4"通过眼睛存入大脑。

④ 大脑完成"6+4"的计算，将计算结果"10"暂存于"大脑"。

⑤ 将计算结果"10"通过嘴说出来，通过手写在纸上。

整个计算过程可简述为"数据存储""数据运算""结果输出"3 个阶段。在这个计算过程中，眼睛起到了"输入"的作用，嘴和手则起到"输出"的作用，大脑完成了"记忆数据"和"数据运算"的工作，并在整个计算过程中，"控制"着眼睛和手的工作。

如果编写程序，由计算机完成"6+4"的运算，其运算步骤如下。

① 通过键盘输入"6""+""4"。

② 控制器命令将输入的数据"6""+""4"存入存储器。

③ 存储器中的数据进入运算器。

④ 运算器进行"6+4"的运算。

⑤ 运算器将运算结果"10"存回存储器。

⑥ 控制器发出输出指令。

⑦ 存储器将结果"10"输出到显示设备上。

现代微型计算机系统结构有了很大的变化，但其工作原理基本沿用了冯·诺依曼的思想，习惯上仍称之为冯·诺依曼机。

冯·诺依曼机的基本特点如下。

① 计算机由运算器、控制器、存储器、输入设备和输出设备 5 部分组成。

② 采用存储程序的方式，程序和数据放在存储器中，指令和数据一样可以送到运算器运算，即由指令组成的程序是可以修改的。

③ 数据以二进制代码表示。

④ 指令由操作码和地址码组成。

⑤ 指令在存储器中按执行顺序存放，由指令计数器指明要执行的指令所在的单元地址，一般按顺序递增，但可按运算结果或外界条件而改变。

微型计算机工作原理的示意图如图 1-2 所示，其工作原理核心就是存储程序和程序控制。计算机通过输入设备输入数据和程序，并存储在存储器中，通过输出设备输出结果；控制器对输入、输出、存储和运算等操作进行统一指挥与协调；运算器在控制器的控制下实现算术运算和逻辑运算，并将运算结果送到内存储器中；存储器用于保存数据、指令和运算结果等信息，分为内存储器和外存储器。

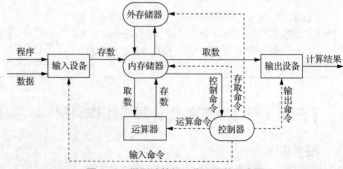

图 1-2 微型计算机工作原理的示意图

【任务 1-7】认知计算机系统的主要性能指标

任务描述

① 某生产企业有多条组装笔记本电脑的生产线，如果生产线每天有效装配时间为 6 小时，生产线的节拍为平均每分钟装配 1 台笔记本电脑（生产线的生产周期为 1 分钟），那么一条生产线每天的装配速度为 360 台，如果有 2 条生产线同时开工，那么每天可以装配笔记本电脑 720 台。参照笔记本电脑生产线的指标，认知字长、主频和运算速度等计算机系统的性能指标。

② 笔记本电脑的装配车间的转运仓库只能存放 1000 台笔记本电脑，笔记本电脑专用仓库可以存放 1000000 台笔记本电脑，其存放容量是转运仓库的 1000 倍。参照仓库的存放容量认知计算机存储器的存储容量。

任务实施

这里将计算机系统的主要性能指标与生产线的指标进行类比，便于理解计算机的主要性能指标的含义和作用。

1. 主频

计算机的主频可以与生产线的节拍类比，生产线节拍越快，则单位时间内装配的产品越多；计算机的主频越高，则单位时间内能够处理的数据越多。

计算机的 CPU 执行指令时是通过若干步微操作来完成的，这些操作是按时钟周期节拍来进行的。时钟周期的长短反映出计算机的运算速度。时钟周期的倒数为时钟频率，时钟周期越短，时钟频率越高，计算机的运算速度越快。

主频指计算机的时钟频率，以 MHz、GHz 为单位。时钟频率越高（时钟周期越短），表明 CPU 运算速度越快。

2. 字和字长

计算机的字长可以与生产线的开工生产线条数类比，生产线的开工条数越多，则单位时间内装配的产品越多，计算机的字长越长，则单位时间内处理数据的能力越强。

计算机处理数据时，一次可以存取、传送、处理的数据长度称为一个"字"（Word）。每个字中包含的二进制位数通常称为字长。一个字可以是一个字节，也可以是多个字节，它是计算机进行数据处理和运算的单位，是计算机性能的重要指标。常用的字长有 8 位、16 位、32 位、64 位等。如某一类计算机的字由 8 个字节组成，则字的长度为 64 位，相应的计算机称为 64 位机。

在计算机中，一般使用若干二进制位表示一个数据或一条指令。例如，32 位机，一次运算可处理 32 位的二进制数据，传输过程中可并行传送 32 位二进制数据。一般字长越长，CPU 可以同时处理的数据位数越多，计算精度越高，处理能力越强。

3. 运算速度

计算机的运算速度可以与生产线的装配速度类比，每台笔记本电脑的装配时间越短，同时开工的生产线条数越多，则单位时间内装配的产品数量越多，同样地，计算机的字长越长，主频越高，则单位时间内处理数据的能力也就越强，即运算速度越快。

计算机的运算速度是衡量计算机水平的一项主要指标，它取决于指令执行时间。运算速度指计算机每秒钟所能执行的指令条数，一般以 MIPS（百万条指令每秒）为单位。

4. 存储容量

存储器的存储容量可以与仓库的存放容量类比，存储容量越大，表示存储能力越强。存储器的存储容量反映计算机记忆数据的能力，存储器的存储容量越大，计算机记忆的信息越多，计算机的功能也就越强。

存储容量指存储器中能够存储信息的总字节数，以字节为基本单位，常用单位有 MB、GB、TB，每个字节都有自己的编号，称为"地址"，如要访问存储器中的某个信息，就必须知道它的地址，然后按地址存入或取出信息。

为了度量信息存储容量，将 8 位二进制码（8bit）称为一个字节（Byte，B），字节是计算机中数据处理和存储容量的基本单位。1024 个字节称为 1 千字节，即 1KB（Kilobyte）；1024KB 个字节称 1 兆字节，即 1MB（Megabyte）；1024MB 个字节称为 1 吉字节，即 1GB（Gigabyte）；1024GB 个字节称为 1 太字节，即 1TB（Terabyte）。

存储容量基本单位之间的换算关系如下。

1B=8bit （1 个英文字符占用 1B，1 个汉字占用 2B）

$1KB=1024B=2^{10}B$　　$1MB=1024KB=2^{20}B$　　$1GB=1024MB=2^{30}B$　　$1TB=1024GB=2^{40}B$

【任务 1-8】实施不同进制数的转换

任务描述

① 将十进制整数$(25)_{10}$转换成二进制整数。

② 将十进制小数$(0.6875)_{10}$转换成二进制小数。

③ 将二进制数$(10110011.101)_2$转换成十进制数。

④ 将二进制数$(10110101110.11011)_2$化为八进制数。

⑤ 将八进制数$(6237.431)_8$转换为二进制数。

⑥ 将二进制数$(101001010111.110110101)_2$和$(100101101011111)_2$转换为十六进制数。

⑦ 将十六进制数$(3AB.11)_{16}$转换成二进制数。

任务实施

1. 十进制整数转换成二进制整数

将十进制整数$(25)_{10}$转换成二进制整数的过程如下。

于是，$(25)_{10}=(11001)_2$。

将十进制整数 25 反复地除以 2，直到商为 0，所得的余数（从末位读起）就是这个数的二进制表示。

2. 十进制小数转换成二进制小数

将十进制小数$(0.6875)_{10}$转换成二进制小数的方法如下。

```
 0.6875
×      2
─────────────────────
 1.3750        整数=1
 0.3750
×      2
─────────────────────
 0.7500        整数=0
×      2
─────────────────────
 1.5000        整数=1
 0.5000
×      2
─────────────────────
 1.0000        整数=1
```

将十进制小数 0.6875 连续乘 2，把每次所得数的整数，按从上往下的顺序写出。

于是，$(0.6875)_{10}=(0.1011)_2$。

3．二进制数转换成十进制数

将二进制数$(10110011.101)_2$转换成十进制数的方法如下。

1×2^7	代表十进制数 128
0×2^6	代表十进制数 0
1×2^5	代表十进制数 32
1×2^4	代表十进制数 16
0×2^3	代表十进制数 0
0×2^2	代表十进制数 0
1×2^1	代表十进制数 2
1×2^0	代表十进制数 1
1×2^{-1}	代表十进制数 0.5
0×2^{-2}	代表十进制数 0
1×2^{-3}	代表十进制数 0.125

于是，$(10110011.101)_2 =128+32+16+2+1+0.5+0.125=(179.625)_{10}$。

4．二进制数转换成八进制数

将二进制数$(10110101110.11011)_2$转换成八进制数的方法如下。

```
010 110 101 110 . 110 110
 ↓   ↓   ↓   ↓     ↓   ↓
 2   6   5   6  .  6   6
```

于是，$(10110101110.11011)_2=(2656.66)_8$。

5．八进制数转换成二进制数

将八进制数$(6237.431)_8$转换成二进制数的方法如下。

```
 6    2    3    7   .  4    3    1
 ↓    ↓    ↓    ↓      ↓    ↓    ↓
110  010  011  111  . 100  011  001
```

于是，$(6237.431)_8=(110010011111.100011001)_2$。

6. 二进制数转换成十六进制数

（1）将二进制数$(101001010111.110110101)_2$转换成十六进制数

1010 0101 0111 . 1101 1010 1000

  ↓   ↓   ↓   .   ↓   ↓   ↓

  A   5   7   .   D   A   8

于是，$(101001010111.110110101)_2=(A57.DA8)_{16}$。

（2）将二进制数$(100101101011111)_2$转换成十六进制数

0100 1011 0101 1111

  ↓   ↓   ↓   ↓

  4   B   5   F

于是，$(100101101011111)_2=(4B5F)_{16}$。

7. 十六进制数转换成二进制数

将十六进制数$(3AB.11)_{16}$转换成二进制数。

  3   A   B . 1   1

  ↓   ↓   ↓   ↓

0011   1010   1011. 0001 0001

于是，$(3AB.11)_{16}=(1110101011.00010001)_2$。

1.2 正确使用计算机

计算机在人们的生活和工作中变得越来越重要，在人们生活节奏越来越快的同时，计算机出现问题的种类越来越多样、次数越来越多，计算机一旦出现故障，会导致使用者难以处理。计算机系统主要由硬件系统和软件系统组成，不论是哪一个方面出现故障，都可能会影响其正常工作。为了保证计算机能够正常运行，使用者必须正确使用计算机，减少故障率。

【任务1-9】按正确顺序开机与关机

任务描述

① 按正确的顺序开机。

② 使用合适的方法重启计算机。

③ 按正确的顺序关机。

任务实施

1. 正确开机

开机是指给计算机接通电源，该操作和其他常用家用电器开机操作区别不大。但计算机开机必须记住正确的顺序，即先打开显示器及其他外部设备电源，然后按主机的"Power"按钮（电源按钮），打开主机电源，等待计算机进行自检，自检完成后，则开始登录操作系统。

2. 重新启动计算机

计算机在使用过程中，在安装某些软件或硬件时，可能会需要重新启动，一般情况下，可以按照以下步骤重新启动计算机：在 Windows 7 桌面上单击任务栏中的"开始"按钮，在弹出的"开始"菜单中的"关闭"级联菜单中选择"重新启动"命令即可。

在使用计算机过程中，影响其稳定工作的因素有很多，如果由于某种原因发生"死机"状况，可以按照以下方法重新启动计算机。

① 在进入 Windows 操作系统之前，同时按键盘上的"Ctrl"键、"Alt"键和"Delete"键，然后选择"重启"命令，计算机则会重新启动，这也称为热启动。

② 在进入 Windows 操作系统之后，或热启动不成功的情况下，直接在主机箱上按"Reset"按钮（复位按钮）让计算机重新启动，也称硬启动。但有些计算机上没有设置"Reset"按钮。

③ 如果前两种方法都没有让计算机重新启动，那么按主机的"Power"按钮 5 秒以上，先关闭电源，等待约 10 秒以后，再启动计算机。

注意 开机、关机之间要等待一段时间，千万不要反复按"Power"按钮，一般关机后需要等待 10 秒再开机。

3．正确关机

结束使用计算机时，要及时关闭计算机，单击"开始"按钮，在弹出的"开始"菜单中单击"关机"按钮，计算机就可以自动关机并切断电源。最后关闭显示器及其他外部设备的电源即可。

【任务 1-10】熟悉基本操作规范与正确使用计算机

任务描述

熟悉基本操作规范，正确使用计算机。

任务实施

计算机的基本操作规范如下。

① 为计算机提供合适的工作环境。计算机的工作环境温度一般为 5℃～35℃，相对湿度一般为 20%～80%。

② 正常开、关机。开机时先开显示器、打印机等外部设备，最后开主机；关机顺序正好相反，应先关主机电源，后关显示器、打印机等外部设备的电源。

③ 不能在计算机正常工作时搬动计算机，此时搬动计算机时可能会损坏硬盘盘面，因此搬动计算机前应先关机；也不要频繁开、关计算机，开、关机时间间隔至少有 10 秒。

④ 硬盘指示灯亮时，表示正对硬盘进行读或写操作，此时不要关掉电源，突然停电容易划伤磁盘及光盘，有时还会损坏磁头。

⑤ 除支持热插拔的 USB 接口设备外，不要在计算机工作时带电插拔各种接口设备和电缆线，否则容易烧毁接口卡或造成集成块损坏。不要用手摸主板上的集成电路和芯片，因为人体产生的静电会击坏芯片。

⑥ 显示器不要靠近强磁场，尽量避免强光直接照射到屏幕上，应保持屏幕的洁净，擦屏幕时应使用干燥、洁净的软布。

⑦ 不要用力拉鼠标线、键盘线或电源线等线缆。

⑧ 计算机专用电源插座上严禁使用其他电器，避免接触不良或插头松动。

⑨ 显示器不要开得太亮，并最好设置屏幕保护程序。

⑩ 注意防尘、防水、防静电，保持计算机的密封性和使用环境的清洁卫生。注意通风散热，要特别关注 CPU 风扇、主机风扇是否正常转动。

⑪ 使用计算机时养成良好的道德行为规范。随着计算机应用的日益普及，计算机犯罪对社会造成的危害也越来越严重。为了维护计算机系统的安全、保护知识产权、防治计算机病毒、打击计算机犯罪，在使用计算机时，应严格遵守国家有关法律法规，养成良好的道德行为规范。不利用计算机网络窃取国家机密，盗取他人密码，传播、复制色情内容等；不利用计算机所提供的方便，对他人进行人身攻击、诽谤和诬陷；不破坏别人的计算机系统资源；不制造和传播计算机病毒；不窃取别人的软件资源；不使用盗版软件。

1.3 保养与维护计算机

对于兼容机应先将购置的配件组装成计算机，然后按正确方法安装操作系统，例如安装 Windows 7、Windows 10 等操作系统。由于教材篇幅的限制，本章不介绍计算机的组装步骤与操作系统的安装过程，如读者需要自行组装计算机和安装操作系统，请参考相关书籍。

【任务 1-11】保养与维护 CPU

任务描述

CPU 作为计算机的"心脏"，肩负着繁重的数据处理工作。从打开计算机一直到关闭，CPU 都会一刻不停地运作，如果一旦不小心将 CPU 烧毁或损坏，整台计算机也就瘫痪了。因此对它的维护保养显得尤为重要。

① 正确保养 CPU 重点解决的问题有哪些。

② 如何保养与维护 CPU。

任务实施

1. 正确保养 CPU 重点解决的问题

目前，为防止 CPU 烧毁，主流的处理器都具备过热保护功能，当 CPU 温度过高时会自动关闭计算机或降频。虽然这一功能大大地减少了 CPU 故障的发生率，但如果长时间让 CPU 工作在高温的环境下，将大大缩短处理器的使用寿命。

（1）要重点解决散热问题	（2）要选择合适的散热器
要保证计算机稳定运行，首先要解决散热问题。高温不仅是 CPU 的重要"杀手"，对于所有电子产品而言，工作时产生的高温如果无法快速降低，将直接影响其使用寿命。CPU 在工作时间产生的热量是相当可怕的，特别是一些高主频的处理器，工作时产生的热量更是高得惊人。因此，要使 CPU 更好地为我们服务，散热不可少。CPU 的正常工作温度通常为 35℃～65℃，具体根据不同的 CPU 和不同的主频而定，因此我们要为处理器选择一款好的散热器。这不仅要求散热器风扇质量足够好，而且要求产品的散热片材质好。 另外，还要保障机箱内外的空气流通顺畅，保证能够将机箱内部产生的热量及时带出去。散热工作做好了，可以使一部分不明原因的死机减少。	通常情况下，盒装处理器所带的散热器，大多能够满足此款产品散热的要求，但如果需要超频，这时需要为 CPU 选择一款散热性能更好的散热器。如果 CPU 足够用，建议不要对处理器进行超频。另外，可以通过测速测温软件来适时检测 CPU 的温度与风扇的转速，以保证随时了解散热器的工作状态及 CPU 的温度。 为了解决 CPU 散热问题，选择一款好的散热器可能是必需的。不过在选择散热器的时候，也要根据自己计算机的实际情况，购买合适的散热器。不要一味地追求散热，而购买一些既大又重的"豪华"产品。这些产品虽然好用，但由于自身具有很大的重量，因此长时间使用不仅会造成与 CPU 无法紧密接触，还容易将 CPU 脆弱的外壳压碎。

（3）要做好减压和避震工作	（4）要勤除灰尘和用好硅脂
在做好散热的同时，还要做好对 CPU 处理器的减压与避震工作。在安装散热器时，要注意用力均匀，扣具的压力要适中，扣具安装必须正确。另外现在风扇的转速可达 6000 转/分，容易出现共振的问题，长期如此，会造成 CPU 与散热器无法紧密接触、CPU 与 CPU 插座接触不良。解决的办法就是选择正规厂家出产的转速适当的散热器风扇。	灰尘要勤清除，不能让其积聚在 CPU 的表面，造成短路烧毁 CPU。硅脂在使用时涂薄薄的一层就可以，过量会有可能渗到 CPU 表面或插槽中，造成 CPU 毁坏。硅脂在使用一段时间后会干燥，这时可以除净后再重新涂上。平时在摆弄 CPU 时要注意身体上的静电，特别在秋冬季节，消除方法可以是洗手或双手接触一会儿金属水管之类的导体，以保安全。

2. 保养与维护 CPU

　　CPU 是计算机主机的核心所在，其性能直接影响着整机性能的发挥。对 CPU 进行维护和保养，可以使其保持良好的性能发挥。保养与维护 CPU 主要包括给 CPU 更换硅脂、清洁 CPU 散热器散热片以及风扇等方面。在对 CPU 实施保养与维护操作以前，应该注意释放人体所带静电，释放静电可以采用手碰地面或水管等非金属物的方法。

（1）拆卸 CPU 散热器	（2）均匀涂抹硅脂
从主板上将 CPU 散热器电源拔下。 　　找到松开 CPU 散热器的开关，将散热器从 CPU 上取下。	准备好用于散热用的硅脂，将它均匀涂抹在散热器和 CPU 之间。硅脂可以较好地将 CPU 热量传递给散热器。
（3）清除散热器灰尘	（4）重新安装散热器
散热器在使用了一段时间后，风扇和散热片上的灰尘会阻碍散热器的散热性能发挥，应定期对散热器进行除尘工作。如果 CPU 使用时间不长，散热器不必单独清洁，用毛刷除尘即可。如果 CPU 使用时间较长，散热器风扇上灰尘较多，一般须单独取下操作。	将散热器取下，使用毛刷清除风扇叶片上的灰尘，最后把风扇安装到散热器上。检查 CPU 上的硅脂是否涂匀，并将散热器重新固定到 CPU 上即可。除尘完毕还可以为散热器风扇加一些润滑油，这可以使风扇运转得更顺畅，提高散热性能。

【任务 1-12】保养与维护硬盘

任务描述

　　计算机主机上的硬盘往往存放着大量重要数据，如果硬盘出现故障，里面的数据就会丢失，给我们带来不可估量的损失。所以说，硬盘的保养和维护非常重要。

　　如何合理维护与保养硬盘？

任务实施

（1）硬盘周围环境温度保持适宜	（2）注意防潮湿
由于硬盘内部的电机高速运转，再加上硬盘是密封的，如果周围环境温度太高，热量散不出，就会导致硬盘产生故障。而温度太低，又会影响硬盘的读写效果。因此，硬盘工作的温度要适宜，最好在 20℃～30℃范围内。	如果计算机使用过程中过于潮湿，会使硬盘绝缘电阻下降，造成计算机使用过程中运行不稳定，严重时会使电子元器件损坏或使某些部件不能正常工作。
（3）注意防静电	（4）注意防震动或撞击
硬盘中的集成电路对静电特别敏感，容易受静电感应而被击穿损坏，因此要注意防静电。由于人体常带静电，在安装或拆卸硬盘时，不要用手触摸电路板或焊点。	如果在硬盘读写过程中发生较大的震动或撞击，可能会造成硬盘磁头和磁片相撞击，导致硬盘产生坏道，造成硬盘数据丢失和硬盘损坏。

（5）注意防磁场干扰	（6）定期进行磁盘碎片整理
硬盘通过对盘片表面的磁层进行磁化来记录数据信息，如果硬盘靠近强磁场，有可能会导致所记录的数据遭受破坏。因此必须注意防磁，以免丢失数据。	要定期对磁盘进行碎片整理，避免产生磁盘文件碎片的重复放置或垃圾文件过多而浪费硬盘空间，影响计算机运算速度。但磁盘碎片整理不宜过于频繁。
（7）定期备份数据	（8）预防硬盘感染病毒
由于硬盘中保存了很多重要数据，因此要对硬盘中的数据进行定期备份。	要预防病毒对硬盘的侵害，发现病毒要立即清除，防止病毒损坏计算机硬盘。
（9）尽量少格式化硬盘	（10）避免强制关机
格式化硬盘不但会丢失硬盘全部数据，而且会缩短硬盘的使用寿命。	如果硬盘工作时突然关掉电源，可能因硬盘磁头和磁盘剧烈摩擦导致硬盘损坏。

【任务 1-13】保养与维护显示器

任务描述

对于经常与计算机打交道的人来说，计算机的"脸"即显示器，如果你每天面对的是一个色彩柔和、清新亮丽的"笑脸"，你在它身边工作一定特别轻松，工作效率也会提高。目前常用的显示器是液晶显示器，因为液晶显示器具有可视面积大、画质精细、节能等优点。但液晶显示器的屏幕十分脆弱，要经常进行维护与保养。

如何合理维护与保养液晶显示器？

任务实施

（1）避免显示器内部元器件烧坏	（2）注意防潮
如果长时间不用，一定要关闭显示器，或者降低显示器的亮度，避免内部元器件老化或烧坏。	长时间不用显示器，可以定期通电工作一段时间，让显示器工作时产生的热量驱除潮气。
（3）避免冲击显示器屏幕	（4）养成良好的工作习惯
液晶显示器的屏幕十分脆弱，在剧烈的移动或者震动的过程中就有可能损坏显示器屏幕，因此要避免强烈的冲击和振动，不要对屏幕表面施加压力。	不良的工作习惯，也会损害液晶显示器的"健康"。例如，一边工作，一边喝着茶、咖啡或者牛奶，可能造成液体飞溅而危及"娇贵"的显示器。
（5）保持干燥的工作环境	（6）定时清洁显示器屏幕
液晶显示器应在一个相对干燥的环境中工作，特别是不能将潮气带入显示器的内部。建议准备一些干燥剂，保持显示器周围微环境的干燥；或者准备一块干净的软布，随时擦拭以保持显示屏的干燥。如果水分已经进入液晶显示器里面，就需要将显示器放置到干燥的地方，让水分慢慢地蒸发掉，千万不要贸然地打开电源，否则显示器的液晶电极会被腐蚀掉。	由于灰尘等不洁物质，液晶显示器的屏幕上经常会出现一些难看的污迹，所以要定时清洁显示器屏幕。如果发现显示器屏幕上面有污迹，正确的清理方法是用沾有少许清洁剂的软布轻轻地把污迹擦去，擦拭时力度要轻，否则显示器屏幕会因此而短路损坏。清洁显示器屏幕还要保持适当的频率，过于频繁地清洁显示器屏幕也是不对的，那样同样会对显示器屏幕造成一些不良影响。

【提升训练】

【训练 1-1】保养与维护台式计算机

任务描述

一台计算机如果维护的好，它就会一直处于比较好的工作状态，可以充分发挥它的作用；相反，一台维护得不好的计算机，它可能会处于不好的工作状态，也可能会导致数据丢失，造成无法挽回的损失。因此，做好计算机的日常保养与维护是十分必要的。

按正确方法对台式计算机进行日常保养。

任务实施

（1）计算机摆放位置要合适

① 由于计算机在运行时不可避免地会产生电磁波和磁场，因此最好将计算机放置在离电视机远一点的地方，这样做可以防止计算机的显示器和电视机屏幕的相互磁化，交频信号互相干扰。

② 由于计算机是由许多紧密的电子元器件组成的，因此务必要将计算机放置在干燥的地方，以防止潮湿引起电路短路。

③ 由于计算机在运行过程中 CPU 会散发大量的热量，如果不及时将热量散发，则有可能导致 CPU 过热，工作异常，因此，最好将计算机放置在通风凉爽的位置。

（2）计算机开关机顺序要正确

① 正确开机。

先开外部设备（显示器、打印机等）再开主机，因为外部设备在启动时一般会产生高压（继而形成大电流）而冲击主板、CPU。但是个别计算机，如果先开外部设备（特别是打印机）则主机无法正常工作，这种情况下应该采用相反的开机顺序。

② 正确关机。

关机时则相反，应该先关主机，待主机彻底关闭后再关闭外部设备的电源。这样可以避免主机中的部位受到大的电冲击。

关机后最好等待 10 秒以上再重新开机，这有助于减少对计算机元器件的损害，延长计算机的使用寿命。

> **注意** 关机后不要立刻重新开机，也不要频繁地开关机。关机后立即加电会使电源装置产生突发的大脉冲电流，造成计算机的元器件被损坏，也可能造成硬盘驱动突然加速，使盘片被磁头划伤。出现雷雨天气或断电、电压不稳定等情况，最好不要打开计算机。

（3）计算机通风散热要顺畅

计算机散热不足会导致很多的计算机故障。整个系统的散热会直接影响计算机的稳定性和性能，长此以往，很可能引发更严重的问题，对系统危害极大。计算机及时散热，可以有效延长硬件的使用寿命。

① 摆放主机时，要选择利于空气流通的位置。计算机机箱周围要留有足够的散热空间，不要堆放杂物。尤其要注意机箱上的各个入气口（通常在机箱前面）和排气口（通常在机箱后面）。

② 不使用计算机时最好关机。使用屏幕保护程序时，也不要忘记了此时计算机的功率并不比平时低多少，发热量不能小视。显示器最好设为闲置 15～20 分钟后进入节能模式。这些措施都可以节省能源并且延长计算机使用寿命。

③ 机箱的体积和设计对散热起着至关重要的作用。一般而言，大体积的机箱对散热是有益的，因为它允许更多的空气流经各个组件。设计良好的机箱都会预留前后机箱风扇的位置，一旦机箱内形成由下至上、由前至后这种良好的气流，也能为 CPU 和显卡等发热量大的组件及时补充冷空气，CPU 和显卡的温度也会进一步降低。

④ 确定机箱中能形成正常的气流。通常采用的做法是机箱的前面吸风，后面和顶部出风。机箱中空余插槽对应位置的挡板一定要装上，主板接口的挡板也要装好，也就是除了进风口和出风口不要留下任何风口，这样才能保证形成理想的气流方向。此外，还要确定气流不会被挡住，尽量不要让机箱内的线挡住重要的气流流经位置，线也要扎成一束一束的，当然线越少越好。尽可能不选择太小的机箱，较大的空间对散热是有所帮助的。

⑤ 灰尘也会对散热产生很大的影响，所有周围的环境一定要干净。要及时清除附在电源风扇和机箱风扇上面的灰尘，这些措施都可以加强散热效果，避免灰尘太多对各计算机配件造成不良影响。

（4）计算机清洁保养要做好

① 要防止机箱不进入灰尘是不可能的，因为机箱需要对外散热，各个风扇对外交换空气，难免会进入灰尘。需要做到保持室内清洁和定期清除灰尘。

② 如果不定期清理，灰尘将越积越多，严重时，甚至会使电路板的绝缘性能下降，引起短路、接触不良、霉变等问题，造成硬件故障。因此要养成定期清理灰尘的好习惯，定期打开机箱，用干净的软布、不易脱毛的小毛刷、吹气球等工具进行机箱内部的除尘。机箱表面的灰尘可用潮湿的软布和中性高浓度的清洗液擦拭干净。

③ 使用键盘时，也会有灰尘落在键帽下影响接触的灵敏度。使用一段时间后，可以将键盘翻转过来，适度用力拍打，将嵌在键帽下面的灰尘抖出来。

④ 加固各部位托架螺钉，防止松动造成元器件受损。切忌一个螺钉一次"拧"到底，正确的方法是：4 颗螺钉，对角轮流逐步上紧；两颗螺钉，轮流逐步上紧，直到"拧"紧稳固为止。

⑤ 散热器风扇和电源风扇由于长时间的高速旋转，轴承受到磨损后散热性能降低并且还会发出很大的噪声，要及时进行更换。

注意 打开机箱时，尽可能戴手套进行操作，以避免手带静电击穿元器件。

（5）静电产生要预防

人体或多或少会带有一些静电，如果不加注意，很有可能导致计算机硬件的损坏。需要插拔计算机的部件时，例如显卡、内存等，在接触这些部件之前，应该首先使身体与接地的金属或其他导电物体接触，释放身体上的静电，以免破坏计算机的部件。在冬天尤其需要注意静电对计算机的损坏。

（6）磁盘碎片整理要及时

磁盘碎片的产生是因为文件被分散保存到整个磁盘的不同地方，而不是连续地保存在磁盘连续的簇中所形成的。操作系统在运行中会囤积大量的垃圾文件，垃圾文件不仅占用大量磁盘空间，还会拖慢系统，使系统的运行速度变慢，所以这些垃圾文件必须清除。

文件碎片一般不会对系统造成损坏，但是碎片过多的话，系统在读文件时来回进行寻找，就会引起系统性能的下降，导致存储文件丢失，严重的还会缩短硬盘的寿命。因此，计算机中的磁盘碎片是不容忽视的，要定期对磁盘碎片进行整理，以保证系统正常稳定地运行，我们可以用系统自带的"磁盘碎片整理程序"来整理磁盘碎片。

（7）插拔装卸操作要谨慎

在计算机运行过程中，不要搬动主机箱或使其受到震动，不要插拔各种接口卡，也不要装卸外部设备和主机之间的信号电缆。如果需要进行上述改动，则必须在关机且断开电源线的情况下进行。

【训练 1-2】保养与维护笔记本电脑配件

任务描述

如何合理保养与维护笔记本电脑配件？

任务实施

（1）保养维护笔记本电脑外壳

① 防止笔记本电脑外壳的磨损和划伤。

② 清洁笔记本电脑外壳的污渍

笔记本电脑外壳很容易聚集指纹、灰尘等污渍，可以采用不同的手段来清理这些污渍：普通污渍可以使用柔软纸巾加少量清水清洁即可；指纹、汗渍、饮料痕迹、圆珠笔痕迹可以用专用清洁剂进行清洁。

（2）保养维护笔记本电脑硬盘

① 尽量在平稳的状况下使用笔记本电脑，避免在容易晃动的地点操作。

② 开关机过程是硬盘最脆弱的时候。此时硬盘轴承旋转尚未稳定，若产生震动，则容易造成坏轨。建议关机后等待约 10 秒后再移动笔记本电脑。

③ 平均每月执行一次磁盘重组及扫描，以提高磁盘存取效率。

（3）保养维护液晶显示屏幕

① 不要用力盖上上盖或者放置任何异物在键盘及屏幕之间，避免上盖玻璃因重压而导致内部组件损坏。

② 长时间不使用计算机时，可使用键盘上的功能键暂时将液晶显示屏幕电源关闭，除了节省电能外亦可延长屏幕使用寿命。

③ 不要用指甲及尖锐的物品碰触屏幕表面以免刮伤屏幕。

④ 液晶显示屏幕表面会因静电而吸附灰尘，建议购买液晶显示屏幕专用擦拭布来清洁屏幕，不要用手指擦除以免留下指纹，并请轻轻擦拭。

⑤ 不要使用化学清洁剂擦拭屏幕。

⑥ 液晶显示屏幕切忌碰撞，千万不能在屏幕上面画刻，也不能用手指或尖锐的物品（硬物）碰触屏幕表面以免刮伤屏幕。

⑦ 屏幕上最好配有保护膜，至少保证了其可以远离灰尘、指纹和油渍。

（4）保养维护笔记本电脑电池

① 新购的笔记本电脑电池在第一次使用前，并不需要预先做深充深放，只需正常充电正常使用即可。

② 在使用外接电源供电时，笔记本电脑会自动为电池充电，充满后充电电路会自动关闭，不会发生过充现象。

③ 电池在直接使用的情况下，满充满放的次数在300～500次，但电池的过度放电会缩短电池的使用寿命，所以当系统提示电量不足时应及时充电。

④ 频繁地插拔电源适配器会导致电池反复充放电，势必会降低电池的性能，应尽量避免此种操作。

⑤ 12℃~25℃是电池较适宜的工作温度，温度过高或过低的工作环境将缩短电池的使用寿命。

⑥ 要避免压力压迫、曝晒，防止受潮、防止靠近火源、防止化学液体侵蚀，避免电池触点与金属物接触等情况的发生。

（5）保养维护笔记本电脑键盘

① 键盘上积聚大量灰尘时，可用小毛刷来清洁缝隙，或是使用掌上型吸尘器来清除键盘上的灰尘。

② 清洁表面，可在软布上沾上少许清洁剂，在关机的情况下轻轻擦拭键盘表面，清除键盘上的灰尘和碎屑。

③ 尽量不要留长指甲，以免长期使用可能刮坏键盘。

（6）保养维护笔记本电脑触控板

① 使用触控板时应保持双手清洁，以免发生鼠标指针乱跑现象。

② 不小心弄脏表面时，可用干布沾湿一角轻轻擦拭触控板表面，请勿使用粗糙布等物品擦拭表面。

③ 触控板是感应式精密电子组件，勿使用尖锐物品在触控面板上书写，亦不可重压使用，以免造成损坏。

（7）保养维护笔记本电脑光驱

尽量不要使用劣质的或不规则的光盘片，否则很容易损坏光头。使用一段时间后要定期用专门的清洗盘清洗光头。

（8）保养维护笔记本电脑电源适配器

碰到电压不稳时可将电源适配器拔下，利用电池供电，保护适配器，以延长使用寿命。

【考核评价】

【技能测试】

【测试 1-1】列出 3 类计算机的性能和主要技术参数

通过中关村在线和太平洋电脑网了解 5 种当前最新的台式计算机、笔记本电脑、平板电脑，列出这些类型计算机的性能和主要技术参数。

【测试 1-2】列出计算机配件的品牌、价格、性能参数

通过中关村在线和太平洋电脑网了解并列出 10 种计算机配件的品牌、价格、性能参数。

【测试 1-3】列出品牌计算机的配置清单和参考价格

通过中关村在线和太平洋电脑网查看并列出 5000～8000 元区间内品牌计算机的配置清单和参考价格，了解所用配件的主要技术参数。

【测试 1-4】列出最新的打印机品牌、型号及主要性能

通过中关村在线和太平洋电脑网了解并列出当前最新的打印机品牌、型号及主要性能。

【课后习题】

1. 下列不属于 CPU 组成部分的是（ ）。
   A. 运算器　　　　　B. 控制器　　　　　C. 缓存　　　　　D. 内存储器

2. PC 是指（ ）。
   A. 计算机　　　　　B. 大型计算机　　　C. 个人计算机　　D. 笔记本计算机

3. CPU 的中文含义是（ ）。
   A. 主机　　　　　　B. 逻辑部件　　　　C. 中央处理器　　D. 控制器

4. 下列设备中，属于微型计算机系统默认的必不可少的输出设备是（ ）。
   A. 打印机　　　　　B. 键盘　　　　　　C. 显示器　　　　D. 鼠标

5. 以下设备中，只能作为输出设备的是（ ）。
   A. 键盘　　　　　　B. 打印机　　　　　C. 鼠标　　　　　D. 光驱

6. 防止 U 盘感染计算机病毒的一种有效的办法是（ ）。
   A. 对 U 盘加上写保护　　　　　　　B. 使 U 盘远离磁场
   C. 定期对 U 盘进行格式化处理　　　D. 不与有病毒的 U 盘放置在一起

7. 某单位的财务管理软件属于（ ）。
   A. 工具软件　　　B. 系统软件　　　　C. 编辑软件　　　D. 应用软件

8. 计算机中的 CPU 由（ ）。
   A. 内存储器和外存储器组成　　　　B. 微处理器和内存储器组成
   C. 运算器和控制器组成　　　　　　D. 运算器和寄存器组成

9. 计算机硬件系统中核心的部件是（ ）。
   A. 存储器　　　　B. 输入/输出设备　　C. CPU　　　　　D. UPS

10. 一个完整的微型计算机系统由（ ）组成。
    A. 硬件系统和软件系统　　　　　　B. 主机和显示器
    C. 主机、显示器和音箱　　　　　　D. 硬件系统和操作系统

模块2
配置与使用Windows 7

02

操作系统控制着计算机硬件的工作，管理计算机系统的各种资源，并为系统中各个程序运行提供服务。Windows 7广泛用于家庭及商业工作环境中的台式计算机、笔记本电脑、平板电脑等设备，与以往版本的Windows操作系统相比，其在性能、易用性和安全性等方面都有了明显的提高，为用户计算机的安全、高效运行提供了保障。

Windows 7是微软公司于2009年正式发布的操作系统，其核心版本号为Windows NT 6.1，与Windows Server 2008 R2使用了相同的内核。Windows 7是一种多任务的图形界面操作系统，它集Windows前期版本的优秀性能于一体，系统响应速度更快，简化了桌面操作方式，具有友好的用户界面、强大的搜索功能和更好的设备管理模式。Windows 7将明亮鲜艳的外观与简单易用的设计有机结合，不但使用更加成熟的技术，而且桌面风格清新明快，给用户以良好的视觉享受。

【重要说明】本模块所有操作的截图都是在Windows 7旗舰版中完成的，如果使用Windows 7的其他版本，例如Windows 7家庭普通版，有些界面可能会有所不同。

2.1　操作系统

操作系统控制和管理整个计算机系统的硬件和软件资源，并合理地组织调度计算机工作和资源分配，以提供给用户和其他软件方便的接口和环境。它是计算机系统的最基本的系统软件。

2.1.1　操作系统基本概念

操作系统（Operating System，OS）是管理计算机硬件与软件资源的计算机程序，同时也是计算机系统的内核和基石。操作系统需要处理如管理与配置内存、决定系统资源供需的优先次序、控制输入设备与输出设备、操作网络与管理文件系统等基本事务。操作系统也提供一个让用户与系统交互的操作界面。

在计算机中，操作系统是其最基本也是最为重要的基础性系统软件。从计算机用户的角度来说，计算机操作系统体现为其提供的各项服务；从程序员的角度来说，操作系统主要是指用户登录的界面或者接口；从设计人员的角度来说，操作系统就是指各式各样模块和单元之间的联系。事实上，全新操作系统的设计和改良的关键工作就是对体系结构的设计。经过几十年的发展，计算机操作系统已经由一开始的简单控制循环体发展成较为复杂的分布式操作系统，再加上计算机用户需求的愈发多样化，计算机操作系统已经成为既复杂又庞大的计算机系统软件之一。

2.1.2　操作系统的作用与功能

操作系统是配置在计算机硬件的第一层软件，是对硬件系统的首次扩充，其作用主要包括控制和管理计算机的全部硬件和软件资源，合理组织和调度内部各部件协调工作和资源合理分配，为用户和其他软件提供方便的接口和环境。

电子活页 2-1

操作系统的
作用与功能

计算机的操作系统对于计算机可以说是十分重要的，从使用者角度来说，操作系统可以对计算机系统的各项资源板块开展调度工作，其中包括软硬件设备、数据信息等，运用计算机操作系统可以减少人工分配资源的工作强度，使用者对于计算机的操作干预减少，计算机的智能化使工作效率可以得到很大的提升。在资源管理方面，如果由多个用户共同来管理一个计算机系统，那么可能就会有冲突存在于两个使用者的信息共享当中。为了更加合理地分配计算机的各个资源板块，协调计算机系统的各个组成部分，计算机操作系统就需要充分发挥其职能，对各个资源板块的使用效率和使用程度进行一个最优的调整，使各个用户的需求都能够得到满足。操作系统在计算机程序的辅助下，可以抽象处理计算系统资源提供的各项基础职能，以可视化的手段来向使用者展示操作系统功能，降低计算机的使用难度。

> **提示**　扫描二维码，熟悉电子活页中的内容，了解操作系统的主要功能。

2.1.3　操作系统分类

计算机的操作系统根据不同的用途分为不同的类型，根据操作系统的功能及作业处理方式可以分为实时操作系统、分时操作系统、批处理操作系统、通用操作系统、网络操作系统、分布式操作系统、嵌入式操作系统等，操作系统分类见电子活页。

电子活页 2-2

操作系统分类

根据能支持的用户数和任务来进行分类，操作系统可以分为单用户单任务操作系统、单用户多任务操作系统、多用户多任务操作系统。这种分类下的操作系统很容易区分，是根据操作系统能被多少个用户使用及每次能运行多少程序来进行区分的。

PC 中运行的操作系统主要分为 Windows、UNIX、Linux、macOS，手机中运行的操作系统主要分为 Android、iOS。

电子活页 2-3

Windows 操作系统
常用术语

2.1.4　Windows 操作系统常用术语

扫描二维码，熟悉电子活页中的内容，熟悉"计算机"窗口、硬盘分区和盘符、库、文件夹和文件、路径、磁盘格式化等 Windows 操作系统常用术语。

2.2　Windows 7 基本操作

Windows 7 基本操作主要包括 Windows 7 启动与退出、鼠标基本操作、键盘基本操作、桌面基本操作、任务栏基本操作、"开始"菜单基本操作、"资源管理器"窗口基本操作、"资源管理器"窗口菜单基本操作、对话框基本操作、获取帮助信息、"控制面板"窗口基本操作等多项。

2.2.1 Windows 7 启动与退出

电子活页 2-4

【操作 2-1】启动与退出 Windows 7

扫描二维码,熟悉电子活页中的内容,完成启动 Windows 7、认识 Windows 7 的桌面元素、注销 Windows 7、退出 Windows 7 等操作。

启动与退出
Windows 7

2.2.2 鼠标基本操作

键盘和鼠标是常用的输入设备。

【操作 2-2】鼠标基本操作

扫描二维码,熟悉电子活页中的内容。启动 Windows 7,在 Windows 7 桌面针对"回收站"完成移动鼠标指针、单击鼠标左键、单击鼠标右键、双击鼠标左键、拖曳鼠标等操作。

电子活页 2-5

鼠标基本操作

2.2.3 键盘基本操作

键盘主要用于输入文字和字符,也可以代替鼠标完成某些操作,具体例子如下。

① 按"Print Screen"键,复制整个屏幕内容。如果要将屏幕上显示的内容保存下来,可以按"Print Screen"键将整个屏幕画面复制到剪贴板中或者按"Alt+Print Screen"组合键将屏幕当前窗口画面复制到剪贴板中,然后从剪贴板中粘贴到目标文件中即可。

> **提示** 剪贴板是 Windows 操作系统中的内存缓冲区,用于各种应用程序、文档之间的数据传送,利用剪贴板可以实现文件或数据的复制和移动、保存屏幕信息等操作。

② 首先在任务栏的快捷操作区单击 按钮打开"计算机"窗口,然后双击桌面的"回收站"图标打开"回收站"窗口,再按"Alt+Tab"组合键实现两个窗口之间的切换。

2.2.4 桌面基本操作

电子活页 2-6

【操作 2-3】桌面基本操作

桌面基本操作

扫描二维码,熟悉电子活页中的内容。启动 Windows 7,在 Windows 7 桌面完成排列桌面图标、在桌面上创建快捷方式、利用桌面图标运行程序、删除桌面图标等操作。

2.2.5 任务栏基本操作

Windows 7 操作系统中，打开的应用程序、文件夹或文件，在任务栏都有对应的按钮，并且按钮上显示已打开程序的图标。

【操作 2-4】任务栏基本操作

扫描二维码，熟悉电子活页中的内容。启动 Windows 7，认知 Windows 7 的任务栏的基本组成，并在 Windows 7 桌面完成使用任务栏切换应用程序、调整任务栏的大小和位置、调整任务栏中显示的内容、将常用程序锁定到任务栏、通过任务栏的通知区域打开图标和查看相关信息、通过任务栏显示桌面等操作。

2.2.6 "开始"菜单基本操作

【操作 2-5】"开始"菜单基本操作

扫描二维码，熟悉电子活页中的内容。启动 Windows 7，在 Windows 7 桌面完成打开"开始"菜单、关闭"开始"菜单等操作，并认知"开始"菜单的组成及功用。

2.2.7 "资源管理器"窗口基本操作

窗口是运行 Windows 应用程序时，操作系统为用户在桌面上开辟的一个矩形工作区域。

1. 窗口的基本组成

打开图 2-1 所示的"库"窗口和图 2-2 所示的"记事本"窗口。

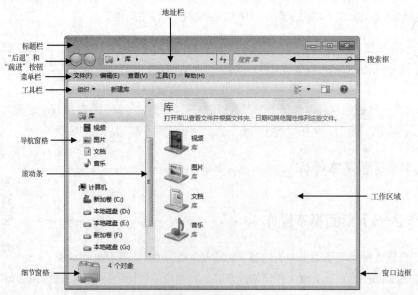

图 2-1 "库"窗口

Windows 的各种窗口，组成元素大同小异，一般的应用程序窗口由标题栏、"后退"和"前进"按钮、地址栏、搜索框、菜单栏、工具栏、导航窗格、工作区域、细节窗格、滚动条、窗口边框等部分组成。

（1）标题栏

以图 2-2 所示的"记事本"窗口为例，标题栏通常位于窗口的顶端，从左至右分别是：控制菜单图标、窗口标题、"最小化"按钮 ▬、"最大化"按钮 ▫ 或者"还原"按钮 ▱、"关闭"按钮 ✕。单击控制菜单图标，弹出图 2-3 所示的控制菜单，利用其中的菜单选项可以完成对窗口的最大化、最小化、还原、移动、改变大小和关闭等操作。

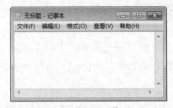

图 2-2　"记事本"窗口

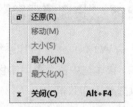

图 2-3　控制菜单

（2）"后退"和"前进"按钮

"后退"和"前进"按钮用于快速访问上一个和下一个浏览的位置。单击"前进"按钮右侧的下拉按钮，可以打开浏览列表，以便于快速定位。

（3）地址栏

地址栏显示了当前访问位置的完整路径，路径中的每个文件夹节点都会显示为按钮。单击按钮即可快速跳转到对应的文件夹。在每个文件夹按钮的右侧，还有一个展开按钮，单击该按钮可以列出与该按钮相同位置下的所有文件夹。

（4）搜索框

在搜索框中输入关键字后，即可在当前位置使用关键字进行搜索。

（5）菜单栏

菜单栏用于提供当前应用程序的各种操作选项，使用时，单击菜单栏上的菜单选项，会弹出下拉菜单，然后选择其中的菜单命令即可。

（6）工具栏

工具栏能自动感知当前位置的内容，并提供最贴切的操作，以按钮的形式列出若干个常用命令。使用时，单击按钮即可执行相关的命令。

（7）导航窗格

导航窗格以树型结构列出了一些常见位置，根据不同位置的类型，显示了多个节点，每个节点可以展开或折叠。

（8）工作区域

工作区域是窗口中显示或处理工作对象的区域。

（9）细节窗格

在工作区域中单击某个文件或文件夹后，细节窗格就会显示该对象的属性信息。

（10）窗口边框

窗口边框即窗口的边界线，可以通过调整窗口边框调整窗口的大小。

2. 窗口的基本操作

窗口是用户进行工作的重要区域，用户必须熟悉窗口的基本操作。

【操作 2-6】窗口基本操作

电子活页 2-9

窗口基本操作

扫描二维码，熟悉电子活页中的内容。启动 Windows 7，完成打开窗口、移动窗口、调整窗口大小、最小化窗口、最大化窗口、还原窗口、切换窗口、关闭窗口等操作。

2.2.8 "资源管理器"窗口菜单基本操作

菜单是 Windows 7 操作系统中命令的集合，常见的菜单有下拉菜单、控制菜单、快捷菜单等多种形式。菜单栏中各个菜单中包含多个不同的命令，可以完成相应的功能。有效地利用各种菜单，用户可以提高工作效率。

在任务栏的快捷操作区单击 按钮打开"计算机"窗口，然后查看该窗口的"文件"菜单和"查看"菜单的下拉菜单。

1. Windows 7 的菜单类型

（1）下拉菜单

在窗口中单击某个菜单即可打开相应的下拉菜单，图 2-4 所示为"计算机"窗口的"文件"下拉菜单。

> **提示**　使用键盘也可以打开下拉菜单，按"Alt"键或者"F10"键，菜单变为突出显示，使用
> "→"或"←"键可以切换突出显示的菜单，按"↑"或"↓"键即可打开相应菜单的下
> 拉菜单，有些应用程序窗口，按"Enter"键也可以打开相应的下拉菜单。按"Alt+字母
> （菜单右侧括号中的字母）"组合键，则可以打开对应菜单的下拉菜单。

（2）快捷菜单

在操作对象上单击鼠标右键，可以在窗口中或桌面上弹出与操作对象相关的快捷菜单。例如，在"计算机"窗口空白处单击鼠标右键，会弹出"计算机"窗口的快捷菜单，如图 2-5 所示。

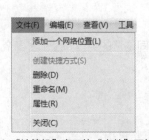

图 2-4 "计算机"窗口的"文件"下拉菜单

图 2-5 "计算机"窗口的快捷菜单

（3）控制菜单

控制菜单位于窗口的左上角，使用鼠标单击控制菜单图标，可以打开控制菜单。

2. Windows 7 菜单基本操作

【操作 2-7】Windows 7 菜单基本操作

扫描二维码，熟悉电子活页中的内容。启动 Windows 7，完成打开下拉菜单、打开快捷菜单、执行菜单命令、关闭菜单等操作。

电子活页 2-10

Windows 7 菜单
基本操作

3. Windows 7 菜单的约定

① 下拉菜单的分隔线。下拉菜单中使用"——————"对菜单命令进行分组。

② 菜单命令左侧带有选中标记"√"，表示该命令当前处于选中状态。

③ 菜单命令左侧带有选中标记"●"，表示一组命令中只能单选。

④ 菜单命令右侧带有省略标记"..."，表示选择该命令会打开相应的对话框。

⑤ 菜单命令右侧带有三角形标记"▶"，表示该菜单命令有级联菜单。图 2-6 所示为"计算机"窗口中"查看"菜单的下拉菜单，其中"转至"菜单命令就包含级联菜单。

⑥ 菜单命令的文字呈现灰色，例如 复制(C)　　Ctrl+C ，表示该命令当前暂不能使用。

图 2-6　"查看"菜单的下拉菜单

2.2.9　对话框基本操作

对话框是用于显示系统信息和输入数据等的窗口，是用户与系统交流信息的媒介。对话框的位置可以移动，但大小一般固定，不能改变，也没有菜单栏。

【操作 2-8】对话框基本操作

扫描二维码，熟悉电子活页中的内容。启动 Windows 7，完成打开"文件服务与输入语言"对话框、在 Word 窗口打开"字体"对话框等操作，并认知对话框的基本组成。

电子活页 2-11

对话框基本操作

2.2.10　获取帮助信息

在使用 Windows 7 的过程中如果遇到问题，可以采用以下方法获取帮助信息。

1. 使用"开始"菜单的"帮助和支持"命令

选择"开始"菜单的"帮助和支持"命令，打开"Windows 帮助和支持"窗口，在该窗口的搜索文本框中输入关键字"任务栏"，然后单击"搜索"按钮 🔍，搜索有关"任务栏"的结果如图 2-7 所示。

2. 使用应用程序的"帮助"菜单

应用程序的"帮助"菜单提供了多个命令，可以根据实际需要选择合适的命令，获取所需要的帮助信息。

3. 使用"F1"功能键

在某些打开的窗口中，按"F1"键，可以获取当前窗口的帮助信息。按"F1"键后，屏幕上弹出对话框，按对话框提示进行相关操作即可获取帮助信息。

图 2-7　搜索有关"任务栏"的结果

2.2.11　"控制面板"窗口基本操作

【操作 2-9】"控制面板"窗口基本操作

控制面板是配置操作系统环境的工具。扫描二维码，熟悉电子活页中的内容。然后启动 Windows 7，完成打开"控制面板"窗口、改变"控制面板"窗口的查看方式等操作。

电子活页 2-12

"控制面板"窗口基本操作

2.3　配置 Windows 7 操作系统环境

在使用 Windows 7 操作系统前，用户可以根据实际需要配置操作系统环境，例如，设置显示属性、设置键盘和鼠标属性、设置日期和时间属性、设置输入法属性、设置网络属性等。这些操作可以通过"控制面板"窗口来进行。

【操作 2-10】定制与优化桌面外观

"桌面"是用户和计算机进行交流的界面，Windows 7 桌面有着更加漂亮的画面、更加个性化的设置和更强大的管理功能，可以根据需要在桌面存放经常用到的应用程序和文件夹，添加各种快捷方式，双击图标即可快速启动相应的应用程序或打开文件。

Windows 7 提供了强大的自定义显示属性功能，用户可以根据自己的喜好和需求对操作系统的显示属性进行个性化的设置，使桌面外观更显个性。

电子活页 2-13

定制与优化桌面外观

扫描二维码，熟悉电子活页中的内容。然后在 Windows 7 中完成设置主题、添加与更改桌面图标、设置桌面背景等操作。

【操作 2-11】设置个性化任务栏

扫描二维码，熟悉电子活页中的内容。然后在 Windows 7 中完成锁定与解锁任务栏、隐藏或显示任务栏、将任务栏中的程序图标设置为小图标、更改任务栏在屏幕的位置、更改任务栏按钮的合并方式、合理设置任务栏通知区域等操作。

【操作 2-12】设置个性化"开始"菜单

扫描二维码，熟悉电子活页中的内容。然后在 Windows 7 中完成使用和设置"开始"菜单中的跳转列表、设置"开始"菜单中打开的程序和跳转列表、自定义"开始"菜单的右窗格、调整最近打开程序的数目、将"运行"和"最近使用的项目"命令添加到"开始"菜单中等操作。

【操作 2-13】设置显示器外观

扫描二维码，熟悉电子活页中的内容。然后在 Windows 7 中完成调整屏幕分辨率、设置屏幕刷新频率和颜色质量、设置屏幕保护等操作。

【操作 2-14】设置窗口颜色和外观

Windows 的外观包括窗口、对话框、按钮的外观样式、颜色、字体等。用户可以根据自己的喜好自定义 Windows 的外观。

扫描二维码，熟悉电子活页中的内容。然后在 Windows 7 中完成设置"Aero 主题"的窗口颜色和外观、设置"基本和高对比度主题"的窗口颜色和外观等操作。

【操作 2-15】设置网络连接属性

扫描二维码，熟悉电子活页中的内容。然后在 Windows 7 中完成网络连接属性的设置。

【操作 2-16】为 Windows 7 设置默认程序

Windows 7 已经自带了很多程序，可以满足用户的大多数需求，例如，绘图可以使用"画图"程序。

扫描二维码，熟悉电子活页中的内容，完成打开"默认程序"窗口、为 Windows 7 设置默认程序、更改"自动播放"设置等操作。

电子活页 2-14

设置个性化任务栏

电子活页 2-15

设置个性化
"开始"菜单

电子活页 2-16

设置显示器外观

电子活页 2-17

设置窗口颜色和外观

电子活页 2-18

设置网络连接属性

电子活页 2-19

为 Windows 7
设置默认程序

【操作 2-17】添加与删除 Windows 7 的功能

扫描二维码，熟悉电子活页中的内容。然后在 Windows 7 中完成添加与删除 Windows 7 的功能的操作。

添加与删除
Windows 7 的功能

【操作 2-18】设置计算机系统属性

扫描二维码，熟悉电子活页中的内容。然后在 Windows 7 中完成查看计算机的基本信息、设置虚拟内存等操作。

虚拟内存是物理磁盘上的部分硬盘空间，可用于模拟内存、优化系统性能。虚拟内存以文件形式存放在硬盘驱动器上，也称为页面文件，用于存放不能装入物理内存的程序和数据。默认情况下，Windows 7 可以根据实际内存的使用情况，动态调整虚拟内存的大小。

电子活页 2-21

设置计算机系统
属性

> **提示** 设置虚拟内存的基本原则如下。
> ① 将虚拟内存值设置为物理内存的 2.5 倍。
> ② 设置虚拟内存之前进行磁盘检查和磁盘碎片整理。
> ③ 将虚拟内存从系统分区移动到其他分区。
> ④ 将虚拟内存的初始大小和最大值设置为相同。

2.4 管理文件夹和文件

操作系统的重要作用之一就是管理计算机系统中的各种资源，Windows 7 操作系统提供了多种管理资源的工具，利用这些工具可以很好地管理计算机的各种软硬件系统资源。

在 Windows 7 操作系统中，管理系统资源的主要工具是"计算机"和"库"窗口，系统资源主要包括磁盘（驱动器）、文件夹、文件以及其他系统资源。文件夹和文件都存储在计算机的磁盘中。文件夹是系统组织和管理文件的一种形式，是为方便查找、维护和存储文件而设置的，可以存放各种类型的文件和子文件夹。用户可以将文件分类存放在不同的文件夹中。文件是赋予了名称并存储在磁盘上的数据的集合，它可以是用户创建的文档、图片、声音、动画等，也可以是可执行的应用程序。

【操作 2-19】浏览文件夹和文件

扫描二维码，熟悉电子活页中的内容。然后在 Windows 7 中完成打开"计算机"窗口，查看文件夹和文件的多种显示形式，体验文件夹和文件的多种排列方式，展开和折叠文件夹，选择文件夹和文件，打开文件夹、文件或应用程序等操作。

电子活页 2-22

浏览文件夹和文件

【任务 2-1】新建文件夹和文件

任务描述

① 在计算机 D 盘的根目录中新建一个文件夹"网上资源"。在该文件夹中分别新建 3 个子文件

夹："文本""图片""动画"。

② 在已创建的文件夹"文本"中创建一个文本文件"网址"。

③ 将文件夹"动画"重命名为"Flash 动画",将文件"网址"重命名为"工具软件下载的网址"。

任务实施

1. 新建文件夹

使用窗口的菜单命令新建文件夹。

打开"计算机"窗口,选定将要新建文件夹所在的 D 盘,在"文件"菜单中选择"新建"→"文件夹"命令,如图 2-8 所示。

操作系统创建一个默认名称为"新建文件夹"的文件夹,输入文件夹的有效名称"网上资源",然后按"Enter"键,也可以在窗口空白处单击,这样一个新文件夹便创建完成。

在"计算机"窗口,打开新建的文件夹"网上资源",在"计算机"窗口工作区域的空白处单击鼠标右键,在弹出的快捷菜单中选择"新建",在其级联菜单中选择"文件夹"命令,系统自动创建一个文件夹,输入名称"文本",然后按"Enter"键即可。

以类似方法在文件夹"网上资源"中创建文件夹"图片"和"动画"。

2. 新建文件

使用窗口的菜单命令和快捷菜单命令都可以新建各种类型的文件,窗口的菜单命令如图 2-8 所示,通过该菜单可以创建 Word 文档、Excel 工作表、文本文档等。这里介绍使用快捷菜单命令新建文件的方法。

在"计算机"窗口或桌面的空白处单击鼠标右键,在弹出的快捷菜单中选择"新建",在其级联菜单中选择"文本文档"命令,如图 2-9 所示。输入新文件的有效名称"网址",然后按"Enter"键或者在窗口空白处单击,这样一个新文件便创建完成。

图 2-8 选择"新建"→"文件夹"命令

图 2-9 在快捷菜单中选择"文本文档"命令

创建多个文件夹和一个文本文档效果如图 2-10 所示。

3. 重命名文件夹和文件

(1)使用快捷菜单命令重命名"动画"文件夹

于窗口中在待重命名的"动画"文件夹上单击鼠标右键,在弹出的快捷菜单中选择"重命名"命令,然后输入新的名称"Flash 动画",按"Enter"键即可。

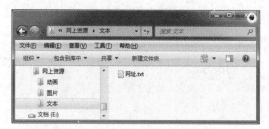

图 2-10 创建多个文件夹和一个文本文档效果

（2）使用窗口菜单或工具栏命令重命名"网址"文件

在窗口中，选中待重命名的文件"网址"，然后选择窗口"文件"菜单中的"重命名"命令或者选择工具栏中"组织"下拉菜单中的"重命名"命令，输入新的名称"工具软件下载的网址"，按"Enter"键即可。

> **提示** 除上述两种操作方法外，还可以配合使用鼠标重命名文件夹和文件。在窗口中，单击选中待重命名的文件夹或文件，然后再次单击选中的文件夹或文件，原有名称处显示文本框，在文本框中输入新的名称，按"**Enter**"键即可。

【任务 2-2】复制与移动文件夹和文件

任务描述

① 将图片"九寨沟"和"香格里拉"从文件夹"备用资源"中复制到文件夹"网上资源"的子文件夹"图片"中。

② 将 Flash 动画"01.swf"和"02.swf"从文件夹"备用资源"中移动到文件夹"网上资源"的子文件夹"Flash 动画"中。

任务实施

1. 复制文件夹和文件

复制文件夹和文件是指将选中的文件夹和文件从一个位置复制到另外一个位置。复制操作完成后，文件夹和文件同时会在原先的位置和新的位置存在。

（1）使用快捷菜单命令复制图片"九寨沟"

选中文件夹"备用资源"中的图片文件"九寨沟"，单击鼠标右键，在弹出的快捷菜单中选择"复制"命令；然后在目标文件夹"图片"的空白处单击鼠标右键，在弹出的快捷菜单中选择"粘贴"命令，如图 2-11 所示，即可将文件复制到新位置。

（2）使用"复制项目"对话框复制图片"香格里拉"

在"计算机"窗口中，选中文件夹"备用资源"中的图片文件"香格里拉"，然后选择窗口"编辑"菜单中的"复制到文件夹"命令。弹出图 2-12 所示的"复制项目"对话框，在该对话框中选择目标位置"图片"，单击"复制"按钮即可。

> **提示** 在"复制项目"对话框中要选择任何文件夹，可单击其父文件夹前面的"展开"按钮。如果要复制到一个新建的文件夹，先选择目标位置，然后单击"新建文件夹"按钮新建一个文件夹即可。

图 2-11 选择快捷菜单的"粘贴"命令

图 2-12 "复制项目"对话框

除上述两种操作方法外，还可以使用下列方法复制文件夹和文件。

【方法 1】使用窗口菜单或工具栏命令复制。选中要复制的文件夹或文件，在窗口"编辑"菜单中选择"复制"命令，如图 2-13所示，或者在工具栏"组织"下拉菜单中选择"复制"命令；然后选中目标磁盘或文件夹，在窗口"编辑"菜单中选择"粘贴"命令或者在工具栏"组织"下拉菜单中选择"粘贴"命令，即可将选中的文件夹或文件复制到新位置。

图 2-13 选择窗口"编辑"菜单中的"复制"命令

【方法 2】使用组合键进行复制。选中待复制的文件夹或文件，按"Ctrl+C"组合键复制，然后选定目标磁盘或文件夹，按"Ctrl+V"组合键粘贴。

【方法 3】使用鼠标左键拖曳的方式进行复制。在同一个驱动器中，选中待复制的文件夹或文件，按住"Ctrl"键，同时按住鼠标左键并拖曳，将文件夹或文件拖曳到目标位置后松开鼠标左键和"Ctrl"键，即可将选中的文件夹或文件复制到新位置。在不同的驱动器之间复制，单击并按住鼠标左键将文件夹或文件拖曳到目标位置即可。

【方法 4】使用鼠标右键拖曳的方式进行复制。选中要复制的文件夹或文件，按住鼠标右键并拖曳，将文件夹或文件拖曳到目标位置后松开鼠标右键，在弹出的快捷菜单中选择"复制到当前位置"命令，即可将选中的文件夹或文件复制到目标位置。

2. 移动文件夹和文件

移动文件夹和文件是指将选中的文件夹和文件从一个位置移动到另外一个位置。移动操作完成后，文件夹和文件从原先的位置消失，出现在新的位置。

（1）使用快捷菜单"剪切""粘贴"命令移动"01.swf"

在"计算机"窗口中，选中文件夹"备用资源"中的 Flash 动画"01.swf"，单击鼠标右键，在弹出的快捷菜单中选择"剪切"命令；然后在目标文件夹"Flash 动画"的空白处单击鼠标右键，在弹出的快捷菜单中选择"粘贴"命令，即可将选中的文件夹或文件移动到新位置。

（2）使用"移动项目"对话框移动"02.swf"

在"计算机"窗口中，选中要移动的文件"02.swf"，然后选择窗口"编辑"菜单中的"移动到文件夹"命令，弹出"移动项目"对话框，在该对话框中选择目标位置"Flash 动画"，接着单击"移动"按钮即可。

除上述两种操作方法外，还可以使用下列方法移动文件夹和文件。

【方法 1】使用窗口菜单或工具栏"剪切""粘贴"命令进行移动。选中要移动的文件夹或文件，在窗口"编辑"菜单中选择"剪切"命令或者在工具栏"组织"下拉菜单中选择"剪切"命令；然后选中目标磁盘或文件夹，在窗口"编辑"菜单中选择"粘贴"命令或者在工具栏 "组织"下拉菜单中选择"粘贴"命令，即可将选中的文件夹或文件移动到新位置。

【方法 2】使用组合键进行移动。选中待移动的文件夹或文件，按"Ctrl+X"组合键剪切，然后选定目标磁盘或文件夹，按"Ctrl+V"组合键粘贴。

【方法 3】使用鼠标左键拖曳的方式进行移动。在同一个驱动器中，选中待移动的文件夹或文件，按住鼠标左键并拖曳，将文件夹或文件拖曳到目标位置后松开鼠标左键，即可将选中的文件夹或文件移动到新位置。在不同的驱动器之间移动，按住"Shift"键的同时单击并按住鼠标左键将文件夹或文件拖曳到目标位置即可。

【方法 4】使用鼠标右键拖曳的方式进行移动。选中要移动的文件夹或文件，按住鼠标右键并拖曳，将文件夹或文件拖曳到目标位置后松开鼠标右键，在弹出的快捷菜单中选择"移动到当前位置"命令，即可将选中的文件夹或文件移动到目标位置。

【任务 2-3】删除文件夹和文件与使用"回收站"

任务描述

① 将"图片"文件夹中的图片文件"九寨沟"删除，要求存放在回收站中。

② 将桌面快捷方式"计算器"删除，要求存放在回收站中。

③ 将"Flash 动画"文件夹中的 Flash 动画"02.swf"永久删除，不存放在回收站中。

任务实施

1. 删除文件夹和文件

删除文件夹和文件是指将不需要的文件夹和文件从磁盘中删除，分为一般删除和永久删除两种。一般删除的文件夹和文件并没有从磁盘中真正删除，它们存放在磁盘的特定区域（即回收站）中，在需要的时候可以恢复；永久删除的文件夹和文件是真正从磁盘中删除了，不能恢复。

（1）一般删除

① 使用窗口菜单或工具栏命令删除图片"九寨沟"。在"计算机"窗口，选中"图片"文件夹中待删除的文件"九寨沟"，然后选择"文件"菜单中的"删除"命令或者在工具栏"组织"下拉菜单中选择"删除"命令。弹出图 2-14 所示的确认删除的对话框，在该对话框中单击"是"按钮，删除操作即完成。

② 使用快捷菜单命令删除桌面快捷方式"计算器"。在 Windows 7 桌面待删除的快捷方式"计算器"上单击鼠标右键，在弹出的快捷菜单中选择"删除"命令。

除上述两种操作方法外，还可以使用下列方法进行一般删除。

【方法 1】使用"Delete"键删除。选中待删除的文件夹或文件，按"Delete"键。

【方法 2】使用鼠标拖曳。可以将待删除的文件夹或文件拖曳到桌面"回收站"图标上。

使用以上方法删除文件夹或文件时，都会弹出图 2-14 所示的确认删除的对话框。

（2）永久删除

选中待删除的文件"02.swf"，按住"Shift"键的同时，选择"删除"命令或者按"Delete"

键，弹出图 2-15 所示的确认永久删除的对话框，在该对话框中单击"是"按钮，该文件将被永久删除，而不会保存在回收站中。

<table>
<tr><td>图 2-14　确认删除的对话框</td><td>图 2-15　确认永久删除的对话框</td></tr>
</table>

2. 使用回收站

回收站是保存被删除文件夹或文件的中转站，从硬盘中删除文件夹、文件、快捷方式等项目时，可以将其放入回收站中，这些项目仍然占用硬盘空间并可以被恢复到原来的位置。回收站中的项目在被用户永久删除之前可以被保留，但回收站空间不够时，Windows 操作系统将自动清除回收站中的项目以存放最近删除的项目。

> **注意**　以下情况被删除的项目不会存放在回收站也不能被还原。
> ① 从 U 盘、软盘中删除的项目。
> ② 从网络中删除的项目。
> ③ 按住"Shift"键删除的项目。
> ④ 超过回收站存储容量的项目。

（1）还原回收站中的项目

在桌面上双击"回收站"图标，打开图 2-16 所示的"回收站"窗口。

① 要还原回收站中某个项目，可以在该项目上单击鼠标右键，在弹出的快捷菜单选择"还原"命令，也可以先单击选择该项目，再单击工具栏中的"还原此项目"按钮，被还原的项目将恢复到原来的位置。如果被还原的项目原本所在的文件夹已删除，则将在原来的位置重新创建文件夹，然后在此文件夹中还原文件。

图 2-16　"回收站"窗口

② 要还原回收站中多个项目，可以按住"Ctrl"键的同时单击要还原的每个项目，然后选择"回收站"窗口"文件"菜单中的"还原"命令。

③ 要还原回收站中的所有项目，可以直接单击"回收站"窗口工具栏中的"还原所有项目"按钮，也可以选择"回收站"窗口"编辑"菜单中的"全选"命令，然后选择"文件"菜单中的"还原"命令。

（2）删除回收站中的项目

删除回收站中的项目就意味着将项目从计算机中永久地删除，这些被删除的项目不能被还原。

① 要删除回收站中某个项目，可以在该项目上单击鼠标右键，在弹出的快捷菜单选择"删除"命令。

② 要删除回收站中多个项目，可以按住"Ctrl"键的同时单击要删除的每个项目，然后选择"回收站"窗口"文件"菜单中的"删除"命令。

③ 要删除回收站中的所有项目，可以选择"回收站"窗口"编辑"菜单中的"全选"命令，然后选择"文件"菜单中的"删除"命令，也可以使用清空回收站的方法。

（3）清空回收站

从以下操作方法中选择一种合适的方法清空回收站。

【方法1】在桌面"回收站"图标上单击鼠标右键，在弹出的快捷菜单中选择"清空回收站"命令。

【方法2】打开"回收站"窗口，然后选择"文件"菜单或快捷菜单中的"清空回收站"命令或者单击工具栏的"清空回收站"按钮。

【任务2-4】搜索文件夹和文件

任务描述

① 使用"开始"菜单中的"搜索"文本框搜索与"磁盘清理"相关的项。

② 使用"库"窗口在"图片库"中搜索JPG格式的图片文件。

③ 使用"计算机"窗口在文件夹"网上资源"中搜索JPG格式的图片文件。

任务实施

Windows 7提供了多种搜索文件夹和文件的方法，在不同的情况下可以选用不同的方法。

1. 使用"开始"菜单中的"搜索"文本框搜索文件夹和文件

使用"开始"菜单中的"搜索"文本框，可以查找存储在计算机磁盘中的文件、文件夹、程序和电子邮件等。

单击"开始"菜单按钮，在"搜索"文本框中输入关键字"磁盘清理"，与所输入文本相匹配的项将立即出现在"搜索"文本框的上方，如图2-17所示。利用"开始"菜单搜索时，搜索结果中仅显示已建立索引的文件。

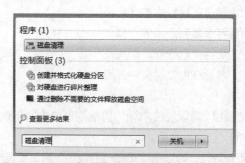

图2-17　使用"开始"菜单中的"搜索"文本框搜索

2. 在"库"窗口中使用"搜索"文本框搜索文件夹和文件

① 打开"库"窗口。在"开始"菜单上单击鼠标右键，在弹出的快捷菜单中选择"打开 Windows 资源管理器"命令，打开"库"窗口，如图2-18所示。

② 定位到要搜索的位置与选择筛选器。选择库中的"图片"文件夹，然后单击"搜索"文本框，在筛选器中选择"类型"筛选器，如图 2-19 所示。

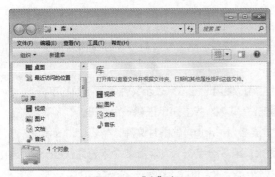

图 2-18 "库"窗口

图 2-19 选择"类型"筛选器

③ 搜索符合指定条件的对象。系统自动弹出"图片"类型列表，选择".jpg"类型即可，如图 2-20 所示。在"图片库"中搜索 JPG 格式图片的结果如图 2-21 所示。

图 2-20 选择".jpg"类型

图 2-21 在"图片库"中搜索 JPG 格式图片的结果

3. 在"计算机"窗口指定的文件夹中搜索文件夹和文件

① 打开"计算机"窗口，并定位到指定的文件夹，这里为"网上资源"。

② 在窗口右上角的"搜索"文本框中输入要查找的文件的名称或关键字，这里输入"*.jpg"，搜索结果如图 2-22 所示。

图 2-22 在文件夹"网上资源"中搜索 JPG 格式图片的结果

单击"搜索"文本框可以显示"修改日期"和"大小"筛选器。选择"修改日期"筛选器，可以设置要查找文件夹或文件的日期或日期范围；选择"大小"筛选器，可以指定要查找文件的大小范围。

如果在指定的文件夹中没有找到要查找的文件夹或文件，Windows 7 就会提示"没有与搜索条件匹配的项"。此时，可以选择"库""计算机""自定义""Internet"途径之一继续进行搜索。

> **提示** 当需要对某一类文件夹或文件进行搜索时，可以使用通配符来表示文件名中不同的字符。Windows 7 中使用"?"和"*"两种通配符，其中"?"表示任意一个字符，"*"表示任意多个字符。例如，"*.jpg"表示所有扩展名为".jpg"的图片文件，"x?y.*"表示文件名由 3 个字符组成（其中第 1 个字符为 x，第 3 个字符为 y，第 2 个字符为任意一个字符）、扩展名为任意字符（可以是.jpg、.docx、.bmp、.txt 等）的一批文件。

【任务 2-5】设置文件夹选项

任务描述

① 打开"文件夹选项"对话框，在"常规"选项卡中，设置"显示所有文件夹"和"自动扩展到当前文件夹"。

② 在"文件夹选项"对话框的"查看"选项卡中设置"显示隐藏的文件、文件夹和驱动器"，且显示已知文件类型的扩展名。

③ 在"文件夹选项"对话框的"搜索"选项卡中设置"始终搜索文件名和内容"，且在搜索没有索引的位置时包括 ZIP、CAB 等类型的压缩文件。

任务实施

1. 打开"文件夹选项"对话框

从以下操作方法中选择一种合适的方法打开"文件夹选项"对话框。

【方法 1】在"计算机"窗口，选择"工具"菜单中的"文件夹选项"命令，可以打开图 2-23 所示的"文件夹选项"对话框。

【方法 2】在"控制面板"窗口，切换到"小图标"查看方式，然后双击"文件夹选项"选项，即可打开图 2-23 所示的"文件夹选项"对话框。

2. 设置文件夹的常规属性

"常规"选项卡主要用于设置文件夹常规属性，如图 2-23 所示。

"常规"选项卡的"浏览文件夹"区域用来设置文件夹的浏览方式，设置在打开多个文件夹时是在同一窗口中打开还是在不同的窗口中打开。选中"在同一窗口中打开每个文件夹"单选按钮时，在"计算机"窗口中每打开一个文件夹，只会出现一个窗口来显示当前打开的文件夹；选择"在不同窗口中打开不同的文件夹"单选按钮时，在"计算机"窗口

图 2-23 "文件夹选项"对话框

中每打开一个文件，就会出现一个相应的窗口，打开多少个文件夹，就会出现多少个窗口。

"常规"选项卡的"打开项目的方式"区域用来设置文件夹的打开方式，可以设置文件夹是通过单击打开还是通过双击打开。设置为通过单击打开，则指向时会选定；设置为通过双击打开，则单击时选定。如果选中"通过单击打开项目（指向时选定）"单选按钮，则"根据浏览器设置给图标标题加下画线"和"仅当指向图标标题时加下画线"单选按钮就为可用状态，可根据需要进行选择。

单击"还原为默认值"按钮，可以恢复系统默认的设置方式。

在"常规"选项卡的"导航窗格"区域中选中"显示所有文件夹"和"自动扩展到当前文件夹"两个复选框，然后单击"确定"按钮，使设置生效并关闭该对话框。

3. 设置文件夹的查看属性

在"文件夹选项"对话框中切换到"查看"选项卡，该选项卡用于设置文件夹的显示方式。

"查看"选项卡的"文件夹视图"区域包括"应用到文件夹"和"重置文件夹"两个按钮。单击"应用到文件夹"按钮，可使文件夹应用当前文件夹的视图设置；单击"重置文件夹"按钮，可还原为默认视图设置。

"查看"选项卡的"高级设置"列表框中显示了有关文件夹和文件的多项高级设置选项，可以根据实际需要进行设置。选中"显示隐藏的文件、文件夹和驱动器"单选按钮，取消选中"隐藏已知文件类型的扩展名"复选框，如图 2-24 所示。

单击"应用"按钮可应用设置，单击"还原为默认值"按钮，可恢复系统默认的设置。

图 2-24　在"文件夹选项"对话框的
"查看"选项卡进行相关设置

4. 设置文件夹的查看属性

在"文件夹选项"对话框中切换到"搜索"选项卡，该选项卡用于设置搜索内容和搜索方式。

在"搜索"选项卡的"搜索内容"区域选中"始终搜索文件名和内容（此过程可能需要几分钟）"单选按钮，在"在搜索没有索引的位置时"区域选中"包括压缩文件（ZIP、CAB…）"复选框，如图 2-25 所示。

单击"应用"按钮可应用设置，单击"还原为默认值"按钮，可恢复系统默认的设置。

文件夹选项设置完成后，单击"确定"使设置生效并关闭该对话框。

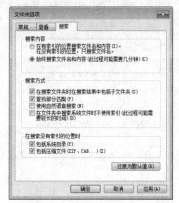

图 2-25　在"文件夹选项"对话框的
"搜索"选项卡进行相关设置

【任务 2-6】查看与设置文件和文件夹属性

任务描述

① 在文件夹的属性对话框中将"图片"文件夹中的文件设置为非只读状态。

② 更改"图片"文件夹的图标。

③ 查看文件"九寨沟.jpg"的属性。

任务实施

文件夹和文件的属性分为只读、隐藏和存档 3 种类型，具备只读属性的文件夹和文件不允许更改和删除，仅可以打开浏览文件内容；具备隐藏属性的文件夹和文件可以被隐藏，对于一些重要的系统文件可以有效进行保护；一般的文件夹和文件都具备存档属性，可以浏览、更改和删除。

1. 设置文件夹的属性

设置文件夹属性的操作步骤如下。

① 选中要设置属性的文件夹"图片"。

② 打开属性对话框。选择窗口"文件"菜单中的"属性"命令，或者在文件夹上单击鼠标右键，在弹出的快捷菜单中选择"属性"命令，打开文件夹的属性对话框，如图 2-26 所示。

③ 设置文件夹的常规属性。

"常规"选项卡中包括类型、位置、大小、占用空间、包含的文件和文件夹数量、创建时间和属性等内容，还有"高级"按钮。

在该选项卡的"属性"区域可以选中"只读（仅应用于文件夹中的文件）"和"隐藏"复选框。取消选中"只读（仅应用于文件夹中的文件）"复选框，单击"确定"按钮或者"应用"按钮，弹出"确认属性更改"对话框，如图 2-27 所示。在该对话框中有"仅将更改应用于此文件夹"和"将更改应用于此文件夹、子文件夹和文件"两个单选按钮，它们用于设置属性更改的应用范围。单击"确定"按钮即确认属性更改并关闭该对话框。如果单击"取消"按钮，则只是关闭该对话框，属性更改并没有生效。

图 2-26　文件夹的属性对话框

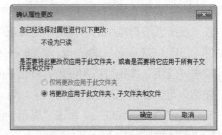

图 2-27　"确认属性更改"对话框

单击"常规"选项卡中的"高级"按钮，在打开的"高级属性"对话框中可以设置"存档和索引属性"和"压缩或加密属性"，如图 2-28 所示。

④ 自定义文件夹的属性。

切换至"自定义"选项卡，在该选项卡可以对文件夹模板、文件夹图片和文件夹图标进行设置，如图 2-29 所示。

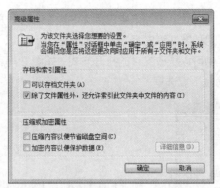

图 2-28　文件夹的"高级属性"对话框

在"自定义"选项卡中单击"更改图标"按钮，弹出更改图标对话框，如图 2-30 所示。在该对话框中选择一个图标，然后单击"确定"按钮即可更改文件夹的图标。

> **提示**　在"更改图标"对话框中单击"还原为默认值"按钮，可以将文件夹图标还原为系统的默认图标。

图 2-29　"自定义"选项卡

图 2-30　更改图标对话框

2. 查看文件的属性

查看文件属性的操作步骤如下。

① 选中文件"九寨沟.jpg"。

② 打开属性对话框。选择窗口"文件"菜单中的"属性"命令，或者在文件上单击鼠标右键，在弹出的快捷菜单中选择"属性"命令，打开文件的属性对话框，如图 2-31 所示。

> **提示**　不同类型的文件对应的属性对话框略有不同。

③ 查看文件的常规属性。"常规"选项卡中包括文件类型、打开方式、位置、大小、占用空间、创建时间、修改时间、访问时间和属性等内容，还包含"更改""高级"等按钮。单击"更改"按钮，在弹出的"打开方式"对话框中可以更改文件的打开方式，如图 2-32 所示。在该选项卡的"属性"区域可以选中"只读"和"隐藏"复选框。

图 2-31　文件的属性对话框

图 2-32　"打开方式"对话框

【任务 2-7】设置文件夹共享属性

任务描述

① 设置 D 盘中的文件夹"网上资源"为共享文件夹。

② 设置共享文件夹"网上资源"的权限。

③ 删除默认共享文件夹。

任务实施

设置共享文件夹可以使其他用户通过网络远程访问计算机上的资源。Windows 7 操作系统允许共享文件夹，可以通过一系列交互式对话框来设置文件夹共享。

1. 设置共享文件夹

使用文件夹属性对话框设置文件夹共享的操作步骤如下。

① 在"计算机"窗口中需要设置共享的文件夹"网上资源"上单击鼠标右键，在弹出的快捷菜单中选择"属性"命令，打开文件夹的属性对话框中，切换至"共享"选项卡。在该选项卡"网络文件和文件夹共享"区域单击"共享"按钮，打开"文件共享"对话框，在该对话框的"用户"下拉列表框中选择用户，这里选择"admin"，如图 2-33 所示。

② 单击"添加"按钮添加共享的用户，然后在"权限级别"列单击"读取"，在弹出的下拉菜单中选择"读/写"，设置权限级别，如图 2-34 所示。

③ 在"文件共享"对话框单击"共享"按钮，弹出"网络发现和文件共享"对话框，如图 2-35 所示。在该对话框中单击"是，启用所有公用网络的网络发现和文件共享"超链接。

④ 完成文件夹共享后的"文件共享"对话框如图 2-36 所示，单击"完成"按钮返回文件夹的属性对话框，完成文件夹共享后的"共享"选项卡如图 2-37 所示。

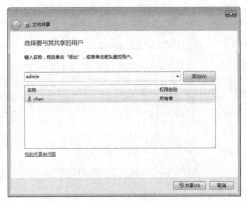

图 2-33 "文件共享"对话框

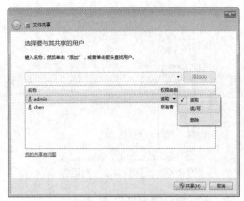

图 2-34 设置权限级别

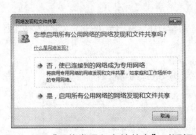

图 2-35 "网络发现和文件共享"对话框

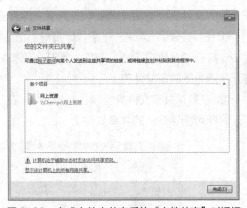

图 2-36 完成文件夹共享后的"文件共享"对话框

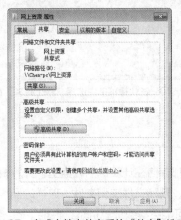

图 2-37 完成文件夹共享后的"共享"选项卡

2. 设置共享文件夹的权限

在文件夹的属性对话框"共享"选项卡中单击"高级共享"按钮,打开"高级共享"对话框,在该对话框选中"共享此文件夹"复选框,如图 2-38 所示。然后单击"权限"按钮,打开文件夹的权限对话框,在该对话框中进行必要的权限设置,如图 2-39 所示。然后依次单击"确定"按钮使设置生效并关闭对话框。

图 2-38　"高级共享"对话框

图 2-39　文件夹的权限对话框

3. 删除默认共享文件夹

Windows 7 操作系统为了便于系统管理员执行日常管理任务，在安装操作系统时自动共享了用于管理的文件夹，可将这些默认的共享文件夹删除，操作步骤如下。

① 在"开始"菜单右窗格"计算机"命令上单击鼠标右键，在弹出的快捷菜单中选择"管理"命令，打开"计算机管理"窗口，展开左侧窗格的"共享文件夹"，选择节点"共享"，右侧窗格中显示了所有的共享文件夹。

② 在默认共享文件夹上单击鼠标右键，在弹出的快捷菜单中选择"停止共享"命令，如图 2-40 所示，即可删除默认的共享文件夹。

图 2-40　在快捷菜单中选择"停止共享"命令

2.5　管理磁盘

用户的文件夹和文件等项目都存储在计算机的磁盘上。计算机在使用过程中，用户会频繁地安装或卸载应用程序，移动、复制、删除文件夹和文件，这样的操作次数多了，计算机磁盘中将会产生很多磁盘碎片或临时文件，其可能会导致计算机系统性能下降。因此，需要定期对磁盘进行管理，以保证系统运行状态良好。

电子活页 2-23

查看与设置磁盘属性

【操作 2-20】查看与设置磁盘属性

扫描二维码，熟悉电子活页中的内容。然后在 Windows 7 中完成查看磁盘常规属性与重命名驱动器、设置磁盘共享、在"计算机管理"窗口更改驱动器号和路径等操作。

【任务 2-8】磁盘检查与碎片整理

任务描述

① 对系统盘 C 盘进行磁盘清理。

② 对 D 盘进行磁盘碎片整理。

③ 对当前正在使用的系统盘 C 盘进行磁盘检查。

④ 对非系统盘 D 盘进行磁盘检查。

任务实施

1. 磁盘清理

Windows 7 操作系统在使用过程中，会产生一些无用的文件，如临时文件。运行磁盘清理程序可以清除这些无用的文件，以释放出更多的磁盘空间。

① 在"开始"菜单中，选择"所有程序"→"附件"→"系统工具"→"磁盘清理"命令，弹出图 2-41 所示的"磁盘清理:驱动器选择"对话框，在"驱动器"下拉列表框中选择要清理的驱动器，这里选择系统盘 C 盘，然后单击"确定"按钮，弹出"磁盘清理"对话框，启动磁盘清理程序对磁盘进行清理，首先计算可以在磁盘上释放多少空间，如图 2-42 所示。

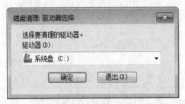

图 2-41　"磁盘清理:驱动器选择"对话框

图 2-42　计算可以在磁盘上释放多少空间

② 计算完成后自动打开"系统盘(C:)的磁盘清理"对话框，如图 2-43 所示。该对话框"磁盘清理"选项卡中的"要删除的文件"列表框列出了可删除的文件类型及其所占用的磁盘空间大小，选中某种文件类型的复选框。这里选中"已下载的程序文件""Internet 临时文件"复选框。

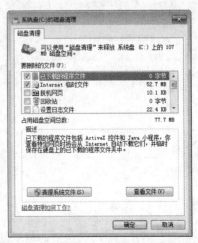

图 2-43　"系统盘(C:)的磁盘清理"对话框

提示 在磁盘属性对话框的“常规”选项卡中单击“磁盘清理”按钮，也可以启动磁盘清理程序对磁盘进行清理。

③ 在“系统盘(C:)的磁盘清理”对话框中单击“确定”按钮，弹出图 2-44 所示的“磁盘清理”确认对话框，单击“删除文件”按钮，接着弹出图 2-45 所示的“磁盘清理”清理进程对话框，清理完成将自动关闭对话框。

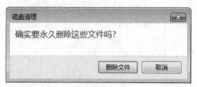

图 2-44 “磁盘清理”确认对话框

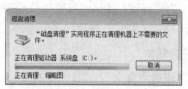

图 2-45 “磁盘清理”清理进程对话框

2. 磁盘碎片整理

磁盘在使用过程中，由于磁盘文件大小的改变以及文件的删除等操作，文件在磁盘上的存储空间变为不连续的区域，导致磁盘存取效率降低。磁盘碎片整理程序通过对磁盘上的文件和磁盘空间进行重新安排，使文件存储在一片连续区域，从而提高磁盘存取效率。

(1) 打开“磁盘碎片整理程序”对话框

在“开始”菜单中，选择“所有程序”→“附件”→“系统工具”→“磁盘碎片整理程序”命令，弹出“磁盘碎片整理程序”对话框，如图 2-46 所示。

图 2-46 “磁盘碎片整理程序”对话框

提示 在磁盘属性对话框“工具”选项卡中的“碎片整理”区域单击“立即进行碎片整理”按钮，如图 2-47 所示，也会弹出“磁盘碎片整理程序”对话框。

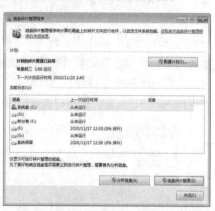

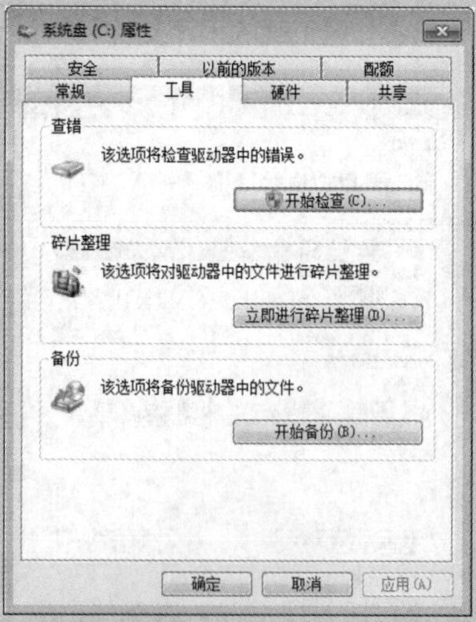

图 2-47 磁盘“属性”的“工具”选项卡

（2）分析磁盘

在"磁盘碎片整理程序"对话框中的磁盘列表框中选择要整理的磁盘，这里选择 D 盘，然后单击"分析磁盘"按钮，开始对磁盘的碎片情况进行分析，并显示分析的百分比，如图 2-48 所示。

分析完成的提示信息如图 2-49 所示。

| (D:) | 正在运行... | 已分析 61% |

图 2-48　对磁盘的碎片情况进行分析

| (D:) | | 2020/11/18 9:09 (3% 碎片) |

图 2-49　分析完成的提示信息

（3）碎片整理

在"磁盘碎片整理程序"对话框中单击"磁盘碎片整理"按钮，系统开始进行碎片整理，同时显示碎片整理的进度和相关提示信息，如图 2-50 所示。

| (D:) | 正在运行... | 第 1 遍: 15% 已进行碎片整理 |

图 2-50　进行碎片整理

磁盘碎片整理完成后，开始进行磁盘空间合并，如图 2-51 所示。

| (D:) | 正在运行... | 第 1 遍: 46% 已合并 |

图 2-51　磁盘空间合并

磁盘碎片整理完成后会显示图 2-52 所示的提示信息。

| (D:) | | 2020/11/18 9:10 (0% 碎片) |

图 2-52　磁盘整理完成后的提示信息

3. 磁盘检查

磁盘在使用过程中，由于非正常关机，大量的文件删除、移动等操作，都会对磁盘造成一定的损坏，有时会产生一些文件错误，影响磁盘的正常使用，甚至造成系统缓慢、频繁死机。使用 Windows 7 操作系统提供的"磁盘检查"工具，可以检查磁盘中的损坏部分，并对文件系统错误加以修复。

（1）检查当前正在使用的系统盘 C 盘

打开 C 盘的磁盘属性对话框，在该对话框"工具"选项卡中的"查错"区域单击"开始检查"按钮，弹出图 2-53 所示的"检查磁盘 系统盘（C:）"对话框，在该对话框中"磁盘检查选项"区域包括"自动修复文件系统错误"和"扫描并尝试恢复坏扇区"复选框，可以根据需要选中相应的复选框。如果需要检查与修复磁盘中的文件夹或文件的逻辑性损坏，则选中"自动修复文件系统错误"复选框；如果需要扫描并恢复被损坏的扇区，则选中"扫描并尝试恢复坏扇区"复选框。然后单击"开始"按钮，弹出图 2-54 所示的提示信息对话框，提示"Windows 无法检查正在使用中的磁盘 是否要在下次启动计算机时检查磁盘错误"。C 盘为当前正在使用的系统盘，如果需要在下次启动计算机时进行磁盘检查，则单击"计划磁盘检查"按钮即可。这样，下次启动计算机时，会自动调用磁盘修复工具 CHKDSK 进行磁盘检查。

图 2-53　"检查磁盘 系统盘（C:）"对话框

图 2-54　提示信息对话框

（2）检查非系统盘 D 盘

打开 D 盘的磁盘属性对话框，在该对话框的"工具"选项卡中单击"开始检查"按钮，弹出"检查磁盘 本地磁盘（D：）"对话框。选中"扫描并尝试恢复坏扇区"复选框，然后单击"开始"按钮，系统开始检查磁盘，并显示检查进度，如图 2-55 所示。

检查磁盘过程中，如果发现问题并已修复，则会弹出图 2-56 所示的修复错误的提示信息对话框，单击"关闭"按钮即可。

图 2-55　开始检查磁盘

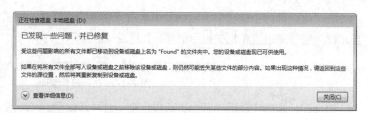

图 2-56　修复错误的提示信息对话框

2.6　创建与管理用户账户

用户账户是 Windows 7 操作系统中用户的身份标志，它决定了用户在 Windows 7 操作系统中的操作权限。合理地管理用户账户，不但有利于为多个用户分配适当的权限和设置相应的工作环境，而且有利于提高操作系统的安全性能。安装 Windows 7 操作系统时，系统会要求用户创建一个能够设置计算机以及安装应用程序的管理员账户。

在 Windows 7 操作系统中，用户账户分为管理员账户、标准账户和来宾账户（Guest 账户）3 种类型，每种类型的账户拥有不同的权限。

2.6.1　管理员账户

管理员账户具有计算机的完全访问权限，可以对计算机进行几乎任何有需要的更改，所进行的操作可能会影响计算机中的其他用户。一台计算机至少需要一个管理员账户。

2.6.2　标准账户

标准账户可以使用大多数应用程序以及更改不影响其他用户或计算机安全的设置，如果要安装、更新或卸载应用程序，则会弹出"用户账户控制"对话框，输入密码后才能继续执行相应的操作。

2.6.3　来宾账户

来宾账户也称为 Guest 账户，是给临时使用计算机的用户使用的账户。使用来宾账户登录操作系统时，不能更改账户密码、更改计算机设置以及安装应用程序。默认情况下，Windows 7 的来宾账户没有启用，如果要使用来宾账户，则首先需要将其启用。

【任务 2-9】 使用"管理账户"窗口创建管理员账户"admin"

任务描述

对于多人使用的计算机，有必要为每个使用计算机的人建立独立的账户和密码，使其使用各自的账户登录操作系统，这样可以限制非法用户从本地或网络登录操作系统，有效保证操作系统的安全。

① 使用"管理账户"窗口创建一个管理员账户"admin"。

② 为管理员账户"admin"设置密码"abc_123"。

③ 更改账户"admin"显示在欢迎屏幕和"开始"菜单右窗格上方的图片。

任务实施

1. 打开"管理账户"窗口

在"开始"菜单中选择"控制面板"命令，打开"控制面板"窗口。在该窗口中单击"用户账户和家庭安全"类别下的"添加或删除用户账户"超链接，打开图 2-57 所示的"管理账户"窗口。

2. 创建新的管理员账户

在"管理账户"窗口中单击"创建一个新账户"超链接，打开"创建新账户"窗口，在"新账户名"文本框中输入用户账户名称"admin"，并选中"管理员"单选按钮，如图 2-58 所示。

单击"创建账户"按钮，完成一个管理员账户的创建。

图 2-57 "管理账户"窗口

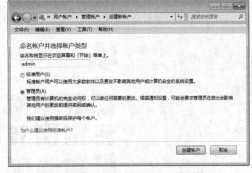

图 2-58 完成管理员账户的创建

3. 为管理员账户"admin"设置密码

首先打开"用户账户"窗口，然后单击账户名"admin"，打开图 2-59 所示的"更改账户"窗口。然后在该窗口左侧单击"创建密码"超链接，打开"创建密码"窗口。在"新密码"和"确认新密码"文本框中输入密码"abc_123"，还可以在"键入密码提示"文本框中输入内容作为密码丢失时的提示问题，如图 2-60 所示。单击"创建密码"按钮，完成密码的创建。

4. 更改管理员账户"admin"显示在欢迎屏幕和"开始"菜单右窗格上方的图片

在"更改账户"窗口左侧单击"更改图片"超链接，打开"选择图片"窗口。在下方图片列表框中选择将要显示在欢迎屏幕和"开始"菜单右窗格上方的图片，如图 2-61 所示。然后单击"更改图片"按钮，完成更改图片的操作。

如果要使用自定义的图片，则可以单击"浏览更多图片"超链接，在弹出的"打开"对话框中选择所需的图片即可。

图 2-59 "更改账户"窗口

图 2-60 "创建密码"窗口

提示　在"个性化"窗口左侧导航区域单击"更改账户图片"超链接，也可以打开图 2-61 的"选择图片"窗口。

图 2-61　选择将要显示在欢迎屏幕和"开始"菜单右窗格上方的图片

【任务 2-10】使用"计算机管理"窗口创建账户"user01"

任务描述

① 在"计算机管理"窗口查看本地用户。

② 创建一个普通账户"user01"，为该账户设置密码"123456"。

③ 查看账户"user01"的属性。

任务实施

Windows 7 提供了计算机管理工具，使用它可以更好创建、管理和配置用户。

1. 查看计算机本地用户

在"开始"菜单右窗格"计算机"命令上单击鼠标右键，在弹出的快捷菜单中选择"管理"命令，打开"计算机管理"窗口。在该窗口依次展开节点"系统工具"→"本地用户和组"，选择"用户"节点，右侧窗格列出了所有的用户，如图 2-62 所示。从用户列表可以看出系统自动创建了 Administrator、Guest 等账户和在安装 Windows 7 时用户自己创建的账户（属于计算机管理员组），【任务 2-9】中所创建的账户"admin"也出现在账户列表中。

图 2-62 "计算机管理"窗口右侧窗格列出了所有的用户

2. 创建新用户

在"计算机管理"窗口 "用户"节点上单击鼠标右键，在弹出的快捷菜单中选择"新用户"命令，如图 2-63 所示，打开"新用户"对话框。在"用户名"文本框中输入"user01"，在"全名"文本框中也输入"user01"，在"描述"文本框中输入"普通用户"，在"密码"和"确认密码"文本框中输入密码"123456"，其他的设置保持不变，如图 2-64 所示。然后单击"创建"按钮即可创建一个普通账户，且为该账户设置了密码。

图 2-63 在快捷菜单中选择"新用户"命令　　　　　图 2-64 输入新用户信息

单击"关闭"按钮关闭"新用户"对话框，创建新用户后的"计算机管理"窗口用户列表如图 2-65 所示。

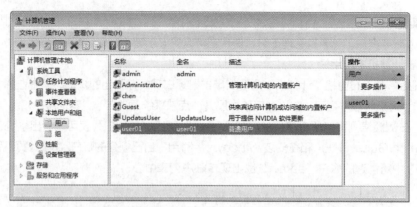

图 2-65　创建新用户后的"计算机管理"窗口用户列表

创建新用户后的"管理账户"窗口如图 2-66 所示。

图 2-66　创建新用户后的"管理账户"窗口

3. 查看账户"user01"的属性

在"计算机管理"窗口用户列表中的"user01"账户上单击鼠标右键，在弹出的快捷菜单中选择"属性"命令，打开该账户的属性对话框，如图 2-67 所示。在该对话框中可以查看账户属性，也可以进行相关属性设置，如禁用该账户或者改变该账户所隶属的权限组。

图 2-67　"user01"账户的属性对话框

【提升训练】

【训练 2-1】优化系统的启动性能

任务描述

对系统的启动性能进行优化：禁用不必要的服务、减少不必要的启动项。

任务实施

（1）禁用不必要的服务

当 Windows 7 启动时，随之也启动了许多服务。关闭某些服务，可以提高启动速度，优化系统性能。关闭不必要的服务的操作步骤如下。

在"开始"菜单选择"运行"命令，打开"运行"对话框，在该对话框的"打开"下拉列表框中输入"services.msc"，按"Enter"键，打开"服务"窗口，如图 2-68 所示。

图 2-68 "服务"窗口

> **提示** 在图 2-69 所示的"计算机管理"的"服务"窗格也可以"启动"或"停止"计算机的各项服务。
>
>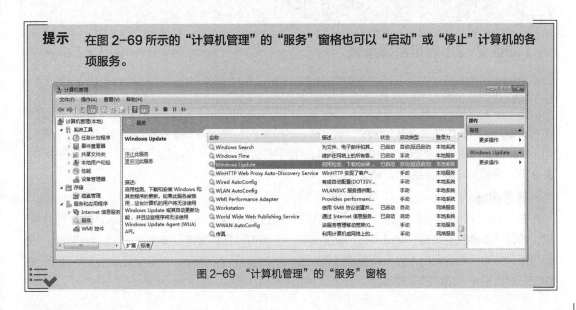
>
> 图 2-69 "计算机管理"的"服务"窗格

在"服务"窗口双击 1 个服务选项，例如"Windows Update"，弹出"Windows Update 的属性（本地计算机）"对话框，在该对话框"启动类型"下拉列表框中选择"禁用"选项，在"服务状态"区域单击"停止"按钮，最后单击"应用"按钮或者"确定"按钮即可，如图 2-70 所示。

（2）减少不必要的启动项

许多应用程序（如杀毒软件、防火墙软件、腾讯 QQ 等）在 Windows 7 启动时会自动启动，这些自动启动的应用程序会影响系统的启动速度。减少不必要的启动项，可提高系统的启动速度和性能。

在"开始"菜单选择"运行"命令，打开"运行"对话框，在该对话框的"打开"下拉列表框中输入"msconfig"，按"Enter" 键。打开"系统配置"对话框，切换到"启动"选项卡，如图 2-71 所示。该选项卡中列出了 Windows 7 启动时运行的应用程序，取消选中不必要的启动项对应的复选框，这里取消选中"电脑管家"复选框，然后单击"确定"按钮使设置生效并关闭该对话框。

图 2-70　"Windows Update 的属性（本地计算机）"对话框　　图 2-71　"系统配置"对话框"启动"选项卡

> **提示**　也可以使用 Windows 优化大师、金山安全卫士、瑞星安全卫士、360 安全卫士等软件减少不必要的启动项，对系统进行优化。

【训练 2-2】启用密码策略

任务描述

账户密码的复杂性要求主要包括：不能包含用户的账户名，不能包含用户姓名中超过两个连续字符的部分，密码长度至少有 6 个字符长，密码字符至少包含英文大写字母（A 到 Z）、英文小写字母（a 到 z）、10 个基本数字（0 到 9）和非字母字符（例如"!""$""#""%"）4 类字符中的 3 类字符。请根据需求启用密码策略。

任务实施

在"开始"菜单中选择"运行"命令，在弹出的"运行"对话框中输入"secpol.msc"，按 "Enter"键。打开"本地安全策略"窗口，在"安全设置"下展开"账户策略"节点，在左侧窗格选中"密码策略"节点，右侧窗格中会出现多项密码设置项，如图 2-72 所示。根据需要双击策略选项，在弹出的对话框进行相应的设置即可。

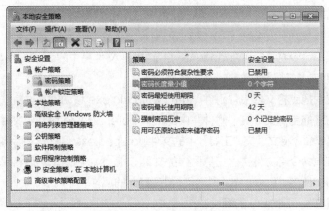

图 2-72 "本地安全策略"窗口

【考核评价】

【技能测试】

【测试 2-1】启动应用程序

① 利用 Windows 7 的"开始"菜单启动"记事本"程序。

② 利用 Word 文档启动 Word 程序。

③ 利用"运行"对话框启动"计算器"应用程序。

【测试 2-2】Windows 7 桌面操作

① 选用合适的方式在 Windows 7 的桌面创建"记事本"的快捷方式。

② 设置桌面图标的查看方式为"中等图标",并按"名称"进行排列。

③ 在 D 盘自行创建一个文件夹"MyFiles"。

④ 利用桌面快捷方式打开"记事本"应用程序,输入励志名言"Practice makes perfect"和"Provide for a rainy day"。然后以"励志名言"为名保存在"MyFiles"文件夹中。

⑤ 首先使用"Print Screen"键或者"Alt+ Print Screen"组合键复制屏幕相应内容,然后利用"开始"菜单打开"画图"应用程序,并在"画图"应用程序的工具栏中单击"粘贴"按钮粘贴复制的内容,最后以"我的桌面.bmp"为名保存在"MyFiles"文件夹中。

【测试 2-3】文件夹和文件操作

① 在 D 盘的根目录中新建 1 个文件夹"software",然后在该文件夹中分别新建 2 个子文件夹:"附件"和"工具"。

② 使用"计算机"窗口"主页"选项卡"剪贴板"组中"复制"和"粘贴"命令将

"C:\Windows\System32"文件夹中的 calc.exe、notepad.exe、write.exe、mspaint.exe 等 4 个文件复制到文件夹"附件"中。

③ 使用快捷菜单命令将"C:\Windows\System32"文件夹中的 xcopy.exe、chkdsk.exe 等 2 个文件复制到文件夹"工具"中。

④ 使用鼠标左键拖曳将文件夹"附件"中的文件 calc.exe 移动到文件夹"工具"中。

⑤ 使用鼠标右键拖曳将文件夹"附件"中的文件 notepad.exe 移动到文件夹"工具"中。

⑥ 使用快捷菜单命令将文件夹"工具"中的文件 notepad.exe 删除，然后将其从回收站中还原。

⑦ 使用窗口菜单命令将文件夹"工具"中的文件 calc.exe 删除，然后将其从回收站中还原。

⑧ 查看与设置文件夹"software""附件""工具"的属性。

⑨ 查看与设置文件 calc.exe 的属性。

⑩ 在文件夹"附件"中复制文件 calc.exe，并在同一个文件夹中进行粘贴，然后将复制的文件重命名为 calc2.exe。

【测试 2-4】搜索文件夹和文件

① 在 C 盘中搜索名称为"windows"的文件夹和文件。

② 在 C 盘中搜索扩展名为".exe"所有文件。

③ 在 C 盘中搜索文件名以"c"开头的所有扩展名为".exe"的文件。

【测试 2-5】创建与切换账户

① 创建一个标准账户"friend"，并自行选择账户图片。

② 切换到新创建的账户"friend"。

③ 尝试删除 Windows 功能，观察标准账户是否可以卸载应用程序。

【课后习题】

1. 在 Windows 7 中，"画图"的默认文件类型是（　　　）。

    A. BMP   B. EXE   C. GIF   D. JPG

2. 在 Windows 7 的资源管理器窗口中，为了改变隐藏文件的显示情况，应首先选择的菜单是（　　　）。

    A. 文件   B. 编辑   C. 查看   D. 帮助

3. 当用户要访问某台计算机时，如果知道该计算机的名字，可直接利用（　　　）的搜索功能在整个网络中进行搜索。

    A. "网上邻居"   B. 桌面上的"我的文档"图标

    C. "资源管理器"   D. "计算机"

4. 在"计算机"窗口中，按（　　　）组合键，实现文件或文件夹的复制。

    A. "Ctrl+ X"   B. "Ctrl+ C"   C. "Ctrl+ A"   D. "Ctrl+V"

5. 在 Windows 7 中，欲选定当前文件夹中的全部文件和文件夹对象，可使用的组合键是（　　　）。

    A．"Ctrl+ V"   B．"Ctrl+ A"   C．"Ctrl+ X"   D．"Ctrl+D"

6．下列关于"任务栏"的描述中，错误的是（   ）。

    A．"任务栏"的位置可以改变   B．"任务栏"不可隐藏

    C．"任务栏"内显示已运行程序的标题   D．"任务栏"的大小可改变

7．使用"控制面板"中的（   ）可自定义桌面和显示设置。

    A．"背景"   B．"系统"   C．"显示"   D．"外观"

8．鼠标和键盘的设置是在（   ）中完成的。

    A．文件   B．文件夹   C．"控制面板"   D．"网上邻居"

模块3
操作与应用Word 2016

03

　　Word 2016可以帮助用户创建和共享文档。给Word文档设置合适的格式，使文档具有更加美观的版式效果，可方便阅读和理解文档的内容。文本与段落是构成文档的基础，对文本和段落的格式进行适当的设置可以编排出段落层次清晰、可读性强的文档。

3.1　初识 Word 2016

　　Word 界面友好，功能全面，操作方便，可扩展性强，是一款实用的文字处理软件。

3.1.1　Word 的主要功能与特点

电子活页 3-1

Word 2016 的
主要功能与特点

　　Word 的主要功能与特点可以概括为如下几点。
① 所见即所得。
② 直观的操作界面。
③ 多媒体混排。
④ 强大的制表功能。
⑤ 自动检查与自动更正功能。
⑥ 模板与向导功能。
⑦ 丰富的帮助功能。
⑧ Web 工具支持。
⑨ 超强的兼容性。
⑩ 强大的打印功能。
　　扫描二维码，熟悉电子活页中的内容，了解有关"Word 2016 的主要功能与特点"的详细介绍。

3.1.2　Word 2016 窗口的基本组成及其主要功能

电子活页 3-2

Word 2016 窗口的
基本组成及其主要
功能

　　扫描二维码，熟悉电子活页中的内容，熟悉 Word 2016 窗口的基本组成及 Word 2016 窗口组成元素主要功能。

3.1.3　Word 2016 的视图

Word 2016 提供了 5 种视图供选择，包括"阅读视图""页面视图""Web 版式视图""大纲视图""草稿视图"。可以通过"视图"选项卡或者"状态栏"的视图切换按钮切换视图。

1. 阅读视图

阅读视图界面如同一本打开的书，分屏显示文档内容、按屏滚动浏览，便于用户阅读文档，让人感觉在翻阅书籍。在阅读视图中，功能区等窗口元素被隐藏起来，用户可以单击"工具"按钮选择各种阅读工具。

2. 页面视图

页面视图显示"所见即所得"的打印效果，主要用于版面设计，可以对文字进行输入、编辑和排版等操作，也可以编辑图形、页眉、页脚、分栏、页面边距等内容，是最接近打印结果的页面视图。

3. Web 版式视图

Web 版式视图一般用于创建 Web 页，它能够模拟 Web 浏览器来显示文档，呈现在浏览器中的显示效果。在 Web 版式视图下，文本将适应窗口的大小自动换行。

4. 大纲视图

大纲视图主要用于查看文档的结构和显示标题的层级结构，并可以方便地折叠和展开各种层级。切换到大纲视图后，功能区会显示"大纲"选项卡，通过选项卡中的命令可以选择文档各级标题的显示级别、升降各标题的级别。大纲视图用于快速浏览长文档和修改文档结构，为用户建立或修改文档的大纲提供便利。

5. 草稿视图

草稿视图可以完成大多数的录入和编辑工作。也可以设置字符和段落格式，但是只能显示标题和正文，页眉、页脚、页码、页边距等显示不出来。在草稿视图下，页与页之间使用一条虚线表示分页，这样更易于编辑和阅读文档。

3.2　认知键盘与熟悉字符输入

通过向计算机中输入中英文，人们可在计算机中进行编辑文档、制作表格、处理数据等操作。在使用计算机时，经常会用到文字输入这一功能。中英文输入是熟练操作计算机的必备技能，也是一项不能被完全替代的重要技能。

在进行中英文输入时，选择一款合适的输入法，可以让文字输入过程变得更加轻松自如，极大地提高中英文输入速度。不同国家或地区有着不同的语言，其输入法也有所不同。针对中文的输入，其输入法可分为音码输入、形码输入和音形码输入法，常用中文输入法有拼音输入法和五笔输入法，只有熟练掌握中文输入法，才能得心应手地完成中文输入操作。

电子活页 3-3

熟悉键盘布局

3.2.1　熟悉键盘布局

键盘是常用的输入设备，也是经常使用的文字输入工具。英文、中文、数字等，主要通过键盘输入。因此熟悉键盘的组成、掌握正确的指法至关重要。

扫描二维码，熟悉电子活页中的内容，熟悉键盘布局。

电子活页 3-4

3.2.2 熟悉基准键位与手指键位分工

无论是输入英文还是输入中文，都需要通过键盘中的字母键进行输入，但是键盘中的字母键分布并不均匀，应如何才能让手指在键盘上有条不紊地进行输入操作，从而使输入速度达到最快呢？人们将 26 个英文字母键、数字键和常用的符号键分配给不同的手指，让不同的手指负责不同的键，从而实现快速输入的目的。

扫描二维码，熟悉电子活页中的内容，熟悉基准键位与手指键位分工。

熟悉基准键位与
手指键位分工

3.2.3 掌握正确的打字姿势

掌握基准键位与手指键位分工后，就可以开始练习输入了。要想既能快速地输入，又能不使自己感觉到疲倦，则需要掌握正确的打字姿势和按键要领。

我们进行文字输入时必须采用良好的打字姿势，如果打字姿势不正确，不仅会影响文字的输入速度，还会增加工作疲劳感，造成视力下降和腰背酸痛。良好的打字姿势，包括以下几点。

① 身体坐正，全身放松，双手自然放在键盘上，腰部挺直，上身微前倾。身体与键盘的距离大约为 20cm。

② 眼睛与显示器屏幕的距离约为 30～40cm，且显示器的中心应与水平视线保持 15°～20° 的夹角。另外，不要长时间盯着屏幕，以免损伤眼睛。

③ 两脚自然平放于地，不悬空，大腿自然平直，小腿与大腿之间的角度近似 90°。

④ 座椅的高度应与计算机键盘、显示器的放置高度相适应。一般以双手自然垂放在键盘上时肘关节略低于手腕为宜。按键的速度取自手腕，所以手腕要下垂，不可弓起。

⑤ 输入文字时，文稿应置于电脑桌的左边，便于观看。

正确的打字姿势示意如图 3-1 所示。

图 3-1　正确的打字姿势示意

3.2.4 掌握正确按键方法

扫描二维码，熟悉电子活页中的内容，掌握按键时的注意事项、字母键的按键要点、空格键的按键要点、"Enter"键的按键要点、功能键和控制键的按键要点及控制键区和小键盘区的按键要点。

电子活页 3-5

3.2.5 切换输入法

1. 中英文输入法切换

按"Ctrl+Space"组合键，可以在中文和英文输入法之间进行切换。

掌握正确的
击键方法

2. 输入法切换

按"Ctrl+Shift"组合键，可以在英文及各种中文输入法之间进行切换。

3. 全半角切换

选定中文输入法后，屏幕上会出现一个所选输入法的工具栏，图 3-2 所示为英文半角输入状态，图 3-3 所示为中文全角输入状态。在半角输入状态下，输入的字母、数字和符号只占半个汉字的位置，即 1 个字节的大小；在全角输入状态下，输入的字母、数字和符号占据一个汉字的位置，即 2 个字节的大小。单击输入法工具栏中的 ◗ 按钮，当其变为 ● 按钮时，即可切换到全角输入状态。

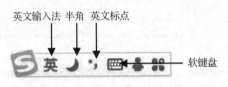

图 3-2 英文半角输入状态

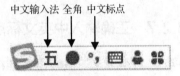

图 3-3 中文全角输入状态

4. 中英文标点符号切换

中文标点输入状态用于输入中文标点符号，而英文标点输入状态则用于输入英文标点符号。单击输入法工具栏中的 , 按钮，当其变为 , 按钮时，表示可输入英文标点符号。在不同的输入状态下，中文标点符号和英文标点符号区别很大。例如输入句号，在中文标点状态下输入，则为"。"，在英文标点状态输入，则为"."。

5. 使用软键盘

通过输入法工具栏还可以输入键盘无法输入的某些特殊字符。要输入特殊字符，可以通过软键盘输入。默认情况下，系统并不会打开软键盘，单击输入法工具栏中的 ▦ 按钮，系统将打开默认的软键盘，如图 3-4 所示。再次单击 ▦ 按钮，即可关闭软键盘。

在打开的软键盘中，通过按与软键盘相对应的键或单击软键盘上的按钮，即可输入软键盘中对应的字符。

在工具栏的 ▦ 按钮上单击鼠标右键，弹出快捷菜单，该快捷菜单包括 PC 键盘、希腊字母、俄文字母、注音符号、拼音字母、日文平假名、日文片假名、标点符号、数字序号、数学符号、制表符、中文数字和特殊符号等 13 种类型。在弹出的快捷菜单中可选择不同类型的软键盘，如图 3-5 所示。单击选择一种类型后，系统将打开对应的软键盘。

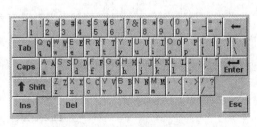

图 3-4 默认的软键盘

图 3-5 在快捷菜单中选择不同类型的软键盘

3.2.6 正确输入英文字母

切换到英文输入法，按照正确的按键方法直接输入小写英文字母即可。如果需要输入大写英文字母，按一下"Caps Lock"键，键盘右上角的"Caps Lock"指示灯亮，此时可以输入大写英文字母。

在输入小写英文字母状态或者输入汉字状态下，按住"Shift"键然后按字母键，则输入的字母也为大写字母。

3.2.7 正确输入中英文标点符号

在英文输入法状态下，输入的标点符号为半角标点符号。但在中文中需输入的是全角标点符号，即中文标点符号，需切换到全角标点符号状态才能输入中文标点符号。大部分的中文标点符号与英文标点符号为同一个键位，少数标点符号特殊一些，例如输入省略号（……）应按"Shift+6"组合键，输入破折号（——）应按"Shift+-"组合键。

> **注意** 输入英文句子或文章时，标点符号应输入半角标点符号。

3.3 Word 2016 基本操作

Word 2016 基本操作主要包括启动与退出 Word 2016、创建新文档、保存文档、关闭文档、打开文档等多项操作。

3.3.1 启动与退出 Word 2016

电子活页 3-6

启动与退出
Word 2016

【操作 3-1】启动与退出 Word 2016

扫描二维码，熟悉电子活页中的内容，选择合适方法完成启动 Word 2016 和退出 Word 2016 的操作。

3.3.2 Word 文档基本操作

电子活页 3-7

【操作 3-2】Word 文档基本操作

扫描二维码，熟悉电子活页中的内容，选择合适方法完成以下各项操作。

1. 创建新 Word 文档

启动 Word 2016，然后创建一个新 Word 文档。

Word 文档基本操作

2. 保存 Word 文档

在新创建的 Word 文档中输入短句"Tomorrow will be better",然后将新创建的 Word 文档以名称"【操作 3-2】Word 文档基本操作"予以保存,保存在文件夹"模块 3"中。

3. 关闭 Word 文档

关闭 Word 文档"【操作 3-2】Word 文档基本操作.docx"。

4. 打开 Word 文档

再次打开 Word 文档"【操作 3-2】Word 文档基本操作.docx",然后退出 Word 2016。

【任务 3-1】在 Word 2016 中输入英文祝愿语

任务描述

① 启动 Word 2016,创建一个空白文档。

② 保存新创建的 Word 文档,名称为"祝愿语.docx",保存位置为"模块 3"。

③ 输入英文祝愿语"Good luck,Better life,Happy every day,Always healthy"。

④ 再次保存"祝愿语.docx"文档。

⑤ 退出 Word 2016。

任务实施

1. 启动 Word 2016

双击桌面 Word 2016 快捷方式启动 Word 2016,自动创建一个默认名称为"文档 1"的空白文档。

2. 保存 Word 文档

单击快速访问工具栏中的"保存"按钮 📙,弹出"另存为"对话框,在该对话框中选择保存位置"模块 3",在"文件名"文本框中输入文件名"祝愿语.docx","保存类型"选择".docx",然后单击"保存"按钮进行保存。

3. 输入英文祝愿语

① 左、右手的 8 个手指自然放在基准键位上,2 个拇指放在空格键上,输入练习准备就绪。

② 按一下"Caps Lock"键,键盘右上角的"Caps Lock"指示灯亮,然后左手食指向右伸出按 1 次"G"键,按完后手指立即回到基准键位"F"键。按键时,指关节用力,而不是腕用力,指尖尽量垂直于键面发力。

再按一下"Caps Lock"键,键盘右上角的"Caps Lock"指示灯熄灭,然后右手的无名指向左上方移动,并略微伸直按 2 次"O"键,按完后手指立即回到基准键位"L"键;左手中指按 1 次"D"键。

右手拇指上抬 1~2cm,按一下空格键,并立即抬起。

③ 右手无名指按 1 次"L"键;右手食指向上方(微微偏左)伸直按 1 次"U"键,按完后手指立即回到基准键位"J"键;左手中指向右下方移动,手指微弯按 1 次"C"键,按完后手指立即回到基准键位"D"键;右手中指按 1 次"K"键。

右手中指向右下方移动按 1 次",",键,按完后手指立即回到基准键位"K"键。

④ 按一下"Caps Lock"键,键盘右上角的"Caps Lock"指示灯亮,然后左手食指向右下方移动按 1 次"B",按完后手指立即回到基准键位"F"键;再按一下"Caps Lock"键,键盘右

上角的"Caps Lock"指示灯熄灭，然后左手中指向上方（微微偏左）伸直按"E"键，按完后手指立即回到基准键位"D"键；左手食指向右上方移动按 2 次"T"键，按完后手指立即回到基准键位"F"键；左手中指向上方（微微偏左）伸直按 1 次"E"键，按完后手指立即回到基准键位"D"键；左手食指向上方（微微偏左）伸直按 1 次"R"键，按完后手指立即回到基准键位"F"键。右手拇指按 1 次空格键。

⑤ 按一下"Caps Lock"键，键盘右上角的"Caps Lock"指示灯亮，然后右手无名指按 1 次"L"键；再按一下"Caps Lock"键，键盘右上角的"Caps Lock"指示灯熄灭，然后右手中指向上（微微偏左）伸直按 1 次"I"键，按完后手指立即回到基准键位"K"键；左手食指按 1 次"F"键；左手中指向上方（微微偏左）伸直按"E"键，按完后手指立即回到基准键位"D"键。

右手中指向右下方移动按 1 次","键，按完后手指立即回到基准键位"K"键。

运用类似的按键方法，输入其他单词：Happy every day,Always healthy。

4. 再一次保存"祝愿语.docx"文档

单击快速访问工具栏中的"保存"按钮 ▣，保存"祝愿语.docx"文档中新输入的内容。

5. 退出 Word 2016

单击 Word 窗口右上角的"关闭"按钮 ✕，退出 Word 2016。

3.4 在 Word 2016 中输入与编辑文本

对于 Word 文档而言，文本的输入与编辑是最基本的功能之一。一个完整的文本包括标题、段落、标点、日期等内容。在输入与编辑过程中会遇到各种问题，如在编辑中对输入错误或不要的段落怎么处理等。本节主要介绍如何输入与编辑文本。

3.4.1 输入文本

Word 的文本编辑区有两种常见的标识：插入点标识和段落标识，如图 3-6 所示。

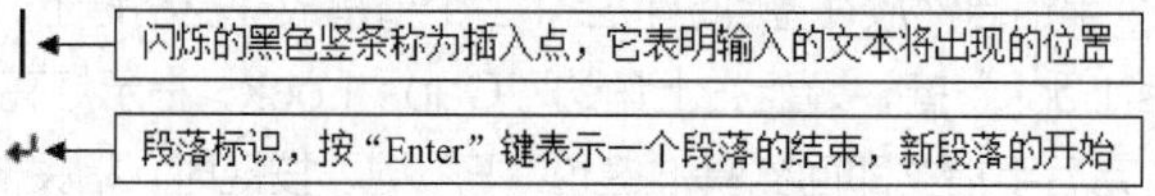

闪烁的黑色竖条称为插入点，它表明输入的文本将出现的位置

↵ 段落标识，按"Enter"键表示一个段落的结束，新段落的开始

图 3-6 插入点标识和段落标识

【操作 3-3】在 Word 文档中输入文本

扫描二维码，熟悉电子活页中的内容，选择合适方法完成输入英文和中文、输入特殊符号、插入日期和时间、插入文件内容等操作。

电子活页 3-8

在 Word 文档中
输入文本

3.4.2 编辑文本

编辑 Word 文档时经常要使用插入、定位、选定、复制、删除、撤销和恢复等操作对文本内容进行编辑修改。

【操作 3-4】在 Word 文档中编辑文本

扫描二维码，熟悉电子活页中的内容。打开 Word 文档"品经典诗词、悟人生哲理.docx"，完成移动插入点、定位插入点、选定文本、复制与移动文本、删除文本、撤销、恢复等操作。

3.4.3　设置项目符号与编号

在 Word 文档中，为了突出某些重点内容或者并列表示某些内容，会使用一些诸如"●""■""◆""✓""➢""✧""☑"等特殊符号，这样使得对应的内容更加醒目，便于读者浏览。可在 Word 中使用编号和项目符号实现这一功能。

在 Word 文档中设置项目符号与编号，可以先插入项目符号或编号，后输入对应的文本内容；也可先输入文本内容，后添加相应的项目符号或编号。

【操作 3-5】在 Word 文档中设置项目符号与编号

扫描二维码，熟悉电子活页中的内容。打开 Word 文档"五四青年节活动方案提纲.docx"，试用与掌握电子活页中介绍的各种设置项目符号与编号操作方法，完成以下操作。

1. 在 Word 文档中设置项目符号

为文档"五四青年节活动方案提纲.docx"中"三、活动内容"下"青春的纪念""青春的关爱""青春的传承""青春的风采"等内容添加项目符号"✧"。

2. 在 Word 文档中设置编号

为文档"五四青年节活动方案提纲.docx"中"五、活动要求"下的"高度重视，精心组织""突出主题，体现特色""加强宣传，营造氛围"等内容添加编号，编号格式自行确定。

3.4.4　查找与替换文本

使用 Word 的查找与替换功能，可以在文档中查找或替换特定内容，查找或替换的内容除普通文字外，还包括特殊字符，例如段落标记、手动换行符、图形等。

【操作 3-6】在 Word 文档中查找与替换文本

扫描二维码，熟悉电子活页中的内容。打开 Word 文档"五四青年节活动方案提纲.docx"，试用与掌握电子活页中介绍的各种查找与替换文本操作方法，完成以下操作。

1. 常规查找

在 Word 文档中查找"青春"。

2. 高级查找

（1）查找一般内容

在 Word 文档中查找"明德学院"。

（2）查找特殊字符

在 Word 文档中查找段落标记。

（3）查找带格式文本

先设置文本格式，然后查找带格式的文本。

（4）限定搜索范围

自行指定搜索范围，然后进行查找操作。

（5）限定搜索选项

自行指定搜索选项，然后进行查找操作。

3. 替换操作

将"六、活动预期效果"替换为"六、预期效果"。

【任务 3-2】在 Word 2016 中输入中英文短句

任务描述

① 用 Word 2016 新建一个文档，以名称"中英文短句"保存该文档，保存位置为"模块 3"。

② 选择一种合适的拼音输入法，然后输入中英文短句"祝您好运（Good luck）"。

③ 再一次保存文档"中英文短句.docx"，然后关闭该文档。

任务实施

1. 新建与保存 Word 文档

启动 Word 2016，在"文件"选项卡中选择"保存"命令，弹出"另存为"对话框，在该对话框中选择保存位置"模块 3"，在"文件名"文本框中输入文件名"中英文短句"，"保存类型"选择".docx"，然后单击"保存"按钮进行保存。

2. 切换输入法与输入文本内容

将输入法切换到搜狗拼音输入法，其工具栏如图 3-7 所示。

然后在默认的插入点处输入"祝您"的全拼编码"zhunin"，此时可以在输入提示框中看到"祝您"为第 1 个选项，如图 3-8 所示。

图 3-7 搜狗拼音输入法的工具栏

继续输入"好运"全拼编码"haoyun"，此时可以在输入提示框中看到"祝您好运"为第 1 个选项，如图 3-9 所示，此时按空格键选择该文本即可。

图 3-8 输入"zhunin"   图 3-9 继续输入"haoyun"

接下来不必切换为英文输入状态，直接输入括号和英文单词"（Good luck）"即可。

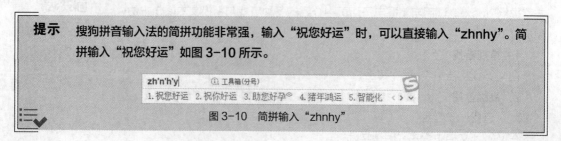

> **提示** 搜狗拼音输入法的简拼功能非常强，输入"祝您好运"时，可以直接输入"zhnhy"。简拼输入"祝您好运"如图 3-10 所示。
>
> 图 3-10 简拼输入"zhnhy"

3. 保存与关闭 Word 文档

在"文件"选项卡中选择"保存"命令，保存 Word 文档中输入的文本。然后选择"文件"选项卡中的"关闭"命令关闭该文档。

3.4.5　设置文档保护

Word 文档处于保护状态时，文档内容不能复制、粘贴。

1. 设置文档保护

打开 Word 文档，单击"审阅"选项卡"保护"组的"限制编辑"按钮，打开"限制编辑"窗格。

（1）格式化限制

在"限制编辑"窗格中的"格式化限制"区域选中"限制对选定的样式设置格式"复选框，然后单击"设置"超链接，打开"格式化限制"对话框，在该对话框中选择需要限制的样式，单击"确定"按钮即可。

单击"限制编辑"窗格"启动强制保护"区域下方的"是，启动强制保护"按钮，弹出"启动强制保护"对话框，在该对话框中选中"密码"单选按钮，然后在"新密码"和"确认新密码"文本框输入强制保护密码，单击"确定"按钮，完成设置格式化限制的操作。

（2）编辑限制

在"限制编辑"窗格中的"编辑限制"区域选中"仅允许在文档中进行此类型的编辑"复选框，然后单击下方的"是，启动强制保护"按钮，弹出"启动强制保护"对话框，在该对话框中选中"密码"单选按钮，然后在"新密码"和"确认新密码"文本框输入强制保护密码，单击"确定"按钮，完成设置编辑限制的操作。

2. 取消文档保护

打开 Word 文档，单击"审阅"选项卡"保护"组的"限制编辑"按钮，打开"限制编辑"窗格。在该窗格下方单击"停止保护"按钮，打开"取消保护文档"对话框，在该对话框的"密码"文本框中输入设置的保护密码，再单击"确定"按钮，返回到 Word 文档，即可对 Word 文档进行编辑。

3.5　Word 2016 格式设置

Word 文档的格式设置是指对文档中的文字进行字体、字号、段落对齐、缩进等的修饰，另外还可以为文档设置边框、底纹，使文档变得美观和规范。

3.5.1　设置字符格式

文档中的字符是指汉字、标点符号、数字和英文字母等，字符格式包括字体、字形、字号（大小）、颜色、下画线、着重号、字符间距、效果（删除线、双删除线、下标、上标）等。

字符格式设置的有效范围如下。

① 对于先定位插入点，再进行格式设置的情况，所做的格式设置对插入点后新输入的文本有效，直到出现新的格式设置为止。

② 对于先选中文本内容，再进行格式设置的情况，所做的格式设置只对所选中的文本有效。

③ 对于同一文本内容设置新的格式后，原有格式自动取消。

【操作 3-7】在 Word 文档中设置字体格式

扫描二维码，熟悉电子活页中的内容。打开 Word 文档"五四青年节活动方案 1.docx"，试用与掌握电子活页中介绍的各种设置字体格式操作方法，完成利用 Word "开始"选项卡"字体"组的命令按钮设置字符格式、利用 Word 的"字体"对话框设置字符格式、利用 Word 格式刷快速设置字符格式等操作。

电子活页 3-12

在 Word 文档中
设置字体格式

3.5.2　设置段落格式

段落格式包括段落的对齐方式、大纲级别、首行缩进、悬挂缩进、左缩进、右缩进、段前间距、段后间距、行间距、换行和分页格式和中文版式等内容。

段落格式设置的有效范围如下。

① 设置段落格式时，可以先定位插入点，再进行格式设置，所做的格式设置对插入点之后新输入的段落有效，并会沿用到下一段落，直到出现新的格式设置为止。

② 对于已经输入的段落，将插入点置于段落内的任意位置（无须选中整个段落），再进行格式设置，所做的格式设置对当前段落（插入点所在段落）有效。

③ 若对多个段落设置相同的格式，应先按住"Ctrl"键选中多个段落，再设置这些段落的格式。设置段落的新格式将会取代该段落原有的旧格式。

【操作 3-8】在 Word 文档中设置段落格式

扫描二维码，熟悉电子活页中的内容。打开 Word 文档"五四青年节活动方案 2.docx"，试用与掌握电子活页中介绍的各种设置段落格式操作方法，完成利用"格式"工具栏设置段落格式、利用"段落"对话框设置段落格式、利用格式刷快速设置段落格式、利用水平标尺设置段落缩进等操作。

电子活页 3-13

在 Word 文档中
设置段落格式

3.5.3　应用样式设置文档格式

在一篇 Word 文档中，为了确保格式的一致性，会将同一种格式重复用于文档的多处。例如文档的章节标题采用黑体、三号、居中，段前间距 0.5 行、段后间距 0.5 行。为了避免每次输入章节标题时都重复同样的操作来设置格式，可以将这些格式加以命名，Word 中将这些命名的格式组合称为样式，以后可以直接使用这些命名的样式进行格式设置。系统提供了一些默认样式供用户使用，用户也可以根据需要自行定义所需的样式。

电子活页 3-14

在 Word 文档中应用
样式设置文档格式

【操作 3-9】在 Word 文档中应用样式设置文档格式

扫描二维码，熟悉电子活页中的内容。打开 Word 文档"五四青年节活动方案 3.docx"，试用与掌握电子活页中介绍的各种应用样式设置文档格式操作方法，完成以下操作，其中字体格式与段落格式自行确定。

1. 查看样式及相关对话框

查看"样式"窗格和"样式窗格选项"对话框。

2. 定义样式

定义多个样式，名称分别为"01 一级标题""02 二级标题""03 三级标题""04 小标题""05 正文""06 表格标题""07 表格内容""08 图片""09 图片标题""10 落款"。

3. 修改样式

对定义的部分样式进行修改。

4. 应用样式

将定义的样式应用到 Word 文档"五四青年节活动方案 3.docx"中的各级标题、正文、表格、图片和落款文本。

3.5.4 创建与应用模板

Word 模板是包括多种预设的文本格式、图形以及排版信息的文档，其扩展名为".dotx"。Word 中系统的默认模板名称是"Normal.dotm"，其存放文件夹为"Templates"。创建文档模板的常用方法包括根据原有文档创建模板、根据原有模板创建新模板和直接创建新模板。

【操作 3-10】在 Word 文档中创建与应用模板

扫描二维码，熟悉电子活页中的内容。打开 Word 文档"五四青年节活动方案 4.docx"，试用与掌握电子活页中介绍的创建与应用模板操作方法，完成以下操作。

电子活页 3-15

在 Word 文档中创建与应用模板

1. 创建新模板

打开已创建与应用多种样式的 Word 文档"五四青年节活动方案 3.docx"，将该文档保存为 Word 模板，将该模板命名为"活动方案模板.dotx"。

2. 打开文档与加载自定义模板

打开 Word 文档"五四青年节活动方案 4.docx"，加载自定义模板"活动方案模板.dotx"，然后应用该模板中的样式。

【任务 3-3】设置"教师节贺信"文档的格式

任务描述

打开 Word 文档"教师节贺信.docx"，按照以下要求完成相应的格式设置。

① 将第 1 行（标题"教师节贺信"）设置为"楷体""二号""加粗"；将第 2 行"全院教师和教育工作者："设置为"仿宋体""小三""加粗"；将正文中的"秋风送爽，桃李芬芳。""百年大计，教育为本。""教育工作，崇高而伟大。""发展无止境，奋斗未有期。"等设置为"黑体""小四""加粗"，将正文中其他的文字设置为"宋体""小四"；将贺信的落款与日期设置为"仿宋体""小四"。

② 设置第 1 行为居中对齐，第 2 行为左对齐且无缩进，贺信的落款与日期为右对齐，其他各

行为两端对齐、首行缩进 2 字符。

③ 将第 1 行的行距设置为“单倍行距”，段前间距设置为“6 磅”，段后间距设置为“0.5 行”；将第 2 行的行距设置为“1.5 倍行距”。

④ 将正文第 1 段至第 5 段的行距设置为“固定值”，设置值为“20 磅”。

⑤ 将贺信的落款与日期的行距设置为“多倍行距”，设置值为“1.2”。

相应格式设置完成后，“教师节贺信.docx”的外观效果如图 3-11 所示。

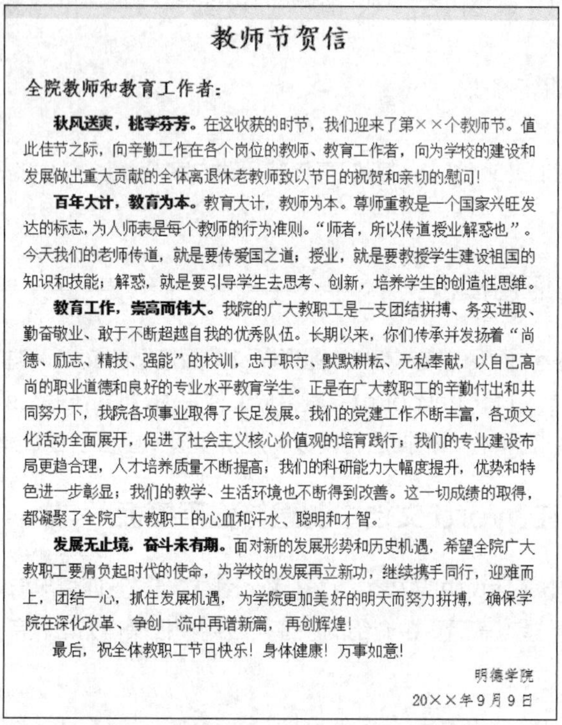

教师节贺信

全院教师和教育工作者：

秋风送爽，桃李芬芳。在这收获的时节，我们迎来了第××个教师节。值此佳节之际，向辛勤工作在各个岗位的教师、教育工作者，向为学校的建设和发展做出重大贡献的全体离退休老教师致以节日的祝贺和亲切的慰问！

百年大计，教育为本。教育大计，教师为本。尊师重教是一个国家兴旺发达的标志，为人师表是每个教师的行为准则。“师者，所以传道授业解惑也”。今天我们的老师传道，就是要传爱国之道；授业，就是要教授学生建设祖国的知识和技能；解惑，就是要引导学生去思考、创新，培养学生的创造性思维。

教育工作，崇高而伟大。我院的广大教职工是一支团结拼搏、务实进取、勤奋敬业、敢于不断超越自我的优秀队伍。长期以来，你们传承并发扬着“尚德、励志、精技、强能”的校训，忠于职守、默默耕耘、无私奉献，以自己高尚的职业道德和良好的专业水平教育学生。正是在广大教职工的辛勤付出和共同努力下，我院各项事业取得了长足发展。我们的党建工作不断丰富，各项文化活动全面展开，促进了社会主义核心价值观的培育践行；我们的专业建设布局更趋合理，人才培养质量不断提高；我们的科研能力大幅度提升，优势和特色进一步彰显；我们的教学、生活环境也不断得到改善。这一切成绩的取得，都凝聚了全院广大教职工的心血和汗水、聪明和才智。

发展无止境，奋斗未有期。面对新的发展形势和历史机遇，希望全院广大教职工要肩负起时代的使命，为学校的发展再立新功，继续携手同行，迎难而上，团结一心，抓住发展机遇，为学院更加美好的明天而努力拼搏，确保学院在深化改革、争创一流中再谱新篇，再创辉煌！

最后，祝全体教职工节日快乐！身体健康！万事如意！

明德学院

20××年9月9日

图 3-11 “教师节贺信.docx”的外观效果

任务实施

1. 设置标题和第 2 行文字的字符格式

① 选择文档中的标题“教师节贺信”，然后在“开始”选项卡“字体”组的“字体”下拉列表框中选择“楷体”，在“字号”下拉列表框中选择“二号”，单击“加粗”按钮 B 。

② 选择第 2 行文字“全院教师和教育工作者：”，然后在“开始”选项卡“字体”组的“字体”下拉列表框中选择“仿宋”，在“字号”下拉列表框中选择“小三”，单击“加粗”按钮 B 。

2. 设置正文第 1 段文本内容的字符格式

首先选择正文第 1 段文本内容，然后打开“字体”对话框。

在“字体”对话框的“字体”选项卡中设置“中文字体”为“宋体”，设置“字形”为“常规”，设置“字号”为“小四”。“所有文字”和“效果”区域的各设置保持默认。

在“字体”对话框中切换到“高级”选项卡，对“缩放”“间距”“位置”进行合理设置。

3. 利用格式刷快速设置字符格式

选定已设置格式的正文第 1 段文本，单击“格式刷”按钮，然后按住鼠标左键，在需要设置相同格式的其他段落上拖曳鼠标，即可将格式复制到拖曳过的段落上。

4. 设置标题的段落格式

首先将插入点移到标题行内，单击"开始"选项卡"段落"组中"居中"按钮，即可设置标题行为居中对齐。然后在"开始"选项卡"段落"组中单击"行和段落间距"按钮 ≡ ▾，在弹出的下拉选项中选择"行距选项"命令，弹出"段落"对话框，在该对话框"缩进和间距"选项卡的"间距"区域中将"段前"设置为"6 磅"，"段后"设置为"0.5 行"，然后单击"确定"按钮使设置生效并关闭该对话框。

5. 设置正文第 1 段的段落格式

将插入点移到正文第 1 段内的任意位置，打开"段落"对话框。在"段落"对话框的"缩进和间距"选项卡中，将"对齐方式"设置为"两端对齐"，"大纲级别"设置为"正文文本"；将"缩进"区域的"左侧"和"右侧"设置为"0 字符"，"特殊格式"设置为"首行缩进"，"缩进值"设置为"2 字符"；将"间距"区域的"段前"和"段后"设置为"0 行"，"行距"设置为"固定值"，"设置值"设置为"20 磅"。

6. 利用格式刷快速设置其他各段的格式

选定已设置格式的正文第 1 段，单击"格式刷"按钮，然后按住鼠标左键，在需要设置相同格式的其他各段落上拖曳鼠标，即可将格式复制到该段落。

7. 设置正文中关键句子的字符格式

① 选择文档中第 1 个关键句子"秋风送爽，桃李芬芳。"，然后在"开始"选项卡"字体"组的"字体"下拉列表框中选择"黑体"，在"字号"下拉列表框中选择"小四"，单击"加粗"按钮 B 。

② 选定已设置格式的第 1 个关键句子"秋风送爽，桃李芬芳。"，双击"格式刷"按钮，然后按住鼠标左键，在需要设置相同格式的其他关键句子"百年大计，教育为本。""教育工作，崇高而伟大。""发展无止境，奋斗未有期。"上拖曳鼠标，即可将格式复制到拖曳过的文本上。

8. 设置贺信的落款与日期的格式

① 选择贺信文档中的落款与日期，然后在"开始"选项卡"字体"组的"字体"下拉列表框中选择"仿宋"，在"字号"下拉列表框中选择"小四"。

② 选择贺信文档中的落款与日期，然后打开"段落"对话框，在该对话框的"缩进和间距"选项卡"间距"区域的"行距"下拉列表框中选择"多倍行距"，在"设置值"数值微调框中输入"1.2"，然后单击"确定"按钮关闭该对话框。

9. 保存文档

单击快速访问工具栏中的"保存"按钮 🖫，对 Word 文档"教师节贺信.docx"进行保存操作。

【任务 3-4】创建与应用通知文档中的样式与模板 ════════

任务描述

打开 Word 文档"关于暑假放假及秋季开学时间的通知.docx"，按照以下要求完成相应的操作。

（1）创建以下各个样式

① 通知标题：字体为"宋体"，字号为"小二"，字形为"加粗"，"居中对齐"，行距为"最小值 28 磅"，段前间距为"6 磅"，段后间距为"1 行"，大纲级别为"1 级"，自动更新。

② 通知小标题：字体为"宋体"，字号为"小三"，字形为"加粗"，首行缩进 2 字符，大纲级别为"2 级"，行距为"固定值 28 磅"，自动更新。

③ 通知称呼：字体为"宋体"，字号为"小三"，行距为"固定值 28 磅"，无缩进，大纲级别为"正文文本"，自动更新。

④ 通知正文：字体为"宋体"，字号为"小三"，首行缩进 2 字符，行距为固定值 28 磅，大纲级别为正文文本，自动更新。

⑤ 通知署名：字体为"宋体"，字号为"三号"，行距为"1.5 倍行距"，右对齐，大纲级别为"正文文本"，自动更新。

⑥ 通知日期：字体为"宋体"，字号为"小三"，行距为"1.5 倍行距"，右对齐，大纲级别为"正文文本"，自动更新。

⑦ 文件头：字体为"宋体"，字号为"小初"，字形为"加粗"，颜色为"红色"，行距为"单倍行距"，居中对齐，字符间距为"加宽 10 磅"。

（2）应用自定义的样式

① 文件头应用样式"文件头"，通知标题应用样式"通知标题"。

② 通知称呼应用样式"通知称呼"，通知正文应用样式"通知正文"。

③ 通知署名应用样式"通知署名"，通知日期应用样式"通知日期"。

④ 通知正文中"1．暑假放假时间"和"2．秋季开学时间"应用"通知小标题"。

（3）制作文件头

在文件头位置插入水平线段，并设置其线型为由粗到细的双线，线宽为 4.5 磅，长度为 15.88 厘米，颜色为红色，文件头的外观效果如图 3-12 所示。

（4）制作印章

在"通知"落款位置插入如图 3-13 所示的印章，设置印章的高度为 4.05 厘米，宽度为 4 厘米。

明 德 学 院

图 3-12　文件头的外观效果　　　　　　　　　　图 3-13　待插入的印章

（5）创建模板

利用 Word 文档"关于暑假放假及秋季开学时间的通知.docx"创建模板"通知模板.dotx"，且保存在同一文件夹。

完成以上操作后，打开 Word 文档"关于'五一'国际劳动节放假的通知.docx"，然后加载模板"通知模板.dotx"，利用模板"通知模板.dotx"中的样式分别设置通知标题、称呼、正文、署名和日期的格式。

Word 文档"关于'五一'国际劳动节放假的通知.docx"的最终设置效果如图 3-14 所示。

图 3-14　Word 文档"关于'五一'国际劳动节放假的通知.docx"的最终设置效果

注意　通知的内容一般包括标题、称呼、正文和落款，其写作要求分别如下。

① 标题：写在第 1 行正中。可以只写"通知"二字，如果事情重要或紧急，也可以写"重要通知"或"紧急通知"，以引起注意。有的在"通知"前面写上发通知的单位名称，还有的写上通知的主要内容。

② 称呼：写被通知者的姓名或职称或单位名称，在第 2 行顶格写。有时，因通知事项简短，内容单一，书写时略去称呼，直起正文。

③ 正文：另起一行，空两格写正文。正文因内容而异。开会的通知要写清开会的时间、地点、参加会议的对象以及开什么会，还要写清要求。布置工作的通知，要写清所通知事件的目的、意义以及具体要求。

④ 落款：分两行写在正文右下方，一行署名，一行写日期。

写通知一般采用条款式行文，简明扼要，使被通知者能一目了然，便于遵照执行。

任务实施

1. 打开文档

打开 Word 文档"关于暑假放假及秋季开学时间的通知.docx"。

2. 新建样式

在"开始"选项卡"样式"组中单击右下角的"样式"按钮，弹出"样式"窗格，在该窗格中单击"新建样式"按钮，打开"根据格式设置创建新样式"对话框，按以下步骤创建新样式。

① 在"名称"文本框中输入新样式的名称"通知标题"。

② 在"样式类型"下拉列表框中选择"段落"。

③ 在"样式基准"下拉列表框中选择新样式的基准样式，这里选择"正文"。

④ 在"后续段落样式"下拉列表框中选择"通知标题"。

⑤ 在"格式"区域设置字符格式和段落格式，这里设置字体为"宋体"、字号为"小二"、字形为"加粗"、对齐方式为"居中对齐"。

⑥ 在对话框左下角单击"格式"按钮，在弹出的下拉选项中选择"段落"命令，打开"段落"对话框，在该对话框中设置行距为最小值 28 磅，段前间距为 6 磅，段后间距为 1 行，大纲级别为 1 级。然后单击"确定"按钮返回"根据格式设置创建新样式"对话框。

⑦ 选中"添加到样式库"复选框，将创建的样式添加到样式库中。然后选中"自动更新"复选框，新定义的"通知标题"在文档中已套用样式的内容的格式修改后，所有套用该样式的内容将同步进行自动更新。

⑧ 单击"确定"按钮完成新样式定义并关闭该对话框，新创建的样式"通知标题"便显示在"样式"列表中。

应用类似方法创建"通知小标题""通知称呼""通知正文""通知署名""通知日期""文件头"等多个自定义样式。

3. 修改样式

在"样式"窗格单击"管理样式"按钮，打开"管理样式"对话框。

在"管理样式"对话框中单击"修改"按钮，打开"修改样式"对话框，在该对话框中对样式的属性和格式等进行修改，修改方法与新建样式类似。

4. 应用样式

选中文档中需要应用样式的通知标题"关于 20××年暑假放假及秋季开学时间的通知"，然后在"样式"窗格"样式"列表中选择所需要的样式"通知标题"。

应用类似方法依次选择通知称呼、通知正文、通知署名、通知日期和文件头分别应用对应的自定义样式即可。

5. 在文件头位置插入水平线段

在"插入"选项卡"插图"组单击"形状"按钮，在弹出的下拉选项中选择"直线"命令，然后在文件头位置绘制一条水平线条。选择该线条，在"绘图工具-格式"选项卡"大小"组中设置线条宽度为 15.88 厘米。

在该线条上单击鼠标右键，在弹出的快捷菜单中选择"设置形状格式"命令，在弹出的"设置形状格式"窗格"线条"组中将"颜色"设置为"红色"，"宽度"设置为"4.5 磅"，"复合类型"设置为"由粗到细"，如图 3-15 所示。

图 3-15 在"设置形状格式"窗格中设置线条的参数

6. 在通知落款位置插入印章

将光标置于通知的落款位置，在"插入"选项卡"插图"组单击"图片"按钮，在弹出的"插入图片"对话框中选择印章图片，然后单击"插入"按钮，即可插入印章图片。选择该印章图片，在"绘图工具-格式"选项卡"大小"组中将"高度"设置为"4.05 厘米"，"宽度"设置为"4 厘米"。

7. 创建新模板

选择"文件"选项卡中的"另存为"命令，单击"浏览"按钮，打开"另存为"对话框。在该对话框将保存位置设置为"任务 3-4"，在"保存类型"下拉列表框中选择"Word 模板（*.dotx）"，在"文件名"文本框中输入模板的名称"通知模板.dotx"，如图 3-16 所示。然后单击"保存"按钮，即创建了新的模板。

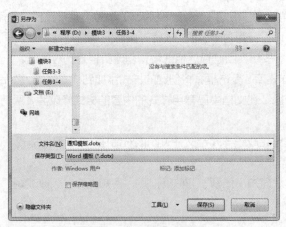

图 3-16 "另存为"对话框

8. 打开文档与加载自定义模板

① 打开 Word 文档"关于'五一'国际劳动节放假的通知.docx"。

② 在"文件"选项卡中选择"选项"命令，打开"Word 选项"对话框，在该对话框中选择"加载项"选项，然后在"管理"下拉列表框中选择"模板"选项，单击"转到"按钮，打开"模板和加载项"对话框。

③ 在"模板和加载项"对话框中"文档模板"区域单击"选用"按钮，打开"选用模板"对话框，在该对话框中选择文件夹"任务 3-4"中的模板"通知模板.dotx"，然后单击"打开"按钮返回"模板和加载项"对话框。

④ 在"模板和加载项"对话框中"共用模板及加载项"区域单击"添加"按钮，打开"添加模板"对话框，在该对话框中选择文件夹"任务 3-4"中的模板"通知模板.dotx"，如图 3-17 所示。

⑤ 单击"确定"按钮返回"模板和加载项"对话框，且将所选的模板添加到模板列表中。在"模板和加载项"对话框中，选中"自动更新文档样式"复选框，如图 3-18 所示，这样每次打开文档时自动更新活动文档的样式以匹配模板样式。

图 3-17　选择文件夹"任务 3-4"中的模板"通知模板.dotx"　　图 3-18　选中"自动更新文档样式"复选框

⑥ 单击"确定"按钮，则当前文档将会加载所选用的模板。

9. 在文档"关于'五一'国际劳动节放假的通知.docx"中应用加载模板中的样式

选中 Word 文档"关于'五一'国际劳动节放假的通知.docx"中的通知标题"关于 20××年'五一'国际劳动节放假的通知"，然后在"样式"窗格"样式"列表中选择所需要的样式"通知标题"。

应用类似方法依次选择通知称呼、通知正文、通知署名、通知日期和文件头，分别应用对应的自定义样式。

Word 文档"关于'五一'国际劳动节放假的通知.docx"的最终设置效果如图 3-14 所示。

10. 保存文档

单击快速访问工具栏中的"保存"按钮🖫，对 Word 文档"关于'五一'国际劳动节放假的通知.docx"进行保存操作。

3.6　Word 2016 页面设置与文档打印

页面设置主要包括页边距、纸张、版式、文档网格等方面的设置。页边距是指页面中文本四周距纸张边缘的距离，包括左、右边距和上、下边距。页边距可以通过"页面设置"对话框或标尺进行调整。

Word 文档正式打印之前，可以利用"打印预览"功能预览文档的外观效果，如果对外观效果不满意，可以重新编辑修改，直到满意后再进行打印。

3.6.1 文档内容分页与分节

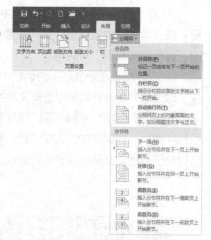

图 3-19 "分隔符"下拉选项

1. 分页

当文档内容满一页时，Word 将自动插入一个分页符并且生成新页。如果需要将同一页的文档内容分别放置在不同页中，可以通过插入分页符的方法来实现，操作方法如下。

① 将插入点移动到需要分页的位置。

② 单击"布局"选项卡"页面设置"组中的"分隔符"按钮，在弹出的下拉选项中选择"分页符"，如图 3-19 所示，即可插入一个分页符，实现分页操作。

此时如果切换到"页面视图"，则会出现一个新页面，如果切换到"草稿视图"，则会出现一条贯穿页面的虚线。

> **提示** 在"插入"选项卡"页面"组直接单击"分页"按钮，或者按"Ctrl+Enter"组合键，也可以插入分页符。
>
> 如果要删除分页符，只需将插入点置于分页符之前，再按"Delete"键即可。如果需要删除文档中多个分页符，可以使用"替换"功能实现。

2. 分节

"节"是文档格式设置的基本单位，系统默认整个文档为一节，在同一节内，文档各页的页面格式完全相同。一个文档可以分为多个节，从而可以根据需要为每节都设置各自的格式，且不会影响其他节的格式。

Word 文档中可以使用"分节符"将文档进行分节，然后以节为单位设置不同的页眉或页脚。

可在图 3-19 所示的"分隔符"下拉选项中选择一种合适的分节符类型进行分节操作。

① 下一页：在插入分节符位置进行分页，下一节从下一页开始。

② 连续：分节后，同一页中下一节的内容紧接上一节。

③ 偶数页：在下一个偶数页开始新的一节，如果分节符在偶数页上，则 Word 会空出下一个奇数页。

④ 奇数页：在下一个奇数页开始新的一节，如果分节符在奇数页上，则 Word 会空出下一个偶数页。

如果要删除分节符，只需将插入点置于分节符之前按"Delete"键即可。如果需要删除文档中多个分节符，可以使用"替换"功能实现。

3.6.2 设置页面边框

在页面四周可以添加边框，添加页面边框的方法如下。

单击"布局"选项卡"页面设置"组中的"页面设置"按钮 🖆，弹出"页面设置"对话框，单击"版式"选项卡中的"边框"按钮，打开"边框和底纹"对话框的"页面边框"选项卡，如图 3-20 所示。在"页面边框"选项卡中，可以设置边框样式、颜色、宽度和艺术型等，还可以单击"选项"按钮，在打开的"边框和底纹选项"对话框中设置边距和边框选项等，如图 3-21 所示。

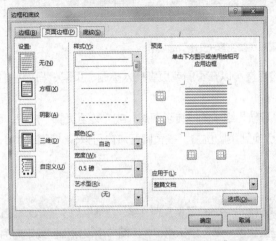

图 3-20 "边框和底纹"对话框的"页面边框"选项卡

图 3-21 "边框和底纹选项"对话框

页面边框设置完成后，单击"确定"按钮即可。

3.6.3 页面设置

扫描二维码，熟悉电子活页中的内容，掌握 Word 文档中页面设置方法，完成设置页边距、设置纸张、设置布局、设置文档网格等操作。

电子活页 3-16

页面设置

3.6.4 设置页眉与页脚

Word 文档的页眉出现在每一页的顶端，如图 3-22 所示。页脚出现在每一页的底端，如图 3-23 所示。一般页眉的内容可以为章标题、文档标题、页码等内容，页脚的内容通常为页码。页眉和页脚分别在主文档上、下页边距线之外，不能与主文档同时编辑，需要单独进行编辑。

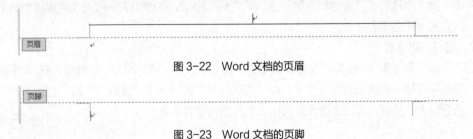

图 3-22 Word 文档的页眉

图 3-23 Word 文档的页脚

1. 插入页眉和页脚

单击"插入"选项卡"页眉和页脚"组的"页眉"按钮，在弹出的下拉选项中选择"编辑页眉"命令，进入页眉的编辑状态，并激活图 3-24 所示的"页眉和页脚工具-设计"选项卡，同时光标自动置于页眉位置，在页眉区域输入页眉内容即可。

图 3-24　"页眉和页脚工具-设计"选项卡

利用"页眉和页脚工具-设计"选项卡的工具可以在页眉或页脚插入标题、页码、日期和时间、文档部件、图片等内容。

单击"页眉和页脚工具-设计"选项卡"导航"组中的"转至页眉"或"转至页脚"按钮，可以很方便地在页眉和页脚之间进行切换。光标切换到页脚位置，在页脚区域内可以输入页脚内容，如页码等。

> **提示**　"页眉和页脚工具-设计"选项卡"选项组"中的"显示文档文字"复选框用于显示或隐藏
> 文档中的文字；"导航"组中的"链接到前一节"按钮用于在不同节中设置相同或不同的
> 页眉或页脚，"上一条"按钮用于切换到前一节的页眉或页脚，"下一条"按钮用于切换到
> 后一节的页眉或页脚。

2. 设置页眉和页脚的格式

页眉和页脚内容也可以进行编辑修改和格式设置，例如设置对齐方式等，其编辑方法和格式设置方法与在 Word 文档页面编辑区中编辑和设置格式的方法相同。

页眉和页脚设置完成后，在"页眉和页脚工具-设计"选项卡"关闭"组中单击"关闭页眉和页脚"按钮，即可返回文档页面。

3.6.5　插入与设置页码

Word 文档通常都需要插入页码，插入页码的方法如下。

1. 插入页码

单击"插入"选项卡"页眉和页脚"组的"页码"按钮，在弹出的下拉选项中选择页码的页面位置、对齐方式和强调形式。

2. 设置页码格式

在"页码"下拉选项中选择"设置页码格式"命令，打开"页码格式"对话框，在"编号格式"下拉列表框中选择一种合适的编号格式，在"页码编号"区域选中"续前节"或"起始页码"单选按钮。然后单击"确定"按钮关闭该对话框，完成页码格式设置。

3.6.6　打印文档

扫描二维码，熟悉电子活页中的内容，掌握 Word 中打印文档方法，完成设置打印份数、设置打印文稿范围、设置打印方式等操作。

电子活页 3-17

打印文档

【任务 3-5】"教师节贺信"文档页面设置与打印

任务描述

打开 Word 文档"教师节贺信.docx",按照以下要求完成相应的操作。

① 将上、下边距设置为"3 厘米",左、右边距设置为"3.5 厘米",方向设置为"纵向"。将纸张大小设置为"A4"。

② 将页眉距边界距离设置为"2 厘米",页脚距边界距离设置为"2.75 厘米",设置页眉和页脚"奇偶页不同"和"首页不同"。

③ "网格"类型设置为"指定行和字符网格":每行 39 个字符,跨度为 10.5 磅;每页 43 行,跨度为 15.6 磅。

④ 首页不显示页眉,偶数页和奇数页的页眉都设置为"教师节贺信"。

⑤ 在页脚插入页码,页码居中对齐,起始页码为 1。

⑥ 如果已连接打印机,打印一份文稿。

任务实施

1. 打开文档

打开 Word 文档"教师节贺信.docx"。

2. 设置页边距

① 打开"页面设置"对话框,切换到"页边距"选项卡。

② 在"页面设置"对话框"页边距"选项卡中的"上""下"两个数值微调框中输入"3 厘米",在"左""右"两个数值微调框中利用微调按钮 ⬦ 将边距值调整为"3.5 厘米"。

③ 在"纸张方向"区域选择"纵向"。

④ 在"应用于"下拉列表框中选择"整篇文档"。

3. 设置纸张

在"页面设置"对话框中切换到"纸张"选项卡,将"纸张大小"设置为"A4"。

4. 设置布局

在"页面设置"对话框中切换到"版式"选项卡。将"节的起始位置"设置为"新建页"。在"页眉和页脚"区域选中"奇偶页不同"和"首页不同"复选框,在"距边界"设置项的"页眉"数值微调框中输入"2 厘米","页脚"数值微调框中输入"2.75 厘米"。将"垂直对齐方式"设置为"顶端对齐"。

5. 设置文档网格

在"页面设置"对话框中切换到"文档网格"选项卡。在"文字排列"区域选中"水平"单选按钮,将"栏数"设置为"1";在"网格类型"区域选中"指定行和字符网格"单选按钮;在"字符数"区域"每行"数值微调框中输入"39",在"跨度"数值微调框中输入"10.5 磅";在"行数"区域"每页"数值微调框中输入"43",在"跨度"数值微调框中输入"15.6 磅"。

6. 插入页眉

单击"插入"选项卡"页眉和页脚"组的"页眉"按钮,在弹出的下拉选项中选择"编辑页眉"命令,进入页眉的编辑状态,在页眉区域输入页眉内容"教师节贺信"。然后对页眉的格式进行设置即可。

7. 在页脚插入页码

首先单击"插入"选项卡"页眉和页脚"组的"页码"按钮，在弹出的下拉选项中选择"页面底端"→"普通数字2"命令。

然后在"页码"下拉选项中选择"设置页码格式"命令，打开"页码格式"对话框，在"编号格式"下拉列表框中选择"1，2，3，…"，在"页码编号"区域选中"起始页码"单选按钮，然后指定起始页码为"1"，如图3-25所示。

单击"确定"按钮关闭该对话框，完成页码格式设置。

图 3-25 "页码格式"对话框

8. 保存文档

单击快速访问工具栏中的"保存"按钮 ![保存]，对Word文档"教师节贺信.docx"进行保存操作。

9. 打印文档

Word文档设置完成后，选择"文件"选项卡中的"打印"命令，打开"打印"界面，在该界面对打印份数、打印机、打印范围、打印方式等进行设置，然后单击"打印"按钮开始打印文档。

3.7 Word 2016 表格制作与数值计算

在Word中使用表格可以将文档内容加以分类，使内容表达更加准确、清晰和有条理。表格由多行和多列组成，水平的称为行，垂直的称为列，行与列的交叉形成表格单元格，在表格单元格中可以输入文字和插入图片。

电子活页 3-18

在 Word 文档中
创建表格

3.7.1 创建表格

【操作 3-11】在 Word 文档中创建表格

扫描二维码，熟悉电子活页中的内容。试用与掌握电子活页中介绍的创建表格操作方法，完成以下操作。

1. 使用"插入"选项卡中的"表格"按钮快速插入表格

打开Word文档"学生花名册.docx"，使用"插入"选项卡中的"表格"按钮，在表格标题"学生花名册"下一行插入一个6行4列的表格，表格中第1行为表格标题行，各列的标题分别为"序号""姓名""性别""出生日期"。

2. 使用"插入表格"对话框插入表格

打开Word文档"课程成绩汇总.docx"，使用"插入表格"对话框，在表格标题"课程成绩汇总"下一行插入一个10行5列的表格，表格中第1行为表格标题行，各列的标题分别为"序号""姓名""课程1成绩""课程2成绩""平均成绩"。

3.7.2 绘制与擦除表格线

1. 绘制表格线

在"插入"选项卡的"表格"下拉选项中选择"绘制表格"命令，将鼠标指针移至需要绘制表格线的位置，例如第 5 列，鼠标指针变为铅笔的形状，按下鼠标左键并拖曳鼠标，在表格内绘制表格线，如图 3-26 所示。移动鼠标指针至合适位置，松开鼠标左键，表格线便绘制完成。然后再次选择"绘制表格"命令，返回文档编辑状态。

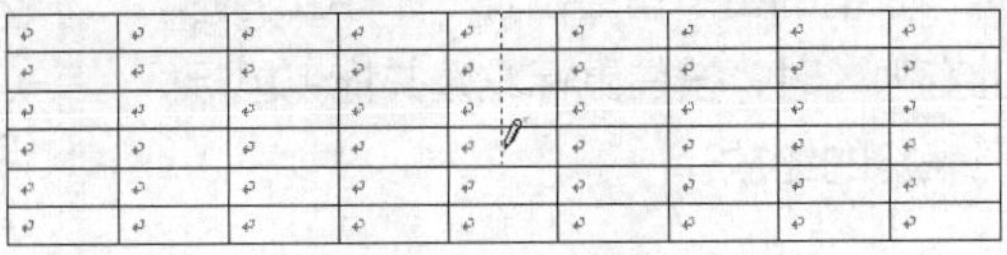

图 3-26　绘制表格线

2. 擦除表格线

将光标置于表格中，激活"表格工具-设计"选项卡，如图 3-27 所示，切换至"表格工具-布局"选项卡，如图 3-28 所示。

图 3-27　"表格工具-设计"选项卡

图 3-28　"表格工具-布局"选项卡

若要擦除某一条表格线，则在"表格工具-布局"选项卡中单击"橡皮擦"按钮，将鼠标指针移至需要擦除表格线的位置，鼠标指针变为橡皮擦的形状，按下鼠标左键并拖曳鼠标，如图 3-29 所示。移动鼠标指针至合适位置，然后松开鼠标左键，对应的表格线将被清除。再次单击"表格工具-布局"选项卡中的"橡皮擦"按钮，返回文档编辑状态。

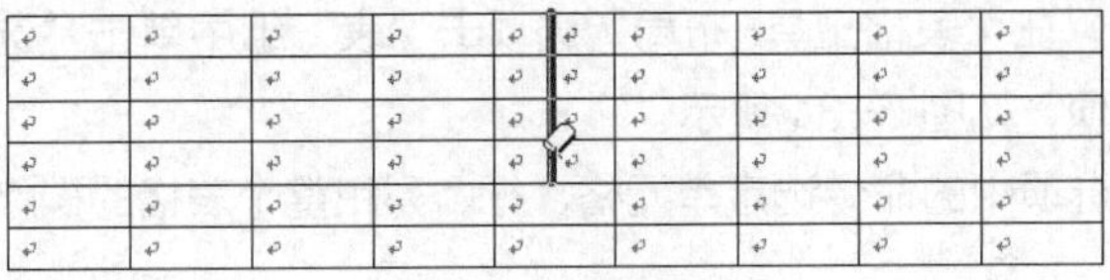

图 3-29　擦除表格线

3.7.3　移动与缩放表格与行列

1. 移动表格

将鼠标指针移动到表格内，表格的左上角将出现"表格移动控制"图标，将鼠标指针移到"表格移动控制"图标处，当鼠标指针变为形状时，按住鼠标左键并拖曳鼠标可以移动表格。

将鼠标指针移动到表格内，单击鼠标右键，在打开的快捷菜单中选择"表格属性"命令，弹出"表格属性"对话框，在该对话框的"表格"选项卡中"对齐方式"区域选择"左对齐"方式，"左缩进"数值微调框被激活，接着输入或调整数值微调框中的数字，改变表格距左边界的距离，这里输入"3 厘米",如图 3-30 所示,然后单击"确定"按钮即可调整表格在文档中的缩进距离。

2. 缩放表格

当鼠标指针移过表格时,表格的右下角会出现一个小正方形,鼠标指针移到该小正方形上变为 时,按住鼠标左键并拖曳鼠标,可以改变列宽和行高,实现表格的缩放。

3.7.4 表格中的选定操作

1. 使用鼠标选定

使用鼠标选定单元格、行、列和整个表格的操作方法如表 3-1 所示。

图 3-30 在"表格属性"对话框中设置"左缩进"

表 3-1 使用鼠标选定单元格、行、列和整个表格的操作方法

选定表格对象	操作方法
选定一个或多个单元格	将鼠标指针移动到单元格左边框内侧处,当鼠标指针变为向右上方倾斜的黑色箭头 时,单击鼠标左键即可选定当前单元格;按住鼠标左键拖曳鼠标,所经过的单元格都会被选定
选定一行或多行	移动鼠标指针到待选定行的左边框外侧,当鼠标指针变为向右上方的空心箭头 时,单击鼠标左键即可选定一行;上下拖曳鼠标可选定连续的多行,先单击选定一行,然后按住"Ctrl"键单击,可选择不连续的多行
选定一列或多列	移动鼠标指针到待选定列的上边框,当鼠标指针变为向下方的黑色箭头 时,单击鼠标左键即可选定该列;左右拖曳鼠标可选定连续的多列,按住"Ctrl"键单击,可选择不连续的多列
选定整个表格	【方法 1】将鼠标指针移动到表格内,表格的左上角将出现"表格移动控制"图标 ,将鼠标指针移到"表格移动控制"图标处,当鼠标指针变为 形状时,单击鼠标左键可以选定整个表格。 【方法 2】在表格左边框外侧由下至上或者由上至下拖曳鼠标,通过选定所有行而选定整个表格。 【方法 3】在表格上边框由左至右或者由右至左拖曳鼠标,通过选定所有列而选定整个表格

2. 使用"表格工具-布局"选项卡"选择"下拉选项中的命令选定

将光标置于表格中,在"表格工具-布局"选项卡"表"组中单击"选择"按钮打开其下拉选项,如图 3-31 所示。

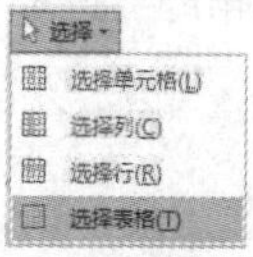

使用"选择"下拉选项中的命令选定单元格、行、列和整个表格的操作方法如表 3-2 所示。

图 3-31 "选择"按钮下拉选项

表 3-2 使用"选择"下拉选项中的命令选定单元格、行、列和整个表格的操作方法

选定表格对象	操作方法
选定一个单元格	将光标移到待选定的单元格中,在"表格工具-布局"选项卡"选择"下拉选项中选择"选择单元格"命令
选定一列	将光标移到待选定列的单元格中,在"表格工具-布局"选项卡"选择"下拉选项中选择"选择列"命令
选定一行	将光标移到待选定行的单元格中,在"表格工具-布局"选项卡"选择"下拉选项中选择"选择行"命令
选定整个表格	将光标移到待选定表格的一个单元格中,在"表格工具-布局"选项卡"选择"下拉选项中选择"选择表格"命令

3. 在表格中移动光标

在表格中输入和编辑文本时，首先要在表格中移动光标进行定位，最简便的方法是将鼠标指针置于待选定位置并单击，也可使用键盘来移动光标。在表格中移动光标的常用按键及其功能如表 3-3 所示。

表 3-3　在表格中移动光标的常用按键及其功能

按键	功能	按键	功能
→	至同一行的后一个单元格内	←	至同一行的前一个单元格内
↑	至同一列的上一个单元格内	↓	至同一列的下一个单元格内
Alt+Home	至同一行的第一个单元格内	Alt+End	至同一行的最后一个单元格内
Alt+Page Up	至同一列的第一个单元格内	Alt+Page Down	至同一列的最后一个单元格内
Tab	选择同一行的后一个单元格的内容	Shift+Tab	选择同一行的前一个单元格的内容

3.7.5　表格中的插入操作

【操作 3-12】Word 文档表格中的插入操作

扫描二维码，熟悉电子活页中的内容。打开已插入表格的 Word 文档"学生花名册.docx"，试用与掌握电子活页中介绍的表格中的多种插入操作方法，完成插入行、插入列、插入单元格、插入表格等操作。

电子活页 3-19

Word 文档表格中的插入操作

3.7.6　表格中的删除操作

【操作 3-13】Word 文档表格中的删除操作

扫描二维码，熟悉电子活页中的内容。打开已插入表格的 Word 文档"学生花名册.docx"，试用与掌握电子活页中介绍的表格中的多种删除操作方法，完成删除一行、删除一列、删除单元格、删除表格、删除表格中的内容等操作。

电子活页 3-20

Word 文档表格中的删除操作

3.7.7　调整表格行高和列宽

【操作 3-14】在 Word 文档中调整表格行高和列宽

扫描二维码，熟悉电子活页中的内容。打开已插入表格的 Word 文档"学生花名册.docx"，试用与掌握电子活页中介绍的在 Word 文档中调整表格行高和列宽操作方法，完成拖曳鼠标粗略调整行高、拖曳鼠标粗略调整列宽、平均分布各行、平均分布各列、自动调整列宽、使用"表格工具-布局"选项卡精确调整行高和列宽、使用"表格属性"对话框精确调整表格的宽度、行高和列宽等操作。

电子活页 3-21

在 Word 文档中调整表格行高和列宽

3.7.8　合并与拆分单元格

电子活页 3-22

【操作 3-15】在 Word 文档中合并与拆分单元格

扫描二维码，熟悉电子活页中的内容。打开已插入表格的 Word 文档"学生花名册.docx"，试用与掌握电子活页中介绍的在 Word 文档中合并与拆分单元格操作方法，完成单元格的合并、单元格的拆分、表格的拆分等操作。

在 Word 文档中合并
与拆分单元格

3.7.9　表格格式设置

【操作 3-16】Word 文档中的表格格式设置

扫描二维码，熟悉电子活页中的内容。打开已插入表格的 Word 文档"学生花名册.docx"，试用与掌握电子活页中介绍的 Word 文档中表格格式设置操作方法，完成设置表格的对齐方式和文字环绕方式、设置表格的边框和底纹、设置单元格的边距等操作。

电子活页 3-23

3.7.10　表格内容输入与编辑

表格中的每个单元格都可以输入文本或者插入图片，也可以插入嵌套表格。单击需要输入内容的单元格，然后输入文本、插入图片或插入嵌套表格即可，其方法与在文档中操作相同。

Word 文档中的
表格格式设置

若需要修改某个单元格中的内容，只需单击该单元格，将插入点置于该单元格内，在该单元格中选中相应内容，然后进行修改，也可以复制或剪贴，其方法与在文档中操作相同。

3.7.11　表格内容格式设置

1. 设置表格中文字的格式

表格中的文字可以像文档段落中文字一样进行各种格式设置，其操作方法与文档中的基本相同，即先选中内容，然后进行相应的设置。

设置表格中文字格式与设置表格外文档中文字格式的方法相同，可以使用"字体"对话框或者功能区"开始"选项卡"字体"组进行相关格式设置。

在表格中输入文字时，有时需要改变文字的排列方向，例如由横向排列改变为纵向排列。将文字变成纵向排列最简单的方法是将单元格的宽度调整至仅有一个汉字宽度，这时因宽度限制，强制文字自动换行，文字就变为纵向排列了。

还可以根据实际需要对表格中文字方向进行设置，其方法如下。

将光标定位到需要改变文字方向的单元格，单击"表格工具 – 布局"选项卡"对齐方式"组的"文字方向"按钮，也可以单击鼠标右键，在弹出的快捷菜单中选择"文字方向"命令，打开图 3-32 所示的"文字方向 – 表格单元格"对话框。在该对话框中选择合适的文字排列方向，然后单击"确定"按钮，即可改变文字排列方向，其中汉字标点符号也会改成竖写的标点符号。

2. 设置表格中文字对齐方式

表格中文字对齐方式有水平对齐和垂直对齐两种，表格中文字对齐的设置方法如下。

选择需要设置对齐方式的单元格区域、行、列或者整个表格，单击"表格工具－布局"选项卡"对齐方式"组的对齐按钮即可，如图 3-33 所示。

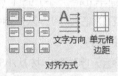

图 3-32 "文字方向－表格单元格"对话框　　图 3-33 "表格工具－布局"选项卡"对齐方式"组的对齐按钮

3.7.12 表格中数值计算与数据排序

Word 提供了简单的表格计算功能，可使用公式来计算表格单元格中的数值。

1. 表格行、列的编号

Word 表格中的每个单元格都对应着唯一的编号，编号的方法是以字母 A、B、C、D、E……表示列，以 1、2、3、4、5……表示行，如图 3-34 所示。

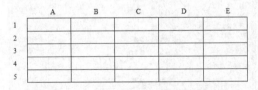

图 3-34　每个单元格都对应着唯一的编号

单元格地址由单元格所有的列号和行号组成，例如 B3、C4 等。有了单元格编号，就可以方便地引用单元中的数值用于计算，例如 B3 表示第 2 列第 3 行对应的单元格，C4 表示第 3 列第 4 行对应的单元格。

2. 表格中单元格的引用

引用表格中的单元格时，对于不连续的多个单元格，各个单元地址之间使用半角逗号（,）分隔，例如"B3,C4"。对于连续的单元格区域，以区域左上角单元格为起始单元格地址，以区域右下角单元格为终止单元格地址，两者之间使用半角冒号（:）分隔，例如"B2:D3"。对于行内的单元格区域，使用"行内第 1 个单元格地址:行内最后 1 个单元格地址"的形式引用。对于列内的单元格区域，使用"列内第 1 个单元格地址:列内最后 1 个单元格地址"的形式引用。

3. 在表格中应用公式计算

表格中常用的计算公式有算术公式和函数公式两种，公式的第 1 个字符必须是半角等号（＝），各种运算符和标点符号必须是半角字符。

（1）应用算术公式计算

算术公式的表示方法为

=<单元格地址 1><运算符><单元格地址 2>……

例如，计算台式计算机的金额的公式为"=B2*C2"，计算商品总数量的公式为"=C2+C3+C4"。

（2）应用函数公式计算

函数公式的表示方法为

=函数名称(单元格区域)

常用的函数有 SUM（求和）、AVERAGE（求平均值）、COUNT（求个数）、MAX（求最大值）和 MIN（求最小值），表示单元格区域的参数有 ABOVE（插入点上方各数值单元格）、LEFT（插入点左侧各数值单元格）、RIGHT（插入点右侧各数值单元格）。例如计算商品总数量的公式也可以改为 SUM(ABOVE)，即表示计算插入点上方各数值之和。

4．表格中数据排序

排序是指将一组无序的数字按从小到大或从大到小的顺序排列，字母的升序按照从 A 到 Z 排列，降序则按照从 Z 到 A 排列；数字的升序按照从小到大排列，降序则按照从大到小排列；日期的升序按照从最早的日期到最晚的日期排列，降序则按照从最晚的日期到最早的日期排列。

将光标移动到表格中任意一个单元格中，单击"表格工具-布局"选项卡"数据"组的"排序"按钮，打开"排序"对话框。在该对话框的"主要关键字"下拉列表框中选择排序关键字，例如"金额"，在"类型"下拉列表框中选择"数字"类型，排序方式选择"降序"，如图 3-35 所示，最后单击"确定"按钮实现降序排列。

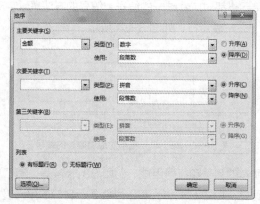

图 3-35 "排序"对话框

【任务 3-6】制作班级课表

任务描述

打开 Word 文档"班级课表.docx"，在该文档中插入一个 9 列 6 行的班级课表，该表格的具体要求如下。

① 表格第 1 行高度的最小值为 1.61 厘米，第 2 行至第 4 行各行高度均为固定值 1.5 厘米，第 5 行高度为固定值 1 厘米，第 6 行高度为固定值 1.2 厘米。

② 表格第 1、2 两列总宽度为 2.52 厘米，第 3 列至第 8 列各列宽度均为 1.78 厘米，第 9 列

的宽度为 1.65 厘米。

③ 将第 1 行的第 1、2 列的两个单元格合并，将第 1 列的第 2、3 行的两个单元格合并，将第 1 列的第 4、5 行的两个单元格合并。

④ 在表格左上角的单元格中绘制斜线表头。

⑤ 设置表格在主文档页面水平方向居中对齐。

⑥ 表格外框线为自定义类型，线型为外粗内细，宽度为 3 磅，其他内边框线为 0.5 磅单细实线。

⑦ 在表格第 1 行的第 3 列至第 9 列的单元格添加底纹，图案样式为 15% 灰度，底纹颜色为橙色（淡色 40%）。

⑧ 在表格第 1 列和第 2 列（不包括绘制斜线表头的单元格）添加底纹，图案样式为浅色棚架，底纹颜色为蓝色（淡色 60%）。

⑨ 在表格中输入文本内容，文本内容的字体设置为"宋体"，字形设置为"加粗"，字号设置为"小五"，单元格水平和垂直对齐方式都设置为"居中"。

创建的班级课表最终效果如图 3-36 所示。

星期\节次		星期一	星期二	星期三	星期四	星期五	星期六	星期日
上午	1-2							
	3-4							
下午	5-6							
	7-8							
晚上	9-10							

图 3-36　班级课表最终效果

任务实施

1. 创建与打开 Word 文档

创建并打开 Word 文档"班级课表.docx"。

2. 在 Word 文档中插入表格

① 将插入点定位到需要插入表格的位置。

② 单击"插入"选项卡"表格"组中的"表格"按钮，在弹出的下拉选项中选择"插入表格"命令，打开"插入表格"对话框。

③ 在"插入表格"对话框"表格尺寸"区域的"列数"数值微调框中输入"9"，在"行数"数值微调框中输入"6"，对话框中的其他设置保持不变，如图 3-37 所示。然后单击"确定"按钮，在文档中插入点位置将会插入一个 9 列 6 行的表格。

图 3-37　"插入表格"对话框

3. 调整表格的行高和列宽

将插入点定位到表格的第 1 行第 1 列的单元格中，在"表格工具-布局"选项卡"单元格大小"组"高度"数值微调框中输入"1.61 厘米"，在"宽度"数值微调框中输入"1.26 厘米"，如图 3-38 所示。

将插入点定位到表格第 1 行的单元格中，在"表格工具-布局"选项卡"表"组中单击"属性"按钮，如图 3-39 所示；或者单击鼠标右键，在弹出的快捷菜单中选择"表格属性"命令，打开"表格属性"对话框，切换到"行"选项卡。"行"选项卡"尺寸"区域内显示当前行（这里为第 1 行）的行高，先选中"指定高度"复选框，然后输入或调整高度数字为"1.61 厘米"，行高值类型选择"最小值"。也可以采用此方法精确设置第 1 行的行高。

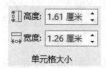

图 3-38　利用"高度"数值微调框和"宽度"
数值微调框设置行高和列宽

图 3-39　在"表格工具-布局"选项卡
"表"组中单击"属性"按钮

在"行"选项卡中单击"下一行"按钮，设置第 2 行的行高。先选中"指定高度"复选框，然后在其数值微调框中输入"1.5 厘米"，在"行高值是"下拉列表框中选择"固定值"，如图 3-40 所示。

以类似方法设置第 3 行至第 4 行高度为固定值 1.5 厘米，第 5 行高度为固定值 1 厘米，第 6 行高度为固定值 1.2 厘米。

接下来设置第 1 列和第 2 列的列宽，首先选择表格的第 1、2 两列，然后打开"表格属性"对话框。切换到"表格属性"对话框"列"选项卡，先选中"指定宽度"复选框，然后在其数值微调框中输入数字"1.26"（第 1、2 列的总宽度即 2.52），在"度量单位"下拉列表框中选择"厘米"，精确设置列宽，如图 3-41 所示。

图 3-40　设置第 2 行的行高

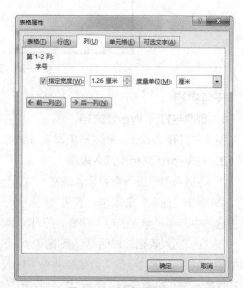

图 3-41　精确设置列宽

单击"后一列"按钮，设置第 3 列的列宽。先选中"指定宽度"复选框，然后输入宽度为"1.78 厘米"，度量单位选择"厘米"。

以类似方法分别将第 4 列至第 8 列的宽度设置为 1.78 厘米，将第 9 列的宽度设置为 1.65 厘米。表格设置完成后，单击"确定"按钮，使设置生效并关闭"表格属性"对话框。

4. 合并与拆分单元格

【方法 1】选定第 1 行的第 1、2 列的两个单元格，然后单击鼠标右键，在弹出的快捷菜单中选择"合并单元格"命令，即可将两个单元格合并为一个单元格。

【方法 2】选定第 1 列的第 2、3 行的两个单元格，然后单击"表格工具-布局"选项卡"合并"组的"合并单元格"按钮，即可将两个单元格合并为一个单元格。

【方法 3】单击"表格工具-布局"选项卡"绘图"组中的"橡皮擦"按钮，鼠标指针变为橡皮擦的形状，按住鼠标左键并拖曳鼠标，将第 1 列的第 4 行与第 5 行之间的横线擦除，即将两个单元格予以合并。然后再次单击"橡皮擦"按钮，取消擦除状态。

5. 绘制斜线表头

单击"表格工具-布局"选项卡"绘图"组的"绘制表格"按钮，在表格左上角的单元格中自左上角向右下角拖曳鼠标绘制斜线表头，如图 3-42 所示。然后再次单击"绘制表格"按钮，返回文档编辑状态。

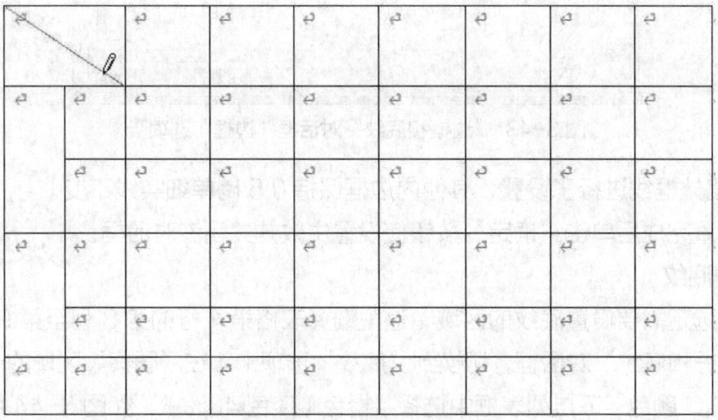

图 3-42　绘制斜线表头

6. 设置表格的对齐方式和文字环绕方式

打开"表格属性"对话框，在"表格"选项卡中"对齐方式"区域选择"居中"，"文字环绕"区域选择"无"，然后单击"确定"按钮。

7. 设置表格外框线

① 将光标置于表格中，单击"表格工具-设计"选项卡"边框"组中的"边框"按钮，在弹出的下拉选项中选择"边框与底纹"命令，打开"边框和底纹"对话框，切换到"边框"选项卡。

② 在"边框和底纹"对话框"边框"选项卡的"设置"区域选择"自定义"，在"样式"列表框中选择适用于上边框和左边框的"外粗内细"边框类型 ▄▄▄▄▄▄▄ ，在"宽度"下列拉表框中选择"3.0 磅"。

③ 在"预览"区域单击两次"上框线"按钮，第 1 次单击取消上框线，第 2 次单击按自定义样式重新设置上框线。单击两次"左框线"按钮设置左框线。

④ 在"边框和底纹"对话框"边框"选项卡的"设置"区域选择"自定义"，在"样式"列表框中选择适用于下边框和右边框的"外粗内细"边框类型 ▄▄▄▄▄▄▄ ，在"宽度"下列拉表框中选择"3.0 磅"。

⑤ 在"预览"区域单击两次"下框线"按钮、"右框线"按钮分别设置对应的框线。

⑥ 设置的边框可以应用于表格、单元格以及文字和段落。在"应用于"下拉列表框中选择"表格"。

对表格外框线进行设置后，"边框和底纹"对话框"边框"选项卡如图 3-43 所示。

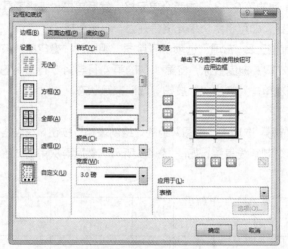

图 3-43 "边框和底纹"对话框"边框"选项卡

这里仅对表格外框线进行了设置，其他内边框保持 0.5 磅单细实线不变。

⑦ 边框线设置完成后单击"确定"按钮使设置生效并关闭该对话框。

8. 设置表格底纹

① 在表格中选定需要设置底纹的区域，这里选择表格第 1 行的第 3 列至第 9 列的单元格。

② 打开"边框和底纹"对话框，切换到"底纹"选项卡，在"图案"区域的"样式"下拉列表框中选择"15%"，"颜色"下拉列表框中选择"橙色（淡色 40%）"，如图 3-44 所示，其效果可以在预览区域进行预览。

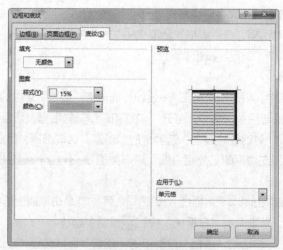

图 3-44 "边框和底纹"对话框"底纹"选项卡

③ 底纹设置完成后，单击"确定"按钮使设置生效并关闭该对话框。

以类似方法为表格的第 1 列和第 2 列（不包括绘制斜线表头的单元格）添加底纹。

9. 在表格内输入与编辑文本内容

① 在绘制了斜线表头单元格的右上角双击，当出现光标后输入文字"星期"，然后在该单元格的左下角双击，在光标处输入文字"节次"。

② 在其他单元格中输入图 3-36 所示的文本内容。

10. 表格内容的格式设置

（1）设置表格内容的字体、字形和字号

选中表格内容，在"开始"选项卡"字体"组的"字体"下拉列表框中选择"宋体"，在"字号"下拉列表框中选择"小五"，单击"加粗"按钮。

（2）设置单元格对齐方式

选中表格中所有的单元格，在"表格工具-布局"选项卡"对齐方式"组单击"水平居中"按钮，即可将单元格的水平和垂直对齐方式都设置为居中。

11. 保存文档

单击快速访问工具栏中的"保存"按钮 🖫 ，对 Word 文档"班级课表.docx"进行保存操作。

【任务 3-7】计算商品销售表中的金额和总计

任务描述

打开 Word 文档"商品销售表.docx"，商品销售表如表 3-4 所示，对该表格中的数据进行如下计算。

① 计算各类商品的金额，且将计算结果填入对应的单元格中。

② 计算所有商品的数量总计和金额总计，且将计算结果填入对应的单元格中。

表 3-4 商品销售表

	A	B	C	D
1	商品名称	价格	数量	金额
2	台式计算机	4860	2	
3	笔记本电脑	8620	5	
4	移动硬盘	780	8	
5	总计	—		

任务实施

1. 打开文档

打开 Word 文档"商品销售表.docx"。

2. 应用算术公式计算各类商品的金额

将光标定位到"商品销售表"的 D2 单元格，在"表格工具-布局"选项卡"数据"组单击"公式"按钮，打开"公式"对话框，清除"公式"文本框中原有公式，然后输入新的计算公式，即"=B2*C2"，并在"编号格式"下拉列表框中选择数字格式，这里选择"0"，即取整数，如图 3-45 所示。单击"确定"按钮，计算结果显示在 D2 中，为 9720。

图 3-45 "公式"对话框

使用类似方法计算"笔记本电脑"的金额和"移动硬盘"的金额。

3. 应用算术公式计算所有商品的数量总计

将光标定位到"商品销售表"C5 中，打开"公式"对话框，在"公式"文本框中输入计算公式"=C2+C3+C4"，单击"确定"按钮，计算结果显示在 C5 中，为 15。

4. 应用函数公式计算所有商品的金额总计

将光标定位到"商品销售表"D5 中，打开"公式"对话框，保留"公式"文本框中默认的函数公式"= SUM(ABOVE)"，单击"确定"按钮，计算结果显示在 D5 中，为 59060。

商品销售表的计算结果如表 3-5 所示。

表 3-5　商品销售表的计算结果

商品名称	价格	数量	金额
台式计算机	4860	2	9720
笔记本电脑	8620	5	43100
移动硬盘	780	8	6240
总计	—	15	59060

5. 保存文档

单击快速访问工具栏中的"保存"按钮🖫，对 Word 文档"商品销售表.docx"进行保存操作。

3.8　Word 2016 图文混排

在 Word 文档中插入必要的图片、艺术字、自制图形和文本框，实现图文混排，从而产生图文并茂的效果。

3.8.1　插入与编辑图片

【操作 3-17】在 Word 文档中插入与编辑图片

扫描二维码，熟悉电子活页中的内容。创建并打开 Word 文档"插入与编辑图片.docx"，试用与掌握电子活页中介绍的在 Word 文档中插入与编辑图片操作方法，完成以下操作。

电子活页 3-24

在 Word 文档中插入与编辑图片

1. 插入图片

在 Word 文档"插入与编辑图片.docx"中插入 4 张图片：t01.jpg、t02.jpg、t03.jpg、t04.jpg。

2. 编辑图片

完成移动、复制图片，改变图片大小，删除图片等操作。

3. 设置图片格式

在"设置图片格式"窗格中设置图片格式。

4. 设置图片的版式

采用不同的方法设置图片的版式。

3.8.2　插入与编辑艺术字

【操作 3-18】在 Word 文档中插入与编辑艺术字

扫描二维码，熟悉电子活页中的内容。创建并打开 Word 文档"插入与编辑艺术字.docx"，试用与掌握电子活页中介绍的在 Word 文档中插入与编辑艺术字的方法，完成以下操作。

电子活页 3-25

在 Word 文档中
插入与编辑艺术字

1．插入艺术字

在 Word 文档"插入与编辑艺术字.docx"中插入艺术字"循序而渐进，熟读而精思"。

2．设置艺术字的样式与文字效果

使用"绘图工具 – 格式"选项卡"艺术字样式"组设置艺术字的样式与文字效果。

3．设置艺术字的外框

使用"绘图工具 – 格式"选项卡"形状样式"组设置艺术字的外框。

3.8.3　插入与编辑文本框

【操作 3-19】在 Word 文档中插入与编辑文本框

扫描二维码，熟悉电子活页中的内容。创建并打开 Word 文档"插入与编辑文本框.docx"，使用与掌握电子活页中介绍的在 Word 文档中插入与编辑文本框操作方法，完成以下操作。

电子活页 3-26

在 Word 文档中插入
与编辑文本框

1．插入文本框

在 Word 文档"插入与编辑文本框.docx"中分别插入 2 个文本框，在第 1 个文本框中输入文字"赏析自然之美"，在第 2 个文本框中插入 1 张图片 t01.jpg。

2．调整文本框大小、位置和环绕方式

使用"布局"对话框调整文本框大小、位置和环绕方式。

3.8.4　插入公式

利用 Word 提供的公式编辑器可以在文档中插入数学公式，插入数学公式的操作方法如下。

① 将光标移至需要插入数学公式的位置。

② 单击"插入"选项卡"符号"组的"公式"按钮，在弹出的下拉选项中选择"插入新公式"命令，打开公式编辑框，如图 3-46 所示。同时激活"公式工具-设计"选项卡，如图 3-47 所示。

图 3-46　公式编辑框　　　　　　　　　　图 3-47　"公式工具-设计"选项卡

③ 在公式编辑框中输入公式。

3.8.5　绘制与编辑图形

Word 2016 文档中除了可以插入图片外，还可以使用系统提供的绘图工具绘制所需的各种图形。单击"插入"选项卡"插图"组的"形状"按钮，在弹出的图 3-48 所示的"形状"下拉选项中选择一种形状，将鼠标指针移到文档中图形绘制的起始位置，当鼠标指针变成十字形状十时，按住鼠标左键并拖曳鼠标，图形大小合适后松开鼠标左键，即可绘制相应的图形。

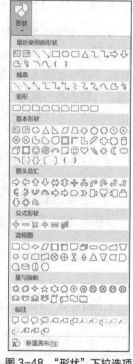

图 3-48　"形状"下拉选项

> **提示**　在"形状"下拉选项中选择"矩形"命令，按住"Shift"键，再按住鼠标左键拖曳可绘制正方形；选择"椭圆"命令，按住"Shift"键，再按住鼠标左键拖曳可绘制圆形；选择"椭圆"命令，按住"Ctrl"键，再按住鼠标左键拖曳可绘制以插入点为中心的椭圆。

3.8.6　制作水印效果

水印是文档的背景中隐约出现的文字或图案，当文档的每一页都需要水印时，可通过"页眉和页脚"与"文本框"组合制作。

① 单击"插入"选项卡"页眉和页脚"组中的"页眉"按钮，在弹出的下拉选项中选择"编辑页眉"命令，进入页眉的编辑状态。

② 在"页眉和页脚工具-设计"选项卡"选项"组中取消选中"显示文档文字"复选框，隐藏文档中的文字和图形。

③ 在文档中合适位置（不一定是页眉或页脚区域）插入一个文本框，并且设置文本框的边框为"无线条"。

④ 在文本框中输入作为水印的文字或插入图片，并设置文字或图片的格式，将该文本框的环绕方式设置为"衬于文字下方"。

⑤ 单击"页眉和页脚工具-设计"选项卡"关闭"组中的"关闭页眉和页脚"按钮，完成水印制作，在文档的每一页将会看到水印效果。

【任务 3-8】编辑"九寨沟风景区景点介绍"实现图文混排效果

任务描述

打开 Word 文档"九寨沟风景区景点介绍.docx"，在该文档中完成以下操作。

① 将标题"九寨沟风景区景点介绍"设置为艺术字效果。

② 将正文中小标题文字"树正群海""芦苇海""五花海设置"设置为项目列表，并将项目符号设置为符号☑。

③ 在正文小标题文字"树正群海"下面的左侧位置插入图片"01.jpg",将该图片的高度设置为"4 厘米",宽度设置为"6.01 厘米",环绕方式设置为"四周型"。

④ 在正文小标题文字"芦苇海"的右侧位置插入图片"02.jpg",将该图片的高度设置为"3.5 厘米",宽度设置为"5.26 厘米",环绕方式设置为"紧密环绕型",将该图片放置在靠右侧位置。

⑤ 在正文小标题文字"五花海"下面的左侧位置插入图片"03.jpg",将该图片的高度设置为"4 厘米",宽度设置为"6.01 厘米",环绕方式设置为"紧密环绕型"。

"九寨沟风景区景点介绍"的图文混排效果如图 3-49 所示。

图 3-49 "九寨沟风景区景点介绍"的图文混排效果

任务实施

1. 打开文档

打开 Word 文档"九寨沟风景区景点介绍.docx"。

2. 插入艺术字

① 选择 Word 文档中的标题"九寨沟风景区景点介绍"。

② 单击"插入"选项卡"文本"组"艺术字"按钮,打开"艺术字"样式列表。

③ 在样式列表中选择样式"填充-蓝色,着色 1,阴影",在文档中插入一个"艺术字"框,将所选文字设置为艺术字效果。

3. 插入图片

① 插入图片"01.jpg"。将插入点置于正文小标题文字"树正群海"右侧位置,然后插入图片"01.jpg"。

② 插入图片"02.jpg"。将插入点置于正文小标题文字"芦苇海"上一段落的尾部位置,然后插入图片"02.jpg"。

③ 插入图片"03.jpg"。将插入点置于正文小标题文字"五花海"右侧位置,然后插入图片"03.jpg"。

4. 设置图片格式

① 在文档中选择图片"01.jpg",然后在"绘图工具－格式"选项卡"大小"组的"高度"数值微调框中输入"4厘米",在"宽度"数值微调框中输入"6.01厘米",即设置图片高度为4厘米,宽度为6.01厘米。

② 在文档中选择图片"01.jpg",然后单击"绘图工具－格式"选项卡"排列"组的"环绕文字"按钮,在其下拉选项中选择"四周型"。

③ 在文档中选择图片"02.jpg",然后在"绘图工具－格式"选项卡"大小"组的"高度"数值微调框中输入"3.5厘米",在"宽度"数值微调框中输入"5.26厘米",即设置图片高度为3.5厘米,宽度为5.26厘米。

④ 在文档中选择图片"02.jpg",然后单击"绘图工具－格式"选项卡"排列"组的"环绕文字"按钮,在其下拉选项中选择"紧密环绕型"。

⑤ 以类似方法设置图片"03.jpg"的高度为4厘米,宽度为6.01厘米,环绕方式为"紧密环绕型"。

5. 设置项目列表和项目符号

（1）定义新项目符号

单击"开始"选项卡"段落"组"项目符号"下拉按钮 ▾,打开其下拉选项。在"项目符号"下拉选项中选择"定义新项目符号"命令,打开"定义新项目符号"对话框,单击"符号"按钮,如图3-50所示,在弹出的"符号"对话框中选择所需的符号☑作为项目符号,如图3-51所示。

图3-50 "定义新项目符号"对话框

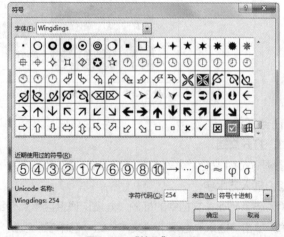

图3-51 "符号"对话框

单击"确定"按钮关闭该对话框并返回"定义新项目符号"对话框。在"定义新项目符号"对话框中单击"确定"按钮关闭该对话框并将新的项目符号☑添加到"项目符号库"中。

（2）设置项目列表

选中正文中的小标题文字"树正群海",单击"开始"选项卡"段落"组"项目符号"下拉按钮 ▾,打开"项目符号"下拉选项,在"项目符号库"中选择项目符号☑,如图3-52所示。

将正文中小标题文字"芦苇海""五花海"也设置为项目列表形式,项目符号均选择☑。

适度调整文档中图片的位置,"九寨沟风景区景点介绍"的图文混排效果如图3-49所示。

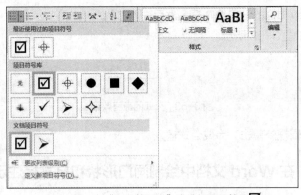

图 3-52 在"项目符号库"中选择项目符号☑

6. 保存文档

单击快速访问工具栏中的"保存"按钮🖫，对 Word 文档"九寨沟风景区景点介绍.docx"进行保存操作。

【任务 3-9】在 Word 文档中插入一元二次方程的求根公式

任务描述

利用 Word 提供的公式编辑器在文档中插入一元二次方程的求根公式

$$x_{1,2} = \frac{-b \pm \sqrt{b^2 - 4ac}}{2a}$$

任务实施

（1）插入公式编辑框

① 将光标移至需要插入数学公式的位置。

② 在"插入"选项卡"符号"组单击"公式"按钮，在弹出的下拉选项中选择"插入新公式"命令，插入公式编辑框，同时激活"公式工具-设计"选项卡。

（2）在公式编辑框中输入一元二次方程的求根公式

① 单击"公式工具-设计"选项卡"结构"组中的"上下标"按钮，在弹出的下拉选项中选择"下标"按钮☐，在公式编辑框中插入下标编辑框，在两个编辑框中分别输入"x"和下标"1,2"。

② 按键盘上的"→"键，使光标由下标恢复为正常光标，再输入"="。

③ 单击"公式工具-设计"选项卡"结构"组中的"分数"按钮，在弹出的下拉选项中选择"竖式分数"按钮☐，在公式编辑框插入竖式分数编辑框。

④ 在竖式分数编辑框的分子编辑框中输入"$-b$"。

⑤ 单击"公式工具-设计"选项卡"符号"组中的符号按钮☐，在公式编辑框中输入"$\pm$"运算符。

⑥ 单击"公式工具-设计"选项卡"结构"组中的"根式"按钮，在弹出的下拉选项中单击"平方根"按钮$\sqrt{}$，插入平方根编辑框。

⑦ 单击"公式工具-设计"选项卡"结构"组中的"上下标"按钮，在弹出的下拉选项中选择"上标"按钮☐，在公式编辑框中插入上标编辑框，在两个编辑框中分别输入"b"和上标"2"。

⑧ 按键盘上的"→"键，使光标由上标恢复为正常光标，再输入"$-4ac$"。

⑨ 单击竖式分数编辑框的分母编辑框，然后输入"2*a*"。

公式的最终效果如图 3-53 所示。

$$x_{1,2} = \frac{-b \pm \sqrt{b^2 - 4ac}}{2a}$$

图 3-53　公式的最终效果

⑩ 在"公式"编辑框外单击，完成公式输入。

【任务 3-10】在 Word 文档中绘制闸门形状和尺寸标注示意图

任务描述

利用 Word 提供的各种形状绘制工具，绘制图 3-54 所示的闸门形状和尺寸标注示意图，该示意图包括多种图形，例如直线、箭头、矩形、三角形等。

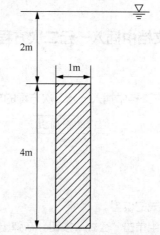

图 3-54　闸门形状和尺寸标注示意图

任务实施

1. 绘制图形

单击"插入"选项卡"插图"组的"形状"按钮，在弹出的下拉选项中选择所需的形状，将鼠标指针移动到文档中图形绘制的起始位置，鼠标指针变为十字形状十时，按住鼠标左键拖曳鼠标，即可绘制相应的图形。按此方法依次绘制直线、矩形、尺寸标注线、箭头、等腰三角形，绘制的图形之一如图 3-55 所示。

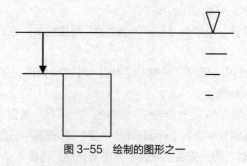

图 3-55　绘制的图形之一

2. 编辑图形

（1）拖曳图形控制点调整图形的大小

单击选择绘制的图形会出现控制点，矩形的控制点如图 3-56 所示。图形周围的空心小圆控制点用于调整图形大小，上部的箭头控制点用于旋转图形。有些自选图形被选中时会出现黄色的圆形控制点，拖动该控制点可以改变图形的形状。

图 3-56　矩形的控制点

拖曳矩形上下或左右的控制点调整其高度和宽度，拖曳直线两端的控制点调整其长度。

（2）使用"绘图工具-格式"选项卡精确设置图形的大小

单击选择图 3-55 中的矩形，在"绘图工具-格式"选项卡"大小"组的"高度"数值微调框中输入"1.44 厘米"，在"宽度"数值微调框中输入"0.9 厘米"。

在矩形图形上单击鼠标右键，在弹出的快捷菜单中选择"设置形状格式"命令，在弹出的"设置形状格式"窗格中展开"填充"组，选中"图案填充"单选按钮，然后在"图案"区域选择"对角线：浅色上对角"图案，如图 3-57 所示。

在"线条"组选中"实线"单选按钮，在"宽度"数值微调框中输入"1.5 磅"，在"复合类型"下拉列表框中选择"单线"，在"短画线类型"下拉列表框中选择"实线"，设置矩形的边框线条，如图 3-58 所示。

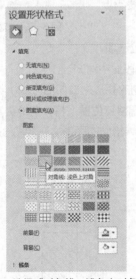

图 3-57　选择"对角线：浅色上对角"图案

图 3-58　设置矩形的边框线条

在"绘图工具-格式"选项卡"大小"组中将图 3-55 中的小三角形的高度设置为 0.28 厘米，宽度设置为 0.32 厘米，将该三角形下方的 4 条线段的长度分别设置为 3.2 厘米、0.5 厘米、0.3 厘米和 0.15 厘米，将矩形的尺寸标注线段长度设置为 0.7 厘米，将矩形与长线段之间的距离标注线段长度设置为 1 厘米。

3. 调整图形位置

（1）利用键盘方向键调整图形位置

选择图形，按"←"键或"→"键调整图形的左右位置，按"↑"键或"↓"键调整图形的上下位置。如果按住"Ctrl"键的同时按方向键，可以实现微调。

（2）拖曳鼠标移动图形

先选择图形，然后按住鼠标左键拖曳，改变图形的位置。

4．对齐图形

利用图 3-59 所示的"绘图工具-格式"选项卡"排列"组
的"对齐"下拉选项可以精确对齐图形。

（1）选中多个图形

【方法 1】单击"开始"选项卡"编辑"组的"编辑"按钮，
在其下拉选项中单击"选择"按钮，在弹出的下拉选项中选择"选
择对象"命令，移动鼠标指针到待选择的图形区域，鼠标指针变
为形状，按住鼠标左键由左上至右下或者由右上至左下拖曳鼠
标，此时会出现一个线框，当所选图形全部位于线框内，则松开
鼠标左键，选中多个图形。

【方法 2】按住"Shift"或者"Ctrl"键，依次单击需要选
中的每一个图形。

（2）多个图形等距分布

选择小三角形下方的 4 条线段，单击"绘图工具-格式"选
项卡"排列"组的"对齐"按钮，在弹出的下拉选项中的选择"纵
向分布"命令，使四条线段等距分布。

图 3-59　"对齐"下拉选项

选择小三角形以及下方 3 条短线段，在"对齐"下拉选项
中选择"水平居中"命令，使小三角形和下方的 3 条短线段居中对齐。

选择矩形及尺寸标注线，然后设置"顶端对齐"，绘制的图形之二如图 3-60 所示。

参考图 3-54，补齐其他的尺寸线和尺寸标注线，并调整其位置。将单向箭头修改为双向箭头，
并设置箭头的始端样式和末端样式、始端大小和末端大小，绘制的图形之三如图 3-61 所示。

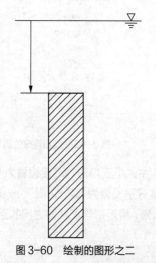

图 3-60　绘制的图形之二

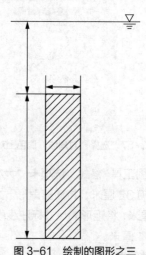

图 3-61　绘制的图形之三

5．在图形中添加文字与设置文字格式

在图 3-61 中尺寸标注线的旁边先插入一个文本框，然后在该文本框输入文字"4m"，设置文

本框内文字的字号为"小五",水平居中对齐。设置该文本框的高度和宽度为 0.5 厘米,设置文本框边框为"无线条"。设置文本框的内部边距为 0 厘米。

6. 叠放图形

为了避免尺寸文本框遮住尺寸线,可以将尺寸文本框置于底层,即位于尺寸线之下。选择尺寸文本框,单击"绘图工具-格式"选项卡"排列"组中的"下移一层"按钮,在弹出的下拉选项中选择"置于底层"命令,如图 3-62 所示,将尺寸文本框置于底层。绘制的图形之四如图 3-63 所示。

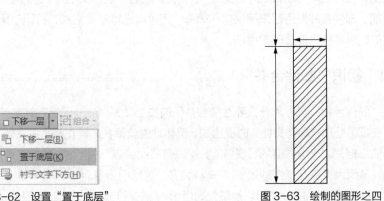

图 3-62 设置"置于底层"　　　　　　　　图 3-63 绘制的图形之四

复制已设置好的尺寸文本框,在其他两个尺寸标识线位置粘贴,并将文本框内的数字修改为 2m 和 1m,最终效果如图 3-54 所示。

7. 组合图形

选择需要组合的多个图形,单击"绘图工具-格式"选项卡"排列"组的"组合"按钮,在弹出的下拉选项中选择"组合"命令。

不能对组合后的对象中的单个图形进行操作,但是可以编辑和设置各个图形的文字。如果要对组合对象中的单个图形进行操作,必须先执行"取消组合"操作,即先选择组合对象,然后在"组合"下拉选项中选择"取消组合"命令,或者在组合对象上单击鼠标右键,在弹出的快捷菜单中选择"组合"→"取消组合"命令。

8. 修饰图形

(1)设置图形"填充颜色"

先选定图形,单击"绘图工具-格式"选项卡"形状样式"组的"形状填充"按钮,在弹出的下拉选项中选择需要的填充颜色。

(2)设置图形"线条颜色"

先选定图形,单击"绘图工具-格式"选项卡"形状样式"组的"形状轮廓"按钮,在弹出的下拉选项中选择需要的线条颜色。

(3)设置"阴影样式"

先选定图形,单击"绘图工具-格式"选项卡"形状样式"组的"形状效果"按钮,弹出其下拉选项,在"阴影"级联选项中选择需要的阴影样式。

(4)设置"三维旋转样式"

先选定图形,单击"绘图工具-格式"选项卡"形状样式"组的"形状效果"按钮,弹出其下拉选项，在"三维旋转"级联选项中选择需要的三维旋转样式。

3.9　用 Word 2016 批量制作文档

实际工作中经常需要批量制作文档，如制作邀请函、名片卡、通知、请柬、信件封面、函件、准考证、成绩单等文档，这些文档中主要文本内容和格式基本相同，只是部分数据有变化。利用 Word 提供的邮件合并功能，可有效地减少重复劳动。

在批量制作格式相同、只修改少数相关内容而其他内容不变的文档时，我们可以灵活运用 Word 邮件合并功能。邮件合并使用起来不仅操作简单，还可以设置各种格式，打印效果好，可以满足不同客户不同的需求，具有很强的实用性。

3.9.1　初识"邮件合并"

什么是"邮件合并"呢？为什么要在"合并"前加上"邮件"一词呢？其实"邮件合并"这个名称最初是在批量处理"邮件文档"时提出的。具体地说就是在邮件文档（主文档）的固定内容中，合并与发送信息相关的一组通信地址资料（数据源有 Excel 表、Access 数据表等），批量生成需要的邮件文档，从而大大提高工作的效率，"邮件合并"因此而得名。

显然，"邮件合并"功能除了可以批量处理信函、信封等与邮件相关的文档外，还可以轻松地批量制作标签、工资条、成绩单等。

我们通过分析一些用"邮件合并"完成的任务可知，邮件合并功能一般在以下情况下使用：一是需要制作的数量比较大；二是这些文档内容分为固定不变的内容和变化的内容，例如信封上的寄信人地址和邮政编码、信函中的落款等，这些都是固定不变的内容，而收信人的姓名、称谓、地址、邮政编码等就属于变化的内容。其中变化的部分由数据表中含有标题行的数据记录表示，通常存储在 Excel 工作表中或数据库的数据表中。

什么是含有标题行的数据记录表呢？通常这样的数据表由字段列和记录行构成，字段列规定该列存储的信息，每条记录行存储着一个对象的相应信息。例如"客户信息"表中包含"客户姓名"字段，每条记录则存储着每个客户的相应信息。

3.9.2　邮件合并主要过程

借助 Word 提供的"邮件合并"功能，可以轻松、准确、快速地完成制作大量信函、信封或者工资条的任务，其主要过程如下。

1. 建立主文档

"主文档"就是固定不变的主体内容，例如给不同收信人的信函中的落款都是不变的内容。使用邮件合并之前先建立主文档，是一个很好的习惯。一方面可以考查预计的工作是否适合使用邮件合并，另一方面主文档的建立，为数据源的建立或选择提供了标准和思路。

2. 准备数据源

数据源就是含有标题行的数据记录表，其中包含着相关的字段和记录内容。数据源表格可以是 Word、Excel、Access 或 Outlook 等中的联系人记录表。

在实际工作中，数据源通常是现成的，例如制作大量客户信封时，多数情况下，客户信息可能早已做成了 Excel 表格，其中含有制作信封需要的"姓名""地址""邮政编码"等字段。在这种情况下，直接拿过来使用就可以了，而不必重新制作。也就是说，在准备自己建立数据源之前要先考查一下，是否有现成的可用，如果没有现成的则要根据主文档对数据源的需求，使用 Word、Excel、Access 等建立。实际工作时，常常使用 Excel 制作数据源。

3. 把数据源合并到主文档中

前面两个步骤都完成之后，就可以将数据源中的相应字段合并到主文档的固定内容之中了，表格中的记录行数，决定着主文件生成的份数。

利用图 3-64 所示的"邮件"选项卡中各项命令完成邮件合并的相关操作。

图 3-64 "邮件"选项卡

理解了邮件合并的基本过程，就抓住了邮件合并的"纲"，以后就可以有条不紊地运用邮件合并功能完成实际任务了。

【任务 3-11】利用邮件合并功能制作并打印研讨会请柬

任务描述

以 Word 文档"请柬.docx"作为主文档，以同一文件夹中的 Excel 文档"邀请单位名单.xlsx"作为数据源，使用 Word 的邮件合并功能制作研讨会请柬，其中"联系人姓名"和"称呼"利用邮件合并功能动态获取。插入 2 个域的主文档外观如图 3-65 所示，然后打印请柬。

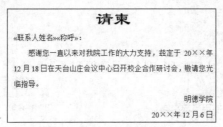

图 3-65 插入 2 个域的主文档外观

任务实施

1. 创建主文档

创建并保存"请柬.docx"作为邮件合并的主文档。

2. 建立数据源

在 Excel 中建立作为数据源的 Excel 文档"邀请单位名单.xlsx"，输入序号、单位名称、联系人姓名、称呼等数据，保存备用。

3. 实现邮件合并

① 打开 Word 文档"请柬.docx"。

② 单击"邮件"选项卡"开始邮件合并"组"开始邮件合并"按钮，在弹出的下拉选项中选择"邮件合并分步向导"命令，如图 3-66 所示。弹出"邮件合并"窗格，如图 3-67 所示。

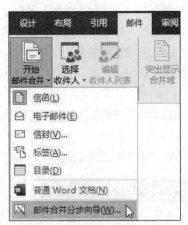

图 3-66 选择"邮件合并分步向导"命令

图 3-67 "邮件合并"窗格

③ 在"邮件合并"窗格"选择文档类型"区域中，选中"信函"单选按钮，然后单击"下一步：开始文档"超链接，进入"选择开始文档"步骤。由于已准备了所需的 Word 文档，这里直接选择默认项"使用当前文档"，如图 3-68 所示。单击"下一步：选择收件人"超链接，进入"选择收件人"步骤，如图 3-69 所示。

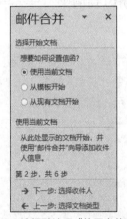

图 3-68 选择默认项"使用当前文档"

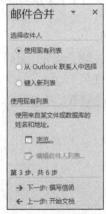

图 3-69 进入"选择收件人"步骤

④ 由于已准备了所需的 Excel 文档即数据源电子表格，所以在"选择收件人"区域选中"使用现有列表"单选按钮即可。如果没有数据源，可以在此新建列表。单击"使用现有列表"区域中的"浏览"超链接，打开"选择数据源"对话框，如图 3-70 所示，在该对话框中选择现有的 Excel 文档"邀请单位名单.xlsx"。

单击"打开"按钮，打开"选择表格"对话框，如图 3-71 所示，选择"Sheet1$"表格。

单击"确定"按钮，打开"邮件合并收件人"对话框，如图 3-72 所示，在该对话框中选择所需的"收件人"，对不需要的数据取消选中即可。

单击"确定"按钮返回"邮件合并"窗格，在该窗格"使用现有列表"区域显示当前的收件人选自的列表，如图 3-73 所示。

⑤ 在"邮件合并"窗格中单击"下一步：撰写信函"超链接，进入"撰写信函"步骤，如图 3-74 所示。

图 3-70 "选择数据源"对话框

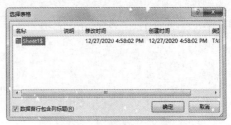

图 3-71 "选择表格"对话框

图 3-72 "邮件合并收件人"对话框

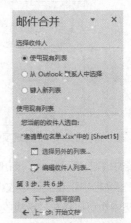

图 3-73 在"邮件合并"窗格中显示当前的收件人
选自的列表

⑥ 将光标定位到主文档中插入域的位置，在"撰写信函"区域单击"其他项目"超链接，弹出"插入合并域"对话框。在"域"列表框中选择"联系人姓名"，如图 3-75 所示，然后单击"插入"按钮，在主文档光标位置插入域"联系人姓名"。接着关闭"插入合并域"对话框。

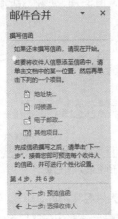

图 3-74 进入"撰写信函"步骤

图 3-75 在"域"列表框中选择"联系人姓名"

将光标定位到主文档中域"联系人姓名"之后，单击"邮件"选项卡"编写与插入域"组的"插入合并域"按钮，在弹出的下拉选项中选择"称呼"命令，如图 3-76 所示，在主文档光标位置插入域"称呼"。

⑦ 在"邮件合并"窗格中单击"下一步：预览信函"超链接，进入"预览信函"步骤，如图 3-77 所示。

图 3-76　在"插入合并域"下拉选项中选择"称呼"命令　　　　图 3-77　进入"预览信函"步骤

在该窗格中单击"下一个"按钮 >> 可以在主文档中查看下一个收件人信息，单击"上一个"按钮 << 可以在主文档中查看上一个收件人信息。

在该窗格中也可以单击"查找收件人"超链接，打开"查找条目"对话框，并在该对话框中选择域预览信函，还可以编辑收件人列表等。

⑧ 单击"下一步：完成合并"超链接，进入"完成合并"步骤，如图 3-78 所示，至此完成了邮件合并操作，关闭"邮件合并"窗格即可。

4. 预览文档

邮件合并操作完成后，在"邮件"选项卡"预览结果"组单击"预览结果"按钮，如图 3-79 所示，进入预览状态。

图 3-78　进入"完成合并"步骤

然后单击"下一记录"按钮，预览第 2 条记录，如图 3-80 所示。

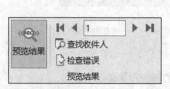

图 3-79　单击"预览结果"按钮

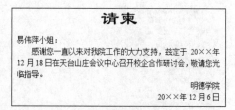

图 3-80　预览第 2 条记录

还可以单击"上一记录"按钮查看当前记录的前一条记录的联系人姓名和称呼，单击"首记录"按钮查看第 1 条记录的联系人姓名和称呼，单击"尾记录"按钮查看最后一条记录的联系人姓名和称呼。

5. 合并到新文档

单击"邮件"选项卡"完成"组的"完成并合并"按钮，在弹出的下拉选项中选择"编辑单个文档"命令，如图 3-81 所示。在打开的"合并到新文档"对话框中选中"全部"单选按钮，如图 3-82 所示，然后单击"确定"按钮。

图 3-81　在"完成并合并"下拉选项中选择
"编辑单个文档"命令

图 3-82　在"合并到新文档"对话框中选中
"全部"单选按钮

此时会自动生成一个新文档，该文档包括数据源"邀请单位名单.xlsx"中所有被邀请对象的请柬信息。单击"保存"按钮，以名称"所有请柬"保存新文档，文档效果如图 3-83 所示。

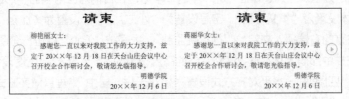

图 3-83　"所有请柬.docx"文档效果

6. 打印文档

单击"邮件"选项卡"完成"组的"完成并合并"按钮，在弹出的下拉选项中选择"打印文档"命令，打开"合并到打印机"对话框。

> **注意**　在图 3-78 所示的"邮件合并"窗格"完成合并"步骤中，单击"打印"超链接，也可以打开"合并到打印机"对话框。

在"合并到打印机"对话框中选择需要打印的记录，这里选中"全部"单选按钮，如图 3-84 所示。然后单击"确定"按钮，打开"打印"对话框，如图 3-85 所示。在该对话框进行必要的设置后，单击"确定"按钮开始打印请柬。

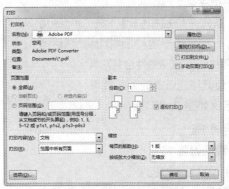

图 3-84　"合并到打印机"对话框

图 3-85　"打印"对话框

【训练 3-1】利用邮件合并功能制作毕业证书

任务描述

打开 Word 文档"毕业证书.docx",按照以下要求完成相应的操作。

① 将纸张方向设置为"横向",纸张大小设置为"16 开",上、下、左、右边距都设置为 2 厘米。

② 将文档页面平分为 2 栏,宽度都为 28 字符,两栏之间的间距为 3.4 字符。

③ 输入所需的文本内容,并设置其格式。

④ 证书编号、姓名、性别、专业名称、学制、学习起止日期对应内容的字形都设置为"加粗",将学校名称的字体设置为"华文行楷",字号设置为"小二",字形设置为"加粗"。

⑤ 在页脚位置的右端插入文字"明德学院监制",中间按"Tab"键进行分隔。

⑥ 在页面左栏中部插入文本框,该文本框的高度设置为"5.5 厘米",宽度设置为"3.7 厘米";环绕方式设置为"四周型",水平对齐方式设置为相对于栏"居中",垂直对齐方式设置相对于"页面"的绝对位置为"7 厘米";"左、右、上、下"内部边距都设置为 0。在文本框内插入证件照片,证件照片的宽度设置为 3.5 厘米,高度设置为 5.3 厘米。

⑦ 在"校名"位置插入校名的艺术字"明德学院",设置艺术字的字体为"华文行楷",字号为"初号",字形为"加粗"。

⑧ 在校名"明德学院"位置插入印章图片,该印章的环绕方式设置为"浮于文字上方",大小缩放的高度和宽度都设置为"30%"。

⑨ 以本文档为主文档,以同一文件夹中的 Excel 文档"毕业生名单.xlsx"作为数据源,在本文档的证书编号、姓名、性别、出生年、出生月、出生日、学习开始年份、学习开始月份、学习结束年份、学习结束月份、专业名称、学制对应位置插入 12 个域,实现邮件合并功能。要求在毕业证书中显示的年、月、日、学制均为汉字数字。

⑩ 插入"链接和引用"域"Include Picture",该域用于插入证件照片。然后插入嵌套合并域,实现邮件合并功能。

⑪ 预览毕业证书的外观效果,最终外观效果示例如图 3-86 所示。

图 3-86 毕业证书的外观效果

任务实施

1. 页面设置

(1)设置纸张方向

在"布局"选项卡"页面设置"组单击"纸张方向",在弹出的下拉选项中选择"横向"命令,如图 3-87 所示。

（2）设置纸张大小

在"布局"选项卡"页面设置"组单击"纸张大小"，在弹出的下拉选项中选择"16 开"命令，如图 3-88 所示。

图 3-87　在"纸张方向"下拉选项中选择"横向"命令　　图 3-88　在"纸张大小"下拉选项中选择"16 开"命令

（3）设置页边距

在"布局"选项卡"页面设置"组单击"页边距"，在弹出的下拉选项中选择"自定义边距"命令，打开"页面设置"对话框，切换至"页边距"选项卡，在"页边距"区域分别设置上、下、左、右边距为 2 厘米。

2. 分栏设置

将光标置于待分栏的页面，在"布局"选项卡"页面设置"组单击"分栏"按钮，在弹出的下拉选项中选择"更多分栏"命令，如图 3-89 所示。打开"分栏"对话框，在"栏数"数值微调框中输入"2"，选中"栏宽相等"复选框，在"宽度"数值微调框中输入"28 字符"，在"间距"数值微调框中输入"3.4 字符"，如图 3-90 所示。

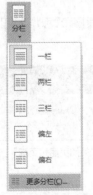

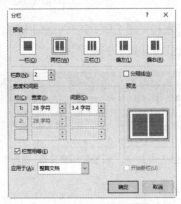

图 3-89　"分栏"下拉选项　　　　　　　　图 3-90　"分栏"对话框

3. 输入所需的文本内容，并设置其格式

输入图 3-91 所示的文本内容，将文字"普通高等学校"的格式设置为"楷体""小一""加粗"，对齐方式设置为"居中"。将文字"毕业证书"的格式设置为"隶书""初号"，对齐方式设置为"居中"。将其他文字设置为"楷体""三号"，将文字"二○二○年六月十八日"设置为"右对齐"。毕业证书格式设置效果如图 3-91 所示。

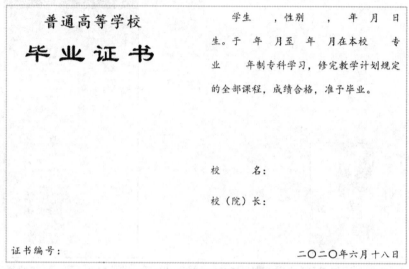

图 3-91　毕业证书格式设置效果

4. 字形设置

选中毕业证书中的证书编号、姓名、性别、学习起止年月、专业名称、学制对应位置的空格，在"开始"选项卡"字体"组中单击"加粗"按钮，将所选内容的字形都设置为"加粗"。

5. 页脚设置

在毕业证书页脚位置双击，进入页眉和页脚的编辑状态，在页脚位置的右端输入文字"明德学院监制"。毕业证书页脚的外观效果如图 3-92 所示。

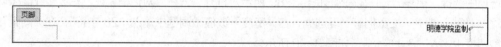

图 3-92　毕业证书页脚的外观效果

在"页眉和页脚工具-设计"选项卡的"关闭"组中单击"关闭页眉和页脚"按钮，如图 3-93 所示，退出页眉和页脚的编辑状态。

图 3-93　在"页眉和页脚工具-设计"选项卡的"关闭"组中单击"关闭页眉和页脚"按钮

6. 插入与设置文本框

在毕业证书页面左栏中部绘制一个文本框，选中该文本框，在"绘图工具-格式"选项卡"大小"

组将其高度设置为"5.5 厘米"，宽度设置为"3.7 厘米"。

选中该文本框，在"绘图工具–格式"选项卡"排列"组中单击"环绕文字"，在弹出的下拉选项中选择"四周型"环绕方式，如图 3-94 所示。

在该文本框上单击鼠标右键，在弹出的快捷菜单中选择"其他布局选项"命令，打开"布局"对话框，切换到"位置"选项卡，在"水平"区域设置水平对齐方式为相对于"栏""居中"，在"垂直"区域设置垂直对齐方式为相对于"页面"的绝对位置"7 厘米"，如图 3-95 所示。设置完成后单击"确定"按钮。

在该文本框上单击鼠标右键，在弹出的快捷菜单中选择"设置形状格式"命令，打开"设置形状格式"窗格，展开"文本框"组，在其中将左、右、上、下的边距都设置为 0 厘米，如图 3-96 所示。

图 3-94 在"环绕文字"下拉   图 3-95 在"布局"对话框"位置"选项卡中   图 3-96 "设置形状格式"
选项中选择"四周型"   设置文本框的"水平"位置和"垂直"位置   窗格

7. 插入与设置艺术字

将光标置于毕业证书文档页面右栏文字"校   名："右侧的两空格之间，在"插入"选项卡"文本"组单击"艺术字"按钮，在弹出的艺术字样式列表中选择一种合适的样式，如图 3-97 所示。

在文档中插入艺术字编辑框，输入文字"明德学院"，然后选择输入的文字，设置艺术字的字体为"华文行楷"，字号为"初号"，字形为"加粗"。

8. 插入与设置印章

将光标置于校名艺术字位置，在"插入"选项卡"插图"组单击"图片"按钮，在弹出的"插入图片"对话框中选择图片文件"明德学院印章.png"，然后单击"插入"按钮，插入印章图片。

选择印章图片，打开"布局"对话框，在该对话框中设置印章的环绕方式设置为"浮于文字上方"，大小缩放的高度和宽度都设置为"30%"。

校名和印章的外观效果如图 3-98 所示。

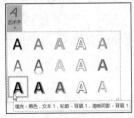

图 3-97 在艺术字样式列表中选择一种合适的样式   图 3-98 校名和印章的外观效果

9. 准备证件照片与毕业生数据源

在主文档"毕业证书.docx"所在文件中存放毕业证书照片文件和 Excel 数据源文件"毕业生名单.xlsx"，并且数据源中的照片名称必须与该文件夹中实际照片文件名完全一致，否则不能正确引用和显示照片。

由于要求在毕业证书中显示的年、月、日、学制均为汉字数字，在 Excel 工作表中使用函数 NumberString()即可实现。

从身份证号中获取出生年、月、日，并使用函数 NumberString()转换为汉字数字，分别使用公式"=NUMBERSTRING(MID(E2,7,4),3)""=NUMBERSTRING(MID(E2,11,2),3)""=NUMBERSTRING (MID(E2,13,2),3)"实现。

开始年份和结束年份分别使用公式"=NUMBERSTRING(2017,3)"和"=NUMBERSTRING (2020,3)"将阿拉伯数字转换为汉字数字。开始月份、结束月份、学制则可以直接输入汉字数字。

10. 建立主文档与数据源的链接

打开主文档"毕业证书..docx"，在"邮件"选项卡"开始邮件合并"组单击"开始邮件合并"按钮，在弹出的下拉选项中选择"目录"命令。

在"邮件"选项卡"开始邮件合并"组单击"选择收件人"按钮，在弹出的"选择收件人"下拉选项中选择"使用现有列表"命令，如图 3-99 所示。

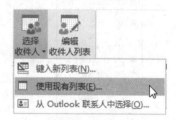

图 3-99　在"选择收件人"下拉选项中选择"使用现有列表"命令

在打开的"选取数据源"对话框中选择数据源文件，这里选取"毕业生名单.xlsx"，如图 3-100 所示。然后单击"打开"按钮，接着在打开的"选择表格"对话框中选择工作表"Sheet1$"，如图 3-101 所示。

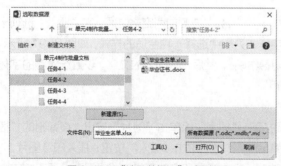

图 3-100　"选取数据源"对话框

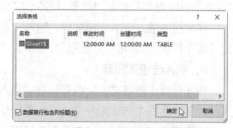

图 3-101　"选择表格"对话框

11. 编辑收件人列表

如果数据源中的数据较多或者有空记录，在合并记录之前必须对收件人列表进行编辑。在"邮件"选项卡"开始邮件合并"组单击"编辑收件人列表"按钮，在打开的"邮件合并收件人"对话框选择待合并的记录，取消选中空记录和不需要合并的记录，如图 3-102 所示，然后单击"确定"按钮。

12. 插入文字合并域

在"邮件"选项卡"编写和插入域"组单击"插入合并域"按钮，在弹出的下拉选项中选择相应的合并域，在毕业证书对应的位置分别插入对应的合并域：证书编号、姓名、性别、出生年、出生月、出生日、学习开始年份、学习开始月份、学习结束年份、学习结束月份、专业名称、学制。

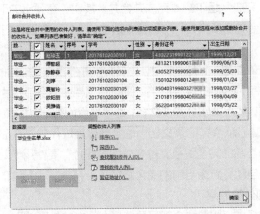

图 3-102 "邮件合并收件人"对话框

13. 插入照片嵌套域

在毕业证书主文档中将光标置于文本框中，在"插入"选项卡"文本"组单击"文档部件"按钮，在弹出的下拉选项中选择"域"命令，打开"域"对话框，在"类别"下拉列表框中选择"链接和引用"选项，在"域名"列表框中选择"IncludePicture"选项，在"文件名或 URL"文本框中输入"XXX"，这里随意输入几个字母即可，默认选中"更新时保留原格式"复选框，如图 3-103 所示。然后单击"确定"按钮，关闭"域"对话框。

此时文档中会显示一个图像占位符，按"Alt+F9"组合键显示域代码（域代码切换），可以看到图 3-104 所示嵌套域代码。

图 3-103 "域"对话框

图 3-104 嵌套域代码

再次按"Alt+F9"组合键切换到图像占位符的界面。

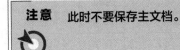 **注意** 此时不要保存主文档。

14. 合并记录到新文档

记录可合并到新文档，或合并到打印机（发送至打印机打印），或合并到电子邮件，这里将记录合并到新文档保存备用。

在"邮件"选项卡"完成"组单击"完成并合并"按钮，在弹出的下拉选项中选择"编辑单个文档"命令，在弹出的"合并到新文档"对话框中选中"全部"单选按钮，然后单击"确定"按钮，将结果导入新文档中。

将新文档保存到与主文档同一个文件夹中，命名为"邮件合并完成后的毕业证书.docx"，然后按"Ctrl+A"组合键选中合并记录文档的全部内容，即选中文档中的全部照片域，按"F9"键更新域。

先暂时关闭该新文档，然后重新打开该文档，即可显示所有记录的照片及毕业证书的其他信息。

按"Alt+F9"组合键显示合并记录文档中的全部照片域代码，从显示的照片域代码可知，系统自动将"照片"更新为当前的完全路径文件名，即"照片"要使用绝对路径的文件名。将该文件复制到其他文件夹时，会自动更新为当前的完全路径。

15. 预览毕业证书的外观效果

在"文件"选项卡选择"打印"命令即可预览毕业证书的外观效果，如图3-86所示。

【训练3-2】编辑制作悠闲居创业计划书

任务描述

打开 Word 文档"悠闲居创业计划书.docx"，完成以下任务。

① 设置悠闲居创业计划书（简称创业计划书）的页面格式，纸张设置为 A4，左边距设置为 3.0 厘米，右边距设置为 2.0 厘米，上边距设置为 2.6 厘米；下边距设置为 2.6 厘米；页眉设置为 1.5 厘米，页脚设置为 1.75 厘米。

② 参考表 3-6 所示的样式定义创建创业计划书的各个样式，文字颜色自行设置。

表3-6 创建创业计划书的参考样式

标题名或级别	大纲级别	字体			段落			
		字体	字号	字形	对齐方式	缩进	行距	段前后间距
正文一级标题	1级	黑体	小二	常规	居中	（无）	单倍	30磅
正文二级标题	2级	宋体	三号	加粗	居中	首行：2字符	单倍	15磅
正文三级标题	3级	黑体	四号	常规	左	首行：2字符	单倍	6磅
正文四级标题	4级	宋体	小四	加粗	左	首行：2字符	单倍	6磅
正文小标题	5级	宋体	小四	加粗	两端	首行：2字符	单倍	默认值
正文中的步骤	6级	宋体	小四	常规	左	首行：2字符	单倍	默认值
正文	正文文本	宋体	小四	常规	两端	（无）	23磅	默认值
表格标题		宋体	五号	常规	居中	（无）	23磅	默认值
表格居中文字		宋体	小五	常规	居中	（无）	单倍	默认值
表格左对齐文字		宋体	小五	常规	左	（无）	单倍	默认值
图格式		宋体	小五	常规	居中	（无）	单倍	6磅
图中文字		宋体	小五	常规	居中	（无）	单倍	默认值
图标题		宋体	小五	常规	居中	（无）	单倍	6磅

续表

标题名或级别	大纲级别	字体			段落			
		字体	字号	字形	对齐方式	缩进	行距	段前后间距
封面标题 1	正文文本	宋体	三号	加粗	居中	（无）	2 倍	默认值
封面标题 2		隶书	二号	加粗	居中	（无）	2 倍	默认值
封面标题 3		宋体	四号	常规	居中	（无）	1.5 倍	默认值
封面标题 4		宋体	四号	下画线	两端	（无）	1.5 倍	默认值

③ 在创业计划书各个部分的结束位置插入"下一页"分节符。

④ 对创业计划书中的各级标题、正文套用合适的样式。

⑤ 对创业计划书中的表格标题、表中文字套用对应的样式。

⑥ 对创业计划书中的图、图标题套用对应的样式。

⑦ 在文档偶数页中的页眉位置插入创业计划书标题"悠闲居创业计划书"，在文档奇数页中的页眉位置插入各部分的标题，首页不插入页眉。

⑧ 在创业计划书的正文插入阿拉伯数字（1、2、3、4、5、6 等）页码，且要求连续编写页码，首页不插入页码。

⑨ 在创业计划书的目录页面提取并生成标题目录。

⑩ 为创业计划书的表格插入自动编号的题注，在表目录页提取并生成表目录。

⑪ 为创业计划书添加封面，在封面插入艺术字、图片和输入文字，对封面文字套用合适的样式。

任务实施

① 创业计划书目录的外观效果如图 3-105 所示。

② 在创业计划书的表格插入自动编号的题注，在表目录页提取并生成表目录，表目录外观效果如图 3-106 所示。

③ 参考图 3-107，在创业计划书封面中插入艺术字、图片和输入文字，对封面文字套用合适的样式。

目录

第一部分 创业计划执行总结 1
第二部分 市场分析 3
第三部分 风险分析及对策 4
第四部分 市场与销售 5
第五部分 财务分析 7
第六部分 公司发展战略 12

图 3-105 创业计划书目录的外观效果

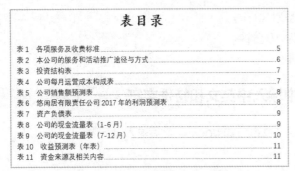

表目录

表 1 各项服务及收费标准 5
表 2 本公司的服务和活动推广途径与方式 6
表 3 投资结构表 7
表 4 公司每月运营成本构成表 7
表 5 公司销售额预测表 8
表 6 悠闲居有限责任公司 2017 年的利润预测表 8
表 7 资产负债表 9
表 8 公司的现金流量表（1-6月） 9
表 9 公司的现金流量表（7-12月） 10
表 10 收益预测表（年表） 11
表 11 资金来源及相关内容 11

图 3-106 创业计划书的表目录外观效果

图 3-107 创业计划书的封面外观效果

【技能测试】

【测试 3-1】合理设置 Word 选项

在 Word "文件" 选项卡中选择 "选项" 命令即可打开 "Word 选项" 对话框，如图 3-108 所示，利用 "Word 选项" 对话框进行如下设置。

图 3-108　"Word 选项" 对话框

① 在功能区下方显示快速访问工具栏。

② 启动实时预览功能。

③ 设置自动折叠功能区。

④ 将文件保存类型设置为 "*.docx"。

⑤ 将 "最近使用的文档" 显示个数调整为 20 个。

⑥ 将保存自动恢复信息时间间隔调整为 15 分钟。

然后恢复系统的默认设置。

【测试 3-2】在 Word 2016 中输入中英文和特殊字符

① 打开文件夹 "单元 3" 的 Word 文档 "联系方式.docx"，然后输入以下内容。

联系方式

姓名：丁一

地址：长沙时代大道×××号

邮编：410007

电话：1520733****（手机）　　0731-2244****（宅电）

E-mail：ding**@163.com

② 在文件夹"单元 3\测试 3-2"中创建一个 Word 文档"特殊字符.docx"，在其中输入以下内容。

‖ 々～〖 〗【 】「 」『 』｜

Ⅰ Ⅱ Ⅲ Ⅳ Ⅴ Ⅵ Ⅶ Ⅷ Ⅸ Ⅹ Ⅺ Ⅻ

≈ ≡ ≠ ≼ ≥ ≮ ≯ ∷ ± ∫ ∮ ∝ ∞ ∧ ∨ ∑ ∏ ∪ ∈

∵ ∴ ⊥ ∥ ∠ ⌒ ⊙ ≌ ∽ √

° ′ ″ ＄ £ ￥ ‰ ％ ℃ ¤ ¢ 零 壹 贰 叁 肆 伍 陆 柒 捌 玖 拾

┌┐ ┠┤ ┼┤

§ № ☆ ★ ※ → ← ↑ ↓ ○ ◇ □ △

α β γ δ ε ζ η θ λ μ ν ξ ο π ρ σ τ υ φ χ ψ ω

ā ò ě ì ū

© ® ™ ￥＄ € δ ♀ ↖ ↗ ↘ ↙

【测试 3-3】定义样式与模板

打开 Word 文档"五四青年节活动方案 1.docx"，按照以下要求完成相应的操作。

① 定义多个样式，名称分别为"01　一级标题""02　二级标题""03　三级标题""04　小标题""05　正文""06　表格标题""07　表格内容""08　图片""09　图片标题""10　落款"。

② 将定义的样式应用到 Word 文档"五四青年节活动方案 3.docx"中的各级标题、正文、表格、图片和落款文本。

③ 将 Word 文档"五四青年节活动方案 3.docx"保存为 Word 模板，将该模板命名为"活动方案模板.dotx"。

④ 打开 Word 文档"五四青年节活动方案 4.docx"，加载自定义模板"活动方案模板.dotx"，然后应用该模板中的样式。

【测试 3-4】在 Word 文档中制作个人基本信息表

打开 Word 文档"个人基本信息表.docx"，按照以下要求完成相应的操作。

① 在标题"个人基本信息表"下面插入 1 个 7 列 12 行的表格，将表格宽度设置为"16 厘米"，将各行的高度最小值为"0.9 厘米"。将表格的对齐方式设置为"居中"，将单元格的垂直对齐方式设置为"居中"，将文字环绕设置为"无"。

② 根据需要进行单元格的合并或拆分，例如"学历学位"为 2 个单元格合并，"照片"为 4 个单元格合并，"家庭主要成员社会关系"为 4 个单元格合并。

③ 适当调整表格各行的高度和各列的宽度。

④ 在表格中输入必要的文字。

"个人基本信息表"的外观效果如图 3-109 所示。

个人基本信息表

<table>
<tr><td>姓 名</td><td></td><td>性 别</td><td></td><td>出生年月（岁）</td><td>（ ）岁</td><td rowspan="4">照片</td></tr>
<tr><td>民 族</td><td></td><td>籍 贯</td><td></td><td>健康状况</td><td></td></tr>
<tr><td>参加工作时间</td><td></td><td>身份证号</td><td colspan="3"></td></tr>
<tr><td>专业技术职务</td><td></td><td>熟悉专业</td><td></td><td>有何专长</td><td></td></tr>
<tr><td rowspan="2">学 历
学 位</td><td>全日制教 育</td><td colspan="2"></td><td>毕业院校系及专业</td><td colspan="2"></td></tr>
<tr><td>在 职教 育</td><td colspan="2"></td><td>毕业院校系及专业</td><td colspan="2"></td></tr>
<tr><td>简
历</td><td colspan="6"></td></tr>
<tr><td>曾获荣誉</td><td colspan="6"></td></tr>
<tr><td rowspan="4">家庭主要成员社会关系</td><td>称谓</td><td>姓 名</td><td>年龄</td><td>政治面貌</td><td colspan="2">工 作 单 位 及 职 务</td></tr>
<tr><td></td><td></td><td></td><td></td><td colspan="2"></td></tr>
<tr><td></td><td></td><td></td><td></td><td colspan="2"></td></tr>
<tr><td></td><td></td><td></td><td></td><td colspan="2"></td></tr>
</table>

图 3-109 “个人基本信息表”的外观效果

【测试 3-5】Word 表格操作与数据计算

在文件夹“单元 3”中创建并打开 Word 文档“信息技术应用基础成绩表.docx”，在该文档中插入图 3-110 所示的 12 列 11 行表格，该表格的具体要求如下。

① 表格外边框线为 1.5 磅的单粗实线，内边框线为 0.5 磅的单细实线。

② 将表格第 1 列的第 1、2 行两个单元格合并，将第 2 列的第 1、2 行两个单元格合并，将第 1 行的第 3 列至第 10 列的 8 个单元格合并，将第 11 列的第 1、2 行两个单元格合并，将第 12 列的第 1、2 行两个单元格合并，分别将第 9、10、11 行的第 1 列至第 11 列的 11 个单元格合并。

③ 设置表格第 1、2 行行高的固定值为 0.5 厘米，其他各行行高的最小值为 0.6 厘米。设置表格中“学号”列的宽度为 18.2%，“姓名”列的宽度为 10.6%，“综合考核”列的宽度为 11%，“成绩”列的宽度为 11.1%。

④ 设置表格单元格默认的左、右边距为 0.15 厘米，“综合考核”对应单元格的左、右边距为 0.1 厘米。

⑤ 利用公式“=SUM(LEFT)”计算“成绩”列的成绩数值，数字格式为“0.0”。

⑥ 利用公式“=SUM(ABOVE)”计算总分，数字格式为“0.0”。

⑦ 利用公式“=COUNT(L3:L8)”计算小组人数，数字格式为“0”。

⑧ 利用公式“=AVERAGE(L3:L8)”计算平均成绩，数字格式为“0.00”。

学号	姓名	过程考核(80%)								综合考核(20%)	成绩
		1	2	3	4	5	6	7	8		
20115901080201	夏纯	9	9	9	9	10	9	9	9	19	92.0
20115901080202	谭智超	9.5	9	9	8	9	8	9	9	20	90.5
20115901080203	夏典	8	4	6	7	9.5	8	8	7	16	73.5
20115901080204	刘毅	9	8	9	8	8	7	8.5	8	18	83.5
20115901080205	吴羽晋	5	9	6	7	10	9	7	6	16	72.0
20115901080206	欧阳俊	6	7	7	7	9	6	8	7	14	71.0
总分											482.5
小组人数											6
平均											80.42

图 3-110　信息技术应用基础成绩表

【测试 3-6】在 Word 文档中插入与设置图片

打开文件夹"单元 3"中的 Word 文档"关于'五一'国际劳动节放假的通知.docx",在该文档中"通知"主标题之前插入图 3-111 所示的文件头,在"通知"落款位置插入图 3-112 所示的印章,其具体要求如下。

① 插入艺术字"明德学院",字体为宋体,字号为 36,颜色为红色。

② 水平线段的线型为双线,线宽为 5.5 磅,颜色为红色。

③ 印章的高度为 3.04 厘米,宽度为 3 厘米。

图 3-111　文件头的外观效果

图 3-112　待插入的印章

【测试 3-7】在 Word 文档中绘制计算机硬件系统基本组成的图形

创建与打开文件夹"单元 3"中的 Word 文档"计算机硬件系统的基本组成.docx",在该文档中绘制图 3-113 所示计算机硬件系统的基本组成。

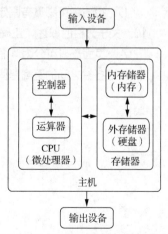

【课后习题】

1. 打开 Word 文档一般是指（　　）。

　　A. 显示并打印出指定文档的内容

　　B. 把文档的内容从内存中读入，并显示出来

　　C. 把文档的内容从磁盘调入内存，并显示出来

　　D. 为指定文档开设一个新的、空的文档窗口

2. Word 与 Windows 的"写字板""记事本"软件相比，叙述正确的是（　　）。

图 3-113　计算机硬件系统的基本组成

A. 它们都是文字处理软件，其中 Word 功能最强

B. Word 创建的 DOCX 文档，"记事本"也可以看

C. 用"写字板"可以浏览 Word 创建的任何内容

D. 用"写字板"创建的 DOC 文档，"记事本"也可以处理

3. 在编辑 Word 文档时，为便于排版，输入文字时应（　　）。

A. 每行结束按"Enter"键　　　　　　　B. 整篇文档结束按"Enter"键

C. 每段结束按"Enter"键　　　　　　　D. 每句结束按"Enter"键

4. 在编辑 Word 文档时，可使用（　　）选项卡的"符号"组中"符号"输入 Σ。

A. "开始"　　　　　B. "视图"　　　　　C. "设计"　　　　　D. "插入"

5. 在 Word 文档中，要把多处相同的错误一起更正，正确的方法是（　　）。

A. 使用"撤销"和"恢复"命令

B. 使用"开始"选项卡中的"编辑"组中的"替换"命令

C. 使用"开始"选项卡中的"编辑"组中的"选择"命令

D. 使用"开始"选项卡中的"编辑"组中的"查找"命令

6. 在 Word 文档中，段落缩进后文本相对打印纸边界的距离等于（　　）。

A. 页边距　　　　　　　　　　　　　　B. 页边距+段落缩进距离

C. 段落缩进距离　　　　　　　　　　　D. 由打印机控制

7. 在文档的编辑过程中，当选定一个句子后，继续输入文字，输入的文字（　　）

A. 插入到选定的句子之前　　　　　　　B. 插入到选定的句子之后

C. 插入到插入点之后　　　　　　　　　D. 代替选定的句子

8. 如果一篇 Word 文档内有 3 种不同的页边距，则该文档至少有（　　）。

A. 3 页　　　　　B. 3 节　　　　　C. 3 栏　　　　　D. 3 段

9. 有关页眉和页脚的叙述，（　　）是正确的。

A. 页眉与纸张上边的距离不可改变

B. 修改某页的页眉，则同一节所有页的页眉都被修改

C. 不能删除已编辑的页眉和页脚中的文字

D. 页眉和页脚具有固定的字符和段落格式，用户不能改变

10. 关于分栏的叙述，正确的是（　　）。

A. 页面最多可分为 4 栏　　　　　　　　B. 各栏的宽度必须相同

C. 各栏之间的距离是固定的　　　　　　D. 不同的段落可以有不同的分栏数

模块4
操作与应用Excel 2016

04

Excel 2016具有计算功能强大、使用方便、较强的智能性等优点。它不仅可以用于制作各种精美的电子表格和图表，还可以对表格中的数据进行分析和处理，是提高办公效率的得力工具，被广泛应用于财务、金融、统计、人事、行政管理等领域。

4.1 初识 Excel 2016

Excel 在我们日常学习和生活中扮演着重要的角色。在学习使用这个软件之前，我们就必须先了解一下其基本组成和主要功能。

4.1.1 Excel 窗口的基本组成及其主要功能

1. Excel 窗口的基本组成

Excel 2016 启动成功后，屏幕上出现 Excel 2016 窗口，该窗口主要由标题栏、快速访问工具栏、功能区、编辑栏、工作表、行号、列标、滚动条、状态栏等元素组成，如图 4-1 所示。

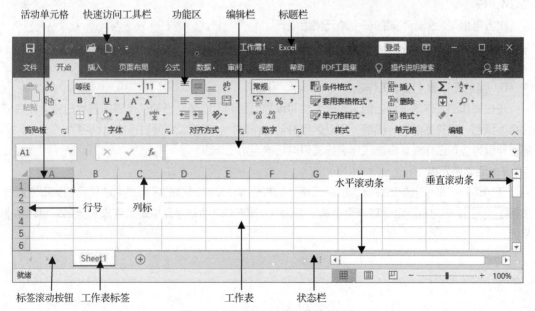

图 4-1 Excel 2016 窗口的基本组成

2．Excel 窗口组成元素的主要功能

扫描二维码，熟悉电子活页中的内容，掌握 Excel 2016 窗口的各个组成元素的主要功能。

4.1.2　Excel 的基本工作对象

电子活页 4-1

Excel 2016 窗口组成元素的主要功能

1．工作簿

Excel 的文件形式是工作簿，一个工作簿即一个 Excel 文档，平时所说的 Excel 文档实际上是指 Excel 工作簿，创建新的工作簿时，系统默认的名称为"工作簿 1"，这也是 Excel 的文件名，工作簿的扩展名为".xlsx"，工作簿模板文件的扩展名是".xltx"。

工作簿窗口是用户的工作区，以工作表的形式提供给用户一个工作界面。

一本会计账簿有很多页，每一页都是记账表格，表格包括多行或多列。工作簿与会计账簿一样，一个工作簿可以包含多个工作表，用于存储表格或图表，每个工作表包含多行和多列，行或列包含多个单元格。

2．工作表

工作表是工作簿文件的组成部分，由行和列组成，又称为电子表格，是存储和处理数据的区域，是用户的主要操作对象。

单击工作表标签左侧的标签滚动按钮，可以查看第一个、前一个、后一个和最后一个工作表。

3．单元格

工作表中行、列交叉处的长方形称为单元格，它是工作表中用于存储数据的基本单元。每个单元格有一个固定的地址，地址编号由"列标"和"行号"组成，例如 A1、B2、C3 等。单元格区域是指多个单元格组成的矩形区域，其表示方法是左上角单元格和右下角单元格加":"，例如"A1:C5"表示从 A1 单元格到 C5 单元格之间的矩形区域。

4．行

由行号相同、列标不同的多个单元格组成行。

5．列

由列标相同、行号不同的多个单元格组成列。

6．当前工作表（活动工作表）

正在操作的工作表称为当前工作表，也可以称为活动工作表，当前工作表标签为白色，其名称颜色为绿色，标签底部有一横线，用以区别其他工作表，创建新工作簿时系统默认名为"Sheet1"的工作表为当前工作表。单击工作表标签可以切换当前工作表。

7．活动单元格

活动单元格是指当前正在操作的单元格，与其他非活动单元格的区别是活动单元格呈现为粗线边框▢▢▢▢。它的右下角处有一个小黑方块，称为填充柄。活动单元格是工作表中数据编辑的基本单元。

4.2 Excel 2016 基本操作

4.2.1 启动与退出 Excel 2016

【操作 4-1】启动与退出 Excel 2016

扫描二维码，熟悉电子活页中的内容，选择合适方法完成启动 Excel 2016、退出 Excel 2016 等操作。

电子活页 4-2

启动与退出
Excel 2016

4.2.2 Excel 工作簿基本操作

【操作 4-2】Excel 工作簿基本操作

扫描二维码，熟悉电子活页中的内容，选择合适方法完成以下各项操作。

1. 创建 Excel 工作簿

启动 Excel 2016 时，创建一个新 Excel 工作簿。

2. 保存 Excel 工作簿

在新工作簿的工作表"Sheet1"中，输入标题"小组考核成绩"，然后将新创建的工作簿以名称"【操作 4-2】Excel 工作簿基本操作"予以保存，保存位置为"模块 4"。

电子活页 4-3

Excel 工作簿
基本操作

3. 关闭 Excel 工作簿

关闭 Excel 工作簿"【操作 4-2】Excel 工作簿基本操作.xlsx"。

4. 打开 Excel 工作簿

再一次打开 Excel 工作簿"【操作 4-2】Excel 工作簿基本操作.xlsx"，然后退出 Excel 2016。

4.2.3 Excel 工作表基本操作

Excel 2016 中，默认情况下一个工作簿包括 1 个工作表，可以插入、删除多个工作表，还可以对工作表进行复制、移动和重命名等操作。

电子活页 4-4

Excel 工作表
基本操作

【操作 4-3】Excel 工作表基本操作

扫描二维码，熟悉电子活页中的内容，选择合适方法完成以下各项操作。

1. 插入工作表

启动 Excel 2016 时，创建并保存 Excel 工作簿"【操作 4-3】Excel 工作表基本操作.xlsx"。在该工作簿添加两个默认工作表"Sheet2"和"Sheet3"。

2. 复制与移动工作表

在 Excel 工作簿"【操作 4-3】Excel 工作表基本操作.xlsx"中复制工作表"Sheet2"，然后将工作表"Sheet2"移动到工作表"Sheet3"右侧。

3. 选定工作表

完成选定单个工作表、选定多个工作表、选定全部工作表等操作。

4. 切换工作表

完成切换工作表的操作。

5. 重命名工作表

在 Excel 工作簿"【操作 4-3】Excel 工作表基本操作.xlsx"中，将工作表"Sheet1"重命名为"第 1 次考核成绩"，将工作表"Sheet2"重命名为"第 2 次考核成绩"。

6. 删除工作表

在 Excel 工作簿"【操作 4-3】Excel 工作表基本操作.xlsx"中，删除工作表"Sheet3"。

7. 数据查找与替换

打开 Excel 工作簿"客户通信录.xlsx"，在工作表"Sheet1"中查找"长沙市""数据中心"，将"187 号"替换为"188 号"。

4.2.4 工作表窗口基本操作

1. 拆分工作表窗口

Excel 允许将工作表分区。如果在滚动工作表时需要始终显示某一列或某一行的标题，可以拆分工作表窗口，从而实现在一个工作区域内滚动时，在另一个分割区域中显示标题。

单击"视图"选项卡"窗口"组的"拆分"按钮，窗口即可分为 2 个垂直窗口和 2 个水平窗口，如图 4-2 所示。拆分的窗口拥有各自的垂直和水平滚动条，当拖曳其中一个滚动条时，只有一个窗口中的数据滚动，如果需要调整已拆分的区域，拖曳拆分栏即可。

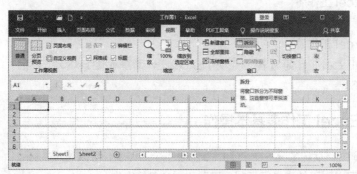

图 4-2　拆分窗口

2. 冻结工作表窗口

如果需要让工作表中的某些部分固定不动，可以使用"冻结窗格"命令。可以先将窗口拆分成区域，也可以冻结工作表标题。如果在冻结窗格之前拆分窗口，窗口将冻结在拆分位置，而不是冻结在活动单元格位置。

如果要冻结第 1 行的水平标题或第 1 列的垂直标题，则单击"视图"选项卡"窗口"组的"冻结窗格"按钮，在弹出的下拉选项中选择"冻结首行"或"冻结首列"命令即可，如图 4-3 所示。冻结某一标题之后，可以任意滚动标题下方的行或标题右边的列，而标题固定不动，这对操作一个有很多行或列的工作表很方便。

如果将第 1 行的水平标题和第 1 列的垂直标题都冻结，那么选定第 2 行第 2 列的单元格，然后在"冻结窗格"下拉选项中选择"冻结窗格"命令，则单元格上方所有的行和左侧所有的列都被冻结。

3．取消拆分和冻结

如果要取消对窗口的拆分，单击"视图"选项卡"窗口"组的"拆分"按钮即可。

如果要取消标题或取消拆分区域的冻结，则可以单击"视图"选项卡"窗口"组"冻结窗格"按钮，在弹出的下拉选项中选择"取消冻结窗格"命令，如图 4-4 所示。

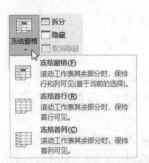

图 4-3　选择"冻结首行"或"冻结首列"命令　　图 4-4　在"冻结窗格"下拉选项中选择"取消冻结窗格"命令

4.2.5　Excel 行与列基本操作

【操作 4-4】Excel 行与列基本操作

扫描二维码，熟悉电子活页中的内容，选择合适方法完成选定行、选定列、插入行与列、复制整行与整列、移动整行与整列、删除整行与整列、调整行高、调整列宽等操作。

电子活页 4-5

Excel 行与列
基本操作

4.2.6　Excel 单元格基本操作

【操作 4-5】Excel 单元格基本操作

扫描二维码，熟悉电子活页中的内容，选择合适方法完成选定单元格、选定单元格区域、插入单元格、复制单元格、移动单元格、移动单元格数据、复制单元格数据、删除单元格、撤销和恢复等操作。

电子活页 4-6

Excel 单元格
基本操作

【任务 4-1】Excel 工作簿"企业通讯录.xlsx"基本操作

任务描述

① 打开 Excel 文档"企业通讯录.xlsx"，然后另存为"企业通讯录 2.xlsx"。

② 在工作表"Sheet1"之前插入新工作表"Sheet2"和"Sheet3"，将工作表"Sheet2"移到"Sheet3"的右侧。

③ 将工作表"Sheet1"重命名为"企业通讯录"。

④ 将工作表"Sheet2"删除。

⑤ 在工作表"企业通讯录"序号为 4 的行下面插入一行。删除新插入的行。

⑥ 在标题为"联系人"的列的左侧插入一列。删除新插入的列。

⑦ 打开 Excel 工作簿"企业通讯录 2.xlsx"，在企业名称为"鹰拓国际广告有限公司"的单元格上方插入 1 个单元格，然后删除新插入的单元格。

⑧ 将企业名称为"鹰拓国际广告有限公司"的单元格复制到单元格 B12 的位置。

任务实施

1. 打开 Excel 文档"企业通讯录.xlsx"

① 启动 Excel 2016。

② 选择左下方的"打开其他工作簿"超链接，显示"打开"界面，单击"浏览"按钮，弹出"打开"对话框，在该对话框选中待打开的 Excel 文档"企业通讯录.xlsx"。接着单击"打开"按钮即可打开 Excel 文档。

2. 将 Excel 文档"企业通讯录.xlsx"另存为"企业通讯录 2.xlsx"

打开 Excel 文档"企业通讯录.xlsx"后，切换至"文件"选项卡，选择"另存为"命令，打开"另存为"界面，单击"浏览"按钮，弹出"另存为"对话框，在该对话框中"文件名"文本框中输入"企业通讯录 2.xlsx"，然后单击"保存"按钮。

3. 插入与移动工作表

① 选定工作表"Sheet1"，然后单击"开始"选项卡"单元格"组的"插入"按钮，在其下拉选项中选择"插入工作表"命令，即可在工作表"Sheet1"之前插入一个新工作表"Sheet2"。以同样的方法再次插入一个新工作表"Sheet3"。

② 选定工作表标签"Sheet2"，然后按住鼠标左键拖曳到工作表"Sheet3"的右侧。

4. 重命名工作表

双击工作表标签"Sheet1"，"Sheet1"变为选中状态时，直接输入新的工作表标签名称"企业通信录"，确定名称无误后按"Enter"键即可重命名工作表。

5. 删除工作表

在工作表"Sheet2"标签位置单击鼠标右键，在弹出的快捷菜单中选择"删除"命令即可删除该工作表。

6. 插入与删除行

① 在工作表"企业通讯录"序号为 5 的行中选定一个单元格。

② 单击"开始"选项卡"单元格"组的"插入"按钮，在其下拉选项中选择"插入工作表行"命令，在选中的单元格的上边插入新的一行。

③ 单击选中新插入的行，单击"开始"选项卡"单元格"组的"删除"按钮，在其下拉选项中选择"删除工作行"命令，选定的行将被删除，其下方的行自动上移一行。

7. 插入与删除列

① 在标题为"联系人"列中选定一个单元格。

② 单击"开始"选项卡"单元格"组的"插入"按钮，在其下拉选项中选择"插入工作表列"命令，在选中单元格的左边插入新的一列。

③ 先选中新插入的列，单击"开始"选项卡"单元格"组的"删除"按钮，在其下拉选项中选

择"删除工作列"命令，选定的列将被删除，其右侧的列自动左移一列。

8. 插入与删除单元格

① 选择企业名称为"鹰拓国际广告有限公司"的单元格。

② 单击鼠标右键，在弹出的快捷菜单中选择"插入"命令，打开"插入"对话框。

③ 在"插入"对话框中选中"活动单元格下移"单选按钮。

④ 单击"确定"按钮，则在选中单元格上方插入新的单元格。

⑤ 先选中新插入的单元格，再单击鼠标右键，在弹出的快捷菜单中选择"删除"命令，弹出"删除"对话框，在该对话框中选中"下方单元格上移"单选按钮，单击"确定"按钮，即可完成单元格的删除操作。

9. 复制单元格数据

① 先选定企业名称为"鹰拓国际广告有限公司"的单元格。

② 移动鼠标指针到选定单元格的边框处，鼠标指针变为时，按住"Ctrl"键的同时按住鼠标左键拖曳鼠标到单元格 B12，松开鼠标左键即可。

4.3 在 Excel 2016 中输入与编辑数据

在工作表中输入与编辑数据是 Excel 最基本的操作。选定要输入数据的单元格后即可开始输入数字或文字，按"Enter"键确认所输入的内容，活动单元格自动下移一格。也可以按"Tab"键确认所输入的内容，活动单元格自动右移一格。如果在按"Enter"键之前，按"Esc"键，则可以取消输入的内容，如果已经按"Enter"键确认了，则可以单击快速访问工具栏中的"撤销"按钮撤销操作。

在单元格中输入数据时，其输入的内容同时也显示在编辑栏的编辑框中，因此也可以通过编辑框向活动单元格输入数据。当在编辑框中输入数据时，编辑栏左侧显示出"输入"按钮✔和"取消"按钮×。单击"输入"✔按钮，将编辑框中数据输入当前单元格中；单击"取消"×按钮，取消输入的操作。

4.3.1 输入文本数据

在 Excel 中，文本是指当作字符串处理的数据，包括汉字、字母、数字字符、空格以及各种符号。对于邮政编码、身份证号、电话号码、存折编号、学号、职工编号之类的纯数字形式的数据，也视为文本数据。

一般的文本数字直接选定单元格输入即可，对于纯文本形式的数字数据，例如邮政编码、身份证号，应先输入半角单引号"'"，然后输入对应的数字，表示所输入的数字作为文本处理，不可以参与求和之类的数学计算。

默认状态下，单元格中输入的文本数据左对齐显示。当数据宽度超过单元格的宽度时，如果其右侧单元格内没有数据，则单元格的内容会扩展到右侧的单元格内显示；如果其右侧单元格内有数据，则输入结束后，单元格内的文本数据被截断显示，但内容并没有丢失，选定单元格后，完整的内容即显示在编辑框中。

当单元格内的文本内容比较长时，可以按"Alt+Enter"组合键实现单元格内换行，单元格的高度自动增加，以容纳多行文本。通过设置单元格的格式也可以实现单元格的自动换行。

4.3.2 输入数值数据

1. 输入数字字符

在单元格中可以直接输入整数、小数和分数。

2. 输入数学符号

单元格中除了可以输入 0~9 的数字字符，也可以输入以下数学符号。

① 正负号："+""−"。

② 货币符号："¥""$""€"。

③ 左右括号："（""）"。

④ 分数线"/"、千位分隔符"，"、小数点"."和百分号"%"。

⑤ 指数标识"E"和"e"。

3. 输入特殊形式的数值数据

（1）输入负数

输入负数可以直接输入负号"−"和数字，也可以输入带括号的数字，例如输入"(100)"，在单元格中显示的是"−100"。

（2）输入分数

输入分数时，应在分数前加"0"和 1 个空格，例如输入"1/2"时，应在单元格输入"0 1/2"，在单元格中显示的是"1/2"。

注意 如果输入分数时，在分数前不加限制或只加"0"则输出的结果为日期，即"1/2"变成"1 月 2 日"的形式。如果在分数前只加 1 个空格则输出的分数为文本形式的数字。

（3）输入多位的长数据

输入多位的长数据时，一般带千位分隔符"，"输入，但在编辑栏中显示的数据没有千位分隔符"，"。

输入数据时的位数较多，一般情况下单元格中数据自动显示成科学记数法的形式。

无论在单元格输入数值时显示的位数是多少，Excel 只保留 15 位的精度，如果数值长度超出了 15 位，Excel 将多余的数字显示为"0"。

4.3.3 输入日期和时间

输入日期时，按照年、月、日的顺序输入，并且使用斜杠（/）或连字符（−）分隔表示年、月、日的数字。输入时间时按照时、分、秒的顺序输入，并且使用半角冒号（:）分隔表示时、分、秒的数字。在同一单元格同时输入日期和时间时，必须使用空格分隔。

输入当前系统日期时可以按"Ctrl+;"组合键，输入当前系统时间时可以按"Ctrl+Shift+;"组合键。

单元格中日期或时间的显示形式取决于所在单元格的数字格式。如果输入了 Excel 可以识别的日期或时间数据，单元格格式会从"常规"数字格式自动转换为内置的日期或时间格式，对齐方式默认为右对齐。如果输入了 Excel 不能识别的日期或时间，输入的内容将被视为文本数据，在单元格中左对齐。

4.3.4 输入有效数据

电子活页 4-7

在 Excel 工作表中
设置数据有效性

【操作 4-6】在 Excel 工作表中设置数据有效性

扫描二维码，熟悉电子活页中的内容，选择合适方法完成以下各项操作。

打开 Excel 工作簿"输入有效数据.xlsx"。将数据输入的限制条件设置为：最小值为 0，最大值为 100。将提示信息标题设置为"输入成绩时："，将提示信息内容设置为"必须为 0—100 的整数"。

如果在设置了数据有效性的单元格中输入不符合限定条件的数据，弹出"警告信息"对话框，将该对话框标题设置为"不能输入无效的成绩"，提示信息设置为"请输入 0～100 的整数"。

电子活页 4-8

在 Excel 工作表中
自动填充数据

4.3.5 自动填充数据

【操作 4-7】在 Excel 工作表中自动填充数据

扫描二维码，熟悉电子活页中的内容，打开 Excel 工作簿"技能竞赛成绩统计.xlsx"，完成复制填充、拖曳鼠标填充、自动填充数据等操作。

电子活页 4-9

在 Excel 工作表中
自定义填充序列

4.3.6 自定义填充序列

【操作 4-8】在 Excel 工作表中自定义填充序列

扫描二维码，熟悉电子活页中的内容，创建并打开 Excel 工作簿"技能竞赛抽签序号.xlsx"，在工作表"Sheet1"第 1 列输入序号数据"1、2、3、4"，第 2 列输入序列数据"A1、A2、A3、A4"，然后完成将工作表中已有的序列导入并定义成序列、删除自定义序列、定义新序列等操作。

4.3.7 编辑工作表中的内容

1. 编辑单元格中的内容

① 将光标定位到单元格或编辑栏中。

【方法 1】将鼠标指针 ✛ 移至待编辑内容的单元格上，双击鼠标左键或者按"F2"键即可进入编辑状态，在单元格内鼠标指针变为 I 形状。

【方法 2】将鼠标指针移到编辑栏的编辑框中并单击。

② 对单元格或编辑框中的内容进行修改。

③ 确认修改的内容。按"Enter"键确认所做的修改。如果按"Esc"键则取消所做的修改。

2. 清除单元格或单元格区域

清除单元格，只是删除单元格中的内容、格式或批注，清除内容后的单元格仍然保留在工作表中。而删除单元格时，会从工作表中移去单元格，并调整周围单元格填补删除的空缺。

【方法 1】先选定需要清除的单元格，再按“Delete”键或“Backspace”键，只清除单元格的内容，而保留该单元格的格式和批注。

【方法 2】先选定需要清除的单元格或单元格区域，单击“开始”选项卡“编辑”组的“清除”按钮，弹出图 4-5 所示的下拉选项，在该下拉选项中选择“全部清除”“清除格式”“清除内容”“清除批注”“清除超链接”命令，分别可以清除单元格或单元格区域中的全部信息（包括内容、格式、批注和超链接）、格式、内容、批注、超链接。

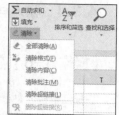

图 4-5 “清除”下拉选项

【任务 4-2】在 Excel 工作簿中输入与编辑“客户通讯录 1”数据

任务描述

创建 Excel 工作簿“客户通讯录 1.xlsx”，在工作表“Sheet1”中输入图 4-6 所示的“客户通讯录 1”数据。要求“序号”列数据“1～8”使用鼠标拖曳填充方法输入，“称呼”列第 2 行～第 9 行的数据先使用命令方式复制填充，内容为“先生”，然后修改部分称呼不是“先生”的数据，E7、E8 两个单元格中的“女士”文字使用鼠标拖曳方式复制填充。

序号	客户名称	通信地址	联系人	称呼	联系电话	邮政编码
1	蓝思科技（湖南）有限公司	湖南浏阳长沙生物医药产业基地	蒋鹏飞	先生	8328[illegible]	410311
2	高期贝尔数码科技股份有限公司	湖南郴州苏仙区高期贝尔工业园	谭琳	女士	8266[illegible]	413000
3	长城信息产业股份有限公司	湖南长沙经济技术开发区东三路5号	赵梦仙	先生	8493[illegible]	410100
4	湖南宏梦卡通传播有限公司	长沙经济技术开发区贺龙体校路27号	彭运泽	先生	5829[illegible]	411100
5	青苹果数据中心有限公司	湖南省长沙市青竹湖大道399号	高首	先生	8823[illegible]	410152
6	益阳搜空高科软件有限公司	益阳高新区迎宾西路	文云	女士	8226[illegible]	413000
7	湖南浩丰文化传播有限公司	长沙市芙蓉区嘉雨路187号	陈芳	女士	8228[illegible]	410001
8	株洲时代电子技术有限公司	株洲市天元区黄河南路199号	廖时才	先生	2283[illegible]	412007

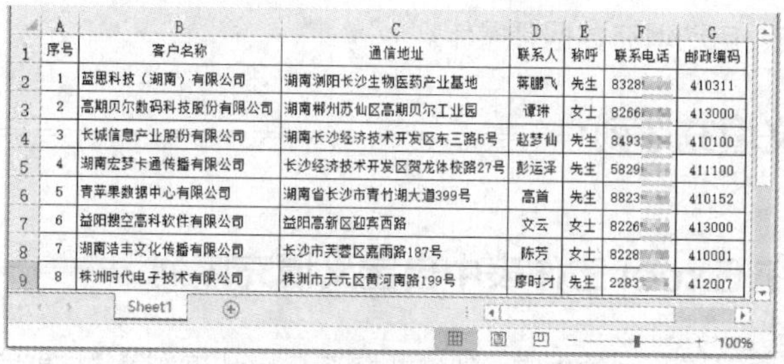

图 4-6 “客户通讯录 1”数据

任务实施

1. 创建 Excel 工作簿“客户通讯录 1.xlsx”

① 启动 Excel 2016，创建一个名为“工作簿 1”的空白工作簿。

② 单击快速访问工具栏中的“保存”按钮，出现“另存为”界面，单击“浏览”按钮，弹出“另存为”对话框，在该对话框的“文件名”下拉列表框中输入文件名称“客户通讯录 1”，保存类型默认为“.xlsx”，然后单击“保存”按钮进行保存。

2. 输入数据

在工作表“Sheet1”中输入图 4-6 所示的“客户通讯录 1”数据，这里暂不输入“序号”和“称呼”两列的数据。

3. 自动填充数据

（1）自动填充“序号”列数据

在“序号”列的首单元格 A2 中输入数据“1”并确认，选中数据序列的首单元格，按住“Ctrl”

键的同时按住鼠标左键拖曳填充柄到末单元格，自动生成步长为 1 的等差序列。

（2）自动填充"称呼"列数据

选定"称呼"列的首单元格 E2，输入起始数据"先生"，选定序列单元格区域"E2:E9"；然后单击"开始"选项卡"编辑"组的"填充"按钮 ↓ 填充▾，在弹出的下拉选项中选择"向下"命令，系统自动将首单元格中的数据"先生"复制填充到选中的各个单元格中。

4. 编辑单元格中的内容

将单元格 E3 中的"先生"修改为"女士"，将单元格 E7 中的"先生"修改为"女士"，然后移动鼠标指针到填充柄处，鼠标呈黑十字形状 ✚，按住鼠标左键拖曳填充柄到单元格 E8，松开鼠标左键，将单元格 E7 的"女士"复制填充至单元格 E8。

5. 保存 Excel 工作簿

单击快速访问工具栏中的"保存"按钮 💾，对工作表中输入的数据进行保存。

4.4　Excel 工作表格式设置

Excel 2016 中，可以自动套用系统提供的格式，也可以自行定义格式。单元格的格式决定了数据在工作表中的显示方式和输出方式。

单元格的格式包括数字格式、对齐方式、字体、边框、底纹等。单元格的格式可以使用"开始"选项卡的命令进行常见的格式设置，也可以使用"设置单元格格式"对话框进行设置。

4.4.1　设置数字格式和对齐方式

【操作 4-9】在 Excel 工作表中设置数字格式和对齐方式

扫描二维码，熟悉电子活页中的内容，打开 Excel 工作簿"第 2 季度产品销售情况表.xlsx"，试用与掌握电子活页中介绍的各种 Excel 工作表格式设置方法。

1. 设置数字格式

① 使用"会计数字格式"下拉选项中的命令设置单元格中数字的货币格式。

② 使用"开始"选项卡"数字"组的按钮设置单元格中数字的其他格式。

③ 使用"设置单元格格式"对话框的"数字"选项卡设置数字的格式。

2. 设置对齐方式

① 使用"开始"选项卡"对齐方式"组的按钮设置单元格文本的对齐方式。

② 使用"设置单元格格式"对话框的"对齐"选项卡设置单元格文本的对齐方式。

电子活页 4-10

在 Excel 工作表中设置数字格式和对齐方式

4.4.2　设置字体格式

在 Excel 2016 窗口中，可以直接使用"开始"选项卡"字体"组的"字体"下拉列表框、"字号"下拉列表框、"加粗"按钮、"倾斜"按钮、"下画线"按钮、"字体颜色"按钮设置字体格式，也可以单击"开始"选项卡"字体"组的"字体设置"按钮 ⌐，打开"设置单元格格式"对话框，利用该对话框的"字体"选项卡进行字体设置，如图 4-7 所示。

图 4-7 "设置单元格格式"对话框的"字体"选项卡

4.4.3 设置单元框边框

在"设置单元格格式"对话框中切换到"边框"选项卡，可以为所选定的单元格添加或去除边框，可以对选定单元格的全部边框线进行设置，也可以选定单元格的部分边框线（上、下、左、右边框线，外框线，内框线和斜线）进行独立设置。在该选项卡的"线条"区域可以设置边框的样式和颜色，如图 4-8 所示。

图 4-8 "设置单元格格式"对话框的"边框"选项卡

4.4.4 设置单元格的填充颜色和图案

在"设置单元格格式"对话框中切换到"填充"选项卡，可以从"背景色"区域中选择所需的颜色，从"图案颜色"下拉列表框中选择所需的图案颜色，从"图案样式"下拉列表框中选择所需的图案样式，如图 4-9 所示。

单元格的格式设置完成后，单击"确定"按钮即可。

4.4.5 自动套用表格格式

Excel 2016 提供了自动套用表格格式功能，通过这一项功能可以快速地为表格设置格式，非常方便快捷。"套用表格格式"可自动用于工作表中选定

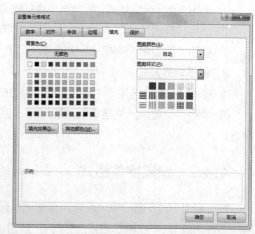

图 4-9 "设置单元格格式"对话框的"填充"选项卡

的单元格区域，这些格式为工作表设置了常用的外观，使数据的表示更加清楚、可读性更强。表格格式是数字格式、字体、对齐、边框、图案、列宽、行高和颜色的组合。

单击"开始"选项卡"样式"组的"套用表格格式"按钮，在弹出的下拉选项中选择一种合适的表格样式，如图 4-10 所示。弹出"套用表格式"对话框，选中"表包含标题"复选框，如图 4-11 所示，单击"确定"按钮，即可套用表格格式。

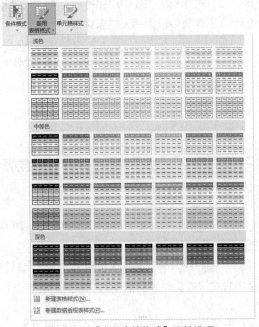

图 4-10 "套用表格格式"下拉选项

图 4-11 "套用表格式"对话框

可以发现在工作表中选中的单元格区域"$A$1:$E$6"已套用了选择的表格格式，如图 4-12 所示。拖曳套用格式区域右下角的按钮可以将区域变大。

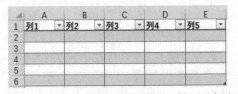

图 4-12 套用了表格格式的单元格区域"$A$1:$E$6"

选中套用了表格格式的单元格区域，在"表格工具-设计"选项卡的"表格样式"组中有多种表格格式和颜色，可以方便选择其他表格格式和颜色，如图 4-13 所示。

图 4-13 "表格工具-设计"选项卡的"表格样式"组

4.4.6 设置单元格条件格式

电子活页 4-11

【操作 4-10】在 Excel 工作表中设置单元格条件格式

扫描二维码，熟悉电子活页中的内容，打开 Excel 工作簿"第 1 小组考核成绩.xlsx"，试用与掌握电子活页中介绍的在 Excel 工作表中设置单元格条件格式方法，并完成以下操作。

在 Excel 工作表中设置单元格条件格式

1. 设置单元格的条件格式

选择单元格区域"A1:B6"，设置所有小于 60 的数据都会显示为 "浅红填充色深红色文本"。

2. 清除规则

清除单元格区域"A1:B6"设置的规则。

【任务 4-3】Excel 工作簿"客户通讯录 2.xlsx"格式设置与效果预览

任务描述

打开文件夹"模块 4"中的 Excel 工作簿"客户通讯录 2.xlsx"，按照以下要求进行操作。

① 在第 1 行之前插入 1 个新行，输入内容"客户通讯录"。

② 使用"设置单元格格式"对话框将第 1 行"客户通讯录"的字体设置为"宋体"，将字号设置为"20"，将字形设置为"加粗"；将水平对齐方式设置为"跨列居中"，将垂直对齐方式设置为"居中"。

③ 使用"开始"选项卡中的命令，将其他行文字的字体设置为"仿宋"，将字号设置为"10"；将垂直对齐方式设置为"居中"。

④ 使用"开始"选项卡中的命令，将"序号"所在的工作表标题行数据的水平对齐方式设置为"居中"。

⑤ 使用"开始"选项卡中的命令，将"序号""称呼""联系电话""邮政编码"4 列数据的水平对齐方式设置为"居中"。

⑥ 使用"开始"选项卡"数字"组的"数字格式"下拉列表框将"联系电话"和"邮政编码"两列数据设置为"文本"类型。

⑦ 使用"行高"对话框将第 1 行（标题行）的行高设置为"35"，将其他数据行（第 2 行～第 10 行）的行高设置为"20"。

⑧ 使用"开始"选项卡中的命令将各数据列的宽度自动调整为至少能容纳单元格中的内容。

⑨ 使用"设置单元格格式"对话框的"边框"选项卡为包含数据的单元格区域设置边框线。

⑩ 设置纸张方向为"横向"，然后预览页面的整体效果。

任务实施

1. 打开 Excel 文档

打开 Excel 文档"客户通讯录 2.xlsx"。

2. 插入新行

① 选中"序号"所在的标题行。

② 在"开始"选项卡"单元格"组的"插入"下拉选项中选择"插入工作表行"命令，完成在"序号"所在的标题行上边插入新行的操作。

③ 在新插入行的单元格 A1 中输入"客户通讯录"。

3. 使用"设置单元格格式"对话框设置单元格格式

① 选择"A1:G1"单元格区域，单击鼠标右键，在弹出的快捷菜单中选择"设置单元格格式"命令，打开"设置单元格格式"对话框，切换到"字体"选项卡。在"字体"选项卡依次设置字体为"宋体"、字形为"加粗"、字号为"20"。

② 切换到"对齐"选项卡，设置水平对齐方式为"跨列居中"，垂直对齐方式为"居中"。

设置完成后，单击"确定"按钮即可。

4. 使用"开始"选项卡中的命令设置单元格格式

① 选中"A2:G10"单元格区域，然后在"开始"选项卡"字体"组设置字体为"仿宋"、字号为"10"；在"对齐方式"组单击"垂直居中"按钮，设置该单元格区域的垂直对齐方式为"居中"。

② 选中"A2:G2"单元格区域，即"序号"所在的标题行数据，然后单击"对齐方式"组的"居中"按钮，设置该单元格区域的水平对齐方式为"居中"。

③ 选中"A3:A10""E3:G10"两个不连续的单元格区域，即"序号""称呼""联系电话""邮政编码"4 列数据，然后单击"对齐方式"组的"居中"按钮，设置两个单元格区域的水平对齐方式为"居中"。

④ 选中"F3:G10"单元格区域，即"联系电话"和"邮政编码"两列数据，在"开始"选项卡"数字"组"数字格式"下拉列表框中选择"文本"选项。

5. 设置行高和列宽

① 选中第 1 行（"客户通讯录"标题行），单击鼠标右键，在弹出的快捷菜单中选择"行高"命令，打开"行高"对话框，在"行高"文本框中输入"35"，然后单击"确定"按钮即可。

② 以同样的方法设置其他数据行（第 2 行~第 10 行）的行高为"20"。

③ 选中 A 列~G 列，然后在"开始"选项卡"单元格"组"格式"下拉选项中选择"自动调整列宽"命令。

6. 使用"设置单元格格式"对话框设置边框线

选中"A2:G10"单元格区域，单击鼠标右键，在弹出的快捷菜单中选择"设置单元格格式"命令，打开"设置单元格格式"对话框，切换到"边框"选项卡，然后在该选项卡的"预置"区域中单击"外边框"和"内部"按钮，为包含数据的单元格区域设置边框线，如图 4-14 所示。

图 4-14 "设置单元格格式"对话框"边框"选项卡

7. 页面设置与页面整体效果预览

① 单击"页面布局"选项卡"页面设置"组"纸张方向"按钮，在其下拉选项中选择"横向"命令，如图 4-15 所示。

图 4-15　在"纸张方向"下拉选项中选择"横向"命令

② 在 Excel 2016 窗口切换至"文件"选项卡，选择"打印"命令，打开"打印"界面，即可预览页面的整体效果。

4.5　Excel 2016 中数据计算

数据计算与统计是 Excel 的重要功能，Excel 能根据各种不同要求，通过公式和函数完成各类计算和统计。

4.5.1　单元格引用

Excel 2016 可以方便、快速地进行数据计算与统计。进行数据计算与统计时一般需要引用单元格中的数据。单元格的引用是指在计算公式中使用单元格地址作为运算项，单元格地址代表了单元格的数据。

1. 单元格地址

单元格地址由"列标"和"行号"组成，列标在前，行号在后，例如"A1""B4""D8"等。

2. 单元格区域地址

（1）连续的矩形单元格区域

连续的矩形单元格区域的地址引用为"单元格区域左上角的单元格地址:单元格区域右下角的单元格地址"，中间使用半角冒号（:）分隔，例如"B3:E12"，其中"B3"表示单元格区域左上角的单元格地址，"E12"表示单元格区域右下角的单元格地址。

（2）不连续的多个单元格或单元格区域

多个不连续的单元格或单元格区域的地址引用规则为：使用半角逗号（,）分隔多个单元格或单元格区域的地址。例如"A2,B3:D12,E5,F6:H10"，其中"A2"和"E5"表示 2 个单元格的地址，"B3:D12"和"F6:H10"表示 2 个单元格区域的地址。

3. 单元格引用

（1）相对引用

相对引用是指单元格地址直接使用"列标"和"行号"表示，例如"A1""B2""C3"等。含有单元格相对地址的公式移动或复制到一个新位置时，公式中的单元格地址会发生变化。例如单元格 F3 应用的公式中包含了单元格 D3 的相对引用，将单元格 F3 中的公式复制到单元格 F4 时，公式所包含的单元格相对引用会自动变为 D4。

（2）绝对引用

绝对引用是指单元格地址中的"列标"和"行号"前各加一个"$"符号，例如"$A$1""$B$2""$C$3"等。含有单元格绝对地址的公式移动或复制到一个新的位置时，公式中的单元格地址不会发生变化。例如单元格 F32 应用的公式中包含了单元格 F31 的绝对引用"$F$31"，将单元格 F32 中的公式复制到单元格 F33 时，公式所包含的单元格绝对引用不变，为同一个单元格 F31 中的数据。

（3）混合引用

混合引用是指单元格地址中，"列标"和"行号"中有一个使用绝对地址，而另一个却使用相对地址，例如"$A1""B$2"等。对于混合引用的地址，在公式移动或复制时，绝对引用部分不会发生变化，而相对引用部分会变化。

如果列标为绝对引用，行号为相对引用，例如"$A1"，那么在公式移动或复制时，列标不会发生变化（例如 A），但行号会发生变化（例如 1、2、3 等），即同一列不同行对应单元格的数据（例如"A1""A2""A3"等）。

如果行号为绝对引用，列标为相对引用，例如"A$1"，那么在公式移动或复制时，行号不会发生变化（例如 1），但列标会发生变化（例如 A、B、C 等），即同一行不同列对应单元格的数据（例如"A1""B1""C1"等）。

（4）跨工作表的单元格引用

公式中引用同一工作簿中其他工作表中单元格的形式：<工作表名称>!<单元格地址>，"工作表名称"与"单元格地址"之间使用半角感叹号（！）分隔。

（5）跨工作簿的单元格引用

公式中引用不同工作簿中单元格的形式：'<[工作簿文件名]><工作表名称>'!<单元格地址>。

> **注意** "工作簿文件名"应加半角方括号（[ ]），要使用绝对路径且带扩展名；工作表名称与单元格地址之间使用半角感叹号（！）分隔；<[工作簿文件名]><工作表名称>还需要加半角单引号，例如'E:\[考核成绩.xlsx]sheet1'!A6。

4.5.2 自动计算

单击"公式"选项卡"函数库"组的"自动求和"按钮，可以对指定或默认区域的数据进行求和运算。其运算结果值显示在选定列的下方第 1 个单元格中或者选定行的右侧第 1 个单元格中。

单击"自动求和"下拉按钮 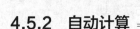，在打开的下拉选项中包括多个自动计算命令，如图 4-16 所示。

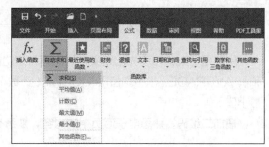

图 4-16 "自动求和"下拉选项

4.5.3 使用公式计算

1. 公式的组成

Excel 中的公式由常量数据、单元格引用、函数、运算符组成。运算符主要包括 3 种类型：算术运算符、字符运算符、比较运算符。算术运算符包括+（加号）、-（减号）、*（乘号）、/（除号）、%（百分号）、^（乘幂）；字符连接运算符"&"可以将多个字符串连接起来；比较运算符包括=（等号）、<（小于）、<=（小于或等于）、>（大于）、>=（大于或等于）、<>（不等于）。

如果公式中同时用到了多个运算符，其运算优先顺序如表 4-1 所示。

表 4-1　Excel 公式中多个运算符的运算优先顺序

运算符	运算优先顺序
-（负号）	1
%（百分号）	2
^（乘幂）	3
*（乘）、/（除）	4
+（加）、-（减）	5
&（连接符）	6
=（等号）、<（小于）、<=（小于或等于）、>（大于）、>=（大于或等于）、<>（不等于）	7

公式中同一级别的运算，按从左到右的顺序进行，括号中的优先运算，注意括号应使用半角的括号"( )"，不能使用全角的括号。

2. 公式的输入与计算

【操作 4-11】Excel 工作表中公式的输入与计算

电子活页 4-12

Excel 工作表中公式的输入与计算

扫描二维码，熟悉电子活页中的内容，打开 Excel 工作簿"计算销售额.xlsx"，试用与掌握电子活页中介绍的 Excel 工作表中公式的输入与计算方法，使用公式计算各种产品的销售额，将计算结果填入对应单元格中。

3. 公式的移动与复制

公式的移动是指把一个公式从一个单元格中移动到另一个单元格中，其操作方法与单元格中数据的移动方法相同。

公式的复制可以使用填充柄、功能区命令和快捷菜单命令等多种方法实现，与单元格中数据的复制方法基本相同。

电子活页 4-13

在 Excel 工作表中使用函数计算

4.5.4　使用函数计算

函数是 Excel 中事先已定义好的具有特定功能的内置公式，例如 SUM（求和）、AVERAGE（求平均值）、COUNT（计数）、MAX（求最大值）、MIN（求最小值）等。

扫描二维码，熟悉电子活页中的内容，熟悉有关函数计算的相关内容。

4.6　Excel 2016 数据统计与分析

Excel 提供了极强大的数据排序、筛选以及分类汇总等功能，使用这些功能可以方便地统计与分析数据。排序是指按照一定的顺序重新排列工作表的数据，通过排序，可以根据其特定列的内容来重新排列工作表的行。排序并不改变行的内容，当两行中有完全相同的数据或内容时，Excel 会保持它们的原始顺序。筛选是查找和处理工作表中数据子集的快捷方法，筛选结果仅显示满足条件的行，该条件由用户针对某列指定。筛选与排序不同，它并不重排工作表中的行，而只是将不必显示的行暂时隐藏，可以使用"自动筛选"或"高级筛选"功能将那些符合条件的数据显示在工作表中。分类汇总是将工作表中某个关键字段进行分类，相同值的分为一类，然后对各类进行汇总。利用分类汇总功能可以对一项或多项指标进行汇总。

4.6.1 数据排序

数据的排序是指对选定单元格区域中的数据以升序或降序方式重新排列，便于浏览和分析。

【操作 4-12】Excel 工作表中的数据排序

扫描二维码，熟悉电子活页中的内容，打开 Excel 工作簿"产品销售数据排序.xlsx"，试用与掌握电子活页中介绍的 Excel 工作表中数据排序方法，完成简单排序、多条件排序等操作。

电子活页 4-14

Excel 工作表中的
数据排序

4.6.2 数据筛选

如果用户需要浏览或者操作的只是数据表中的部分数据，为了方便操作，加快操作速度，往往把需要的记录数据筛选出来作为操作对象而将无关的记录数据隐藏起来，使之不参与操作。

Excel 同时提供了自动筛选和高级筛选两种命令来筛选数据。自动筛选可以满足大部分需求，然而当需要按更复杂的条件来筛选数据时，则需要使用高级筛选。

【操作 4-13】Excel 工作表中的数据筛选

扫描二维码，熟悉电子活页中的内容，试用与掌握电子活页中介绍的 Excel 工作表中数据筛选方法，完成以下筛选操作。

电子活页 4-15

Excel 工作表中的
数据筛选

1. 自动筛选

打开 Excel 工作簿"计算机配件销售数据筛选 1.xlsx"，筛选出价格为 500～1000 元（包含 500 元，但不包含 1000 元）的计算机配件。

2. 高级筛选

打开 Excel 工作簿"计算机配件销售数据筛选 2.xlsx"，筛选出价格大于 500元并且小于或等于 1000 元，同时销售额在 50000 元以上的计算机配件。

4.6.3 数据分类汇总

对工作表中的数据按列值进行分类，并按类进行汇总（包括求和、求平均值、求最大值、求最小值等），可以提供清晰且有价值的报表。

在进行分类汇总之前，应对工作表中的数据进行排序，将与分类字段相同的记录集中在一起，并且工作表中第 1 行里必须有列标题。

电子活页 4-16

Excel 工作表中的
数据分类汇总

【操作 4-14】Excel 工作表中的数据分类汇总

扫描二维码，熟悉电子活页中的内容，打开 Excel 工作簿"计算机配件销售数据分类汇总.xlsx"，试用与掌握电子活页中介绍的 Excel 工作表中数据分类汇总方法，按以下要求完成分类汇总操作。

分类字段为"产品名称"，汇总方式为"求和"，汇总项分别为"数量"和"销售额"。

【任务 4-4】产品销售数据处理与计算

任务描述

打开 Excel 工作簿"蓝天易购电器商城产品销售情况表 1.xlsx"，按照以下要求进行计算与统计。

① 使用"开始"选项卡"编辑"组的"自动求和"按钮，计算产品销售总数量，将计算结果存放在单元格 E31 中。

② 在编辑栏常用函数列表中选择所需的函数，计算产品销售总额，将计算结果存放在单元格 F31 中。

③ 使用"插入函数"对话框和"函数参数"对话框计算产品的最高价格和最低价格，将计算结果分别存放在单元格 D33 和 D34 中。

④ 手动输入计算公式，计算产品平均销售额，将计算结果存放在单元格 F35 中。

任务实施

打开 Excel 工作簿"蓝天易购电器商城产品销售情况表 1.xlsx"，然后完成以下操作。

1. 计算产品销售总数量

【方法 1】将光标定位在单元格 E31 中，单击"开始"选项卡"编辑"组中"自动求和"按钮，此时自动选中单元格区域"E3:E30"，且在单元格 E31 和编辑框中显示计算公式"=SUM(E3:E30)"，然后按"Enter"键或"Tab"键确认，也可以在编辑栏单击"输入"按钮✔确认，单元格 E31 中将显示计算结果"2167"。

【方法 2】先选定求和的单元格区域"E3:E30"，然后单击"自动求和"按钮，自动为单元格区域计算总和，计算结果显示在单元格 E31 中。

2. 计算产品销售总额

先选定计算单元格 F31，输入半角等号"="，然后在编辑栏中"名称框"位置展开常用函数列表，在该函数列表中单击选择"SUM"函数，打开"函数参数"对话框，在该对话框的"Number1"地址框中输入"F3:F30"，然后单击"确定"按钮即可完成计算，单元格 F31 中显示的计算结果为"¥11,928,220.0"。

3. 计算产品的最高价格和最低价格

（1）计算最高价格

先选定单元格 D33，输入等号"="，然后在常用函数列表中单击选择"MAX"函数，打开"函数参数"对话框。在该对话框中单击"Number1"地址框右侧的"折叠"按钮▣，折叠"函数参数"对话框，且进入工作表中，按住鼠标左键拖曳鼠标选择单元格区域"D3:D30"，该单元格区域四周会出现一个框，"函数参数"对话框变成图 4-17 所示的折叠状态，并显示工作表中选定的单元格区域。

在图 4-17 所示对话框中单击折叠后的地址框右侧的"返回"按钮，返回图 4-18 所示的"函数参数"对话框，然后单击"确定"按钮，完成公式输入和计算。

在单元格 D33 中显示的计算结果为"¥19,999.0"。

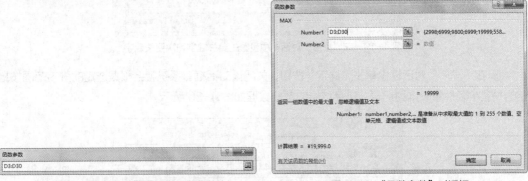

图 4-17 "函数参数"对话框的折叠状态　　　　图 4-18 "函数参数"对话框

（2）计算最低价格

先选定单元格 D34，然后单击编辑栏中的"插入函数"按钮 f_x，在打开的"插入函数"对话框中选择函数"MIN"。在该对话框的"Number1"地址框右侧的地址框中直接输入计算范围"D3:D30"，也可以先单击地址框右侧的"折叠"按钮在工作表中拖曳鼠标选择单元格区域"D3:D30"，再单击"返回"按钮返回"函数参数"对话框，最后单击"确定"按钮，完成数据计算。

在单元格 D34 中显示的计算结果为"¥729.0"。

4．计算产品平均销售额

先选定单元格 F35，输入半角等号"="，然后输入公式"AVERAGE(F3:F30)"，单击编辑栏中的"输入"按钮✔确认即可。单元格 F35 中显示的计算结果为"¥426,007.9"。

单击快速访问工具栏中的"保存"按钮，对产品销售数据的处理与计算进行保存。

【任务 4-5】产品销售数据排序

任务描述

在 Excel 工作簿"蓝天易购电器商城产品销售情况表 2.xlsx"的工作表"Sheet1"中，将销售数据"产品名称"以升序和"销售额"以降序排列。

任务实施

① 打开 Excel 工作簿"蓝天易购电器商城产品销售情况表 2.xlsx"。

② 选中工作表"Sheet1"中数据区域的任一个单元格。

③ 单击"数据"选项卡"排序和筛选"组"排序"按钮，打开"排序"对话框。在该对话框中先选中"数据包含标题"复选框，然后在"主要关键字"下拉列表框中选择"产品名称"，在"排序依据"下拉列表框中选择"数值"，在"次序"下拉列表框中选择"升序"。

④ 单击"添加条件"按钮，添加第二个排序条件，在"次要关键字"下拉列表框中选择"销售额"，在"排序依据"下拉列表框中选择"数值"，在"次序"下拉列表框中选择"降序"。在"排序"对话框中设置主要关键字和次要关键字如图 4-19 所示。

信息技术基础

图 4-19　在"排序"对话框中设置主要关键字和次要关键字

⑤　在"排序"对话框中单击"确定"按钮，关闭该对话框。系统就会根据选定的排序范围按指定的关键字条件重新排列记录。排序结果的部分数据如图 4-20 所示。

蓝天易购电器商城产品销售情况表

产品名称	品牌规格型号	单位	价格	数量	销售额
冰箱	美菱(MELING)501升十字对开多门四开门	台	¥3,899.0	263	¥1,025,437.0
冰箱	海尔(Haier)496升金空间保鲜母婴冰箱	台	¥7,299.0	126	¥919,674.0
冰箱	海尔(Haier)328升无霜双频四门冰箱	台	¥3,499.0	144	¥503,856.0
冰箱	美菱(MELING)425升法式多门冰箱	台	¥6,199.0	38	¥235,562.0
电视机	TCL75英寸 C10 QLED原色量子点超薄4K超高清	台	¥19,999.0	36	¥719,964.0
电视机	海信(Hisense)65英寸65E9F ULED超画质	台	¥8,499.0	72	¥611,928.0
电视机	小米75英寸壁画电视 L75M5-BH 4K高清	台	¥9,800.0	56	¥548,800.0
电视机	TCL65英寸 65P68 4K高清	台	¥6,999.0	46	¥321,954.0
电视机	小米(MI)65英寸壁画电视4K高清	台	¥6,999.0	36	¥251,964.0
电视机	小米(MI)60英寸 4K超高清屏	台	¥2,998.0	84	¥251,832.0
电视机	创维(Skyworth)58英寸58H9D 4K超高清	台	¥4,599.0	52	¥239,148.0
电视机	海信(Hisense)58英寸H258A65超高清4K	台	¥4,599.0	42	¥193,158.0
电视机	创维65英寸65A20 4K智慧屏	台	¥5,588.0	25	¥139,700.0

图 4-20　排序结果的部分数据

单击快速访问工具栏中的"保存"按钮，对产品销售数据的排序进行保存。

【任务 4-6】产品销售数据筛选

任务描述

①　打开 Excel 工作簿"蓝天易购电器商城产品销售情况表 3.xlsx"，在工作表"Sheet1"中筛选出价格在 3000 元以上（不包含 3000 元）、5000 元以内（包含 5000 元）的洗衣机。

②　打开 Excel 工作簿"蓝天易购电器商城产品销售情况表 3.xlsx"，在工作表"Sheet2"中筛选出价格为 900～3000 元（不包含 900 元，但包含 3000 元），同时销售额在 20000 元以上的洗衣机，以及价格低于 7000 元的空调。

任务实施

1. 蓝天易购电器商城产品销售数据的自动筛选

①　打开 Excel 工作簿"蓝天易购电器商城产品销售情况表 3.xlsx"。

②　在要筛选数据区域"A2:F14"中选定任意一个单元格。

③　单击"数据"选项卡"排序和筛选"组的"筛选"按钮，该按钮呈现选中状态，同时系统自动在工作表中每个列的列标题右侧插入一个下拉按钮。

④　单击列标题"价格"右侧的下拉按钮，会打开一个"筛选"下拉菜单。在该下拉菜单中指向"数字筛选"，在其级联菜单中选择"自定义筛选"命令，打开"自定义自动筛选方式"对话框。

⑤　在"自定义自动筛选方式"对话框中，将条件 1 设置为"大于""3000"，条件 2 设置为"小于或等于""5000"，逻辑运算方式设置为"与"。然后单击"确定"按钮，自定义自动筛选的结果

如图 4-21 所示。

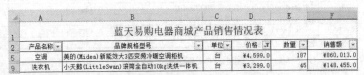

表格内容：蓝天易购电器商城产品销售情况表

	A	B	C	D	E	F
1	蓝天易购电器商城产品销售情况表					
2	产品名称	品牌规格型号	单位	价格	数量	销售额
5	空调	美的(Midea)新能效大3匹变频冷暖空调柜机	台	¥4,599.0	187	¥860,013.0
9	洗衣机	小天鹅(LittleSwan)滚筒全自动10kg洗烘一体机	台	¥3,299.0	45	¥148,455.0

图 4-21　自定义自动筛选的结果

2. 蓝天易购电器商城产品销售数据的高级筛选

（1）打开 Excel 工作簿

打开 Excel 工作簿"蓝天易购电器商城产品销售情况表 3.xlsx"。

（2）设置条件区域

在单元格 A16 中输入"产品名称"，在单元格 D16 中输入"价格"，在单元格 E16 中输入"价格"，在单元格 F16 中输入"销售额"。

设置"洗衣机"的筛选条件。在单元格 A17 中输入"洗衣机"，在单元格 D17 中输入条件">900"，在单元格 E17 输入条件"<=3000"，在单元格 F17 输入条件">20000"。

设置"空调"的筛选条件。在单元格 A18 中输入"空调"；在单元格 D18 中输入条件"<7000"。

条件区域设置结果如图 4-22 所示。

	产品名称				价格	价格	销售额
16	产品名称				价格	价格	销售额
17	洗衣机				>900	<=3000	>20000
18	空调				<7000		

图 4-22　条件区域设置结果

（3）选定单元格

在待筛选数据区域"A2:F14"中选定任意一个单元格。

（4）在"高级筛选"对话框中设置

单击"数据"选项卡"排序和筛选"组的"高级"按钮，打开"高级筛选"对话框，在该对话框中进行以下设置。

① 在"方式"区域选中"将筛选结果复制到其他位置"单选按钮。

② 在"列表区域"地址框中利用"折叠"按钮在工作表中选择数据区域"$A$2:$F$14"。

③ 在"条件区域"地址框中利用"折叠"按钮在工作表中选择设置好的条件区域"$A$16:$F$18"。

④ 在"复制到"地址框中利用"折叠"按钮在工作表中选择存放筛选结果的区域"$A$20:$F$25"。

⑤ 选中"选择不重复的记录"复选框。

"高级筛选"对话框设置完成后，如图 4-23 所示。

图 4-23　"高级筛选"对话框设置

（5）执行高级筛选

在"高级筛选"对话框中单击"确定"按钮，执行高级筛选。

高级筛选的结果如图 4-24 所示。

单击快速访问工具栏中的"保存"按钮，对产品销售数据的筛选进行保存。

20	产品名称	品牌规格型号	单位	价格	数量	销售额
21	空调	格力(GREE)3匹 新能效 变频冷暖	台	¥6,899.0	243	¥1,676,457.0
22	空调	美的(Midea)新能效大3匹变频冷暖空调柜机	台	¥4,599.0	187	¥860,013.0
23	洗衣机	小天鹅(LittleSwan)10kg波轮洗衣机全自动	台	¥1,699.0	63	¥107,037.0
24	洗衣机	小天鹅(LittleSwan)迷你洗衣机全自动3kg波轮	台	¥999.0	96	¥95,904.0
25	洗衣机	美的(Midea)10kg滚筒全自动	台	¥1,699.0	48	¥81,552.0

图 4-24　高级筛选的结果

【任务 4-7】产品销售数据分类汇总

任务描述

打开 Excel 工作簿"蓝天易购电器商城产品销售情况表 4.xlsx"，在工作表"Sheet1"中按"产品名称"分类汇总"数量"的总数和"销售额"的总额。

任务实施

（1）打开 Excel 工作簿

打开 Excel 工作簿"蓝天易购电器商城产品销售情况表 4.xlsx"。

（2）按"产品名称"进行排序

将工作表中的数据按"产品名称"进行排序，将与分类字段"产品名称"相同的记录集中在一起。

（3）执行"分类汇总"操作

将光标置于待分类汇总数据区域"A2:F30"的任意一个单元格中。单击"数据"选项卡"分级显示"组的"分类汇总"按钮，打开"分类汇总"对话框，在该对话框中进行以下设置。

① 在"分类字段"下拉列表框中选择"产品名称"。

② 在"汇总方式"下拉列表框中选择"求和"。

③ 在"选定汇总项"列表框中选择"数量"和"销售额"。

④ 底部的 3 个复选框都采用默认设置。

然后单击"确定"按钮，完成分类汇总。

单击工作表左侧的分级显示区顶端的 2 按钮，工作表中将只显示列标题、各个分类汇总结果和总计结果，如图 4-25 所示。

1 2 3		A	B	C	D	E	F
	1		蓝天易购电器商城产品销售情况表				
	2	产品名称	品牌规格型号	单位	价格	数量	销售额
+	7	冰箱 汇总				571	¥2,684,529.0
+	20	电视机 汇总				533	¥3,611,928.0
+	26	空调 汇总				630	¥4,418,916.0
+	34	洗衣机 汇总				433	¥1,212,847.0
-	35	总计				2167	¥11,928,220.0

图 4-25　列标题、各个分类汇总结果和总计结果

单击快速访问工具栏中的"保存"按钮，对产品销售数据的分类汇总进行保存。

4.7　用 Excel 2016 管理数据

对工作簿、工作表和单元格中的数据进行有效保护，可以防止他人不经允许打开和修改。

4.7.1　Excel 数据安全保护

电子活页 4-17

Excel 数据安全保护

扫描二维码，熟悉电子活页中的内容，熟悉有关 Excel 数据安全保护的内容，完成保护单元格中数据、保护工作表、撤销工作表保护、保护工作簿、撤销工作簿保护、对 Excel 文档进行加密处理、撤销 Excel 文档的密码等操作。

4.7.2　隐藏行、列与工作表

电子活页 4-18

隐藏行、列与工作表

扫描二维码，熟悉电子活页中的内容，熟悉有关隐藏行、列与工作表的内容，完成隐藏行、隐藏列、隐藏工作表等操作。

【任务 4-8】尝试保护文档"蓝天易购电器商城产品销售情况表 5.xlsx"及其工作表

任务描述

① 打开文件夹"模块 4"中的 Excel 工作簿"蓝天易购电器商城产品销售情况表 5.xlsx"，尝试保护工作表"Sheet1"，密码设置为"123456"。

② 打开文件夹"模块 4"中的 Excel 工作簿"蓝天易购电器商城产品销售情况表 5.xlsx"，尝试保护该工作簿，密码设置为"123456"。

③ 对 Excel 文档"蓝天易购电器商城产品销售情况表 5.xlsx"设置打开权限密码和修改权限密码，密码都设置为"123456"。

任务实施

1. 保护工作表

打开文件夹"模块 4"中的 Excel 工作簿"蓝天易购电器商城产品销售情况表 5.xlsx"，在工作表标签"Sheet1"上单击鼠标右键，在弹出的快捷菜单中选择"保护工作表"命令，如图 4-26 所示。

打开"保护工作表"对话框，在该对话框中选中"保护工作表及锁定的单元格内容"复选框，在"取消工作表保护时使用的密码"文本框中输入密码"123456"，在"允许此工作表的所有用户进行"列表框中选中允许用户进行的操作，这里选中"选定锁定单元格"和"选定未锁定的单元格"两个复选框，如图 4-27 所示。然后单击"确定"按钮，在弹出的"确认密码"对话框输入相同的密码，如图 4-28 所示，最后单击"确定"按钮即可。

图 4-26　在快捷菜单中选择"保护工作表"命令

图 4-27　"保护工作表"对话框

在设置了工作表保护的 Excel 文档中工作表的单元格中删除数据或者输入数据，就会弹出图 4-29 所示的提示信息对话框。

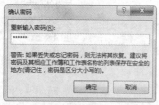

图 4-28 "确认密码"对话框

图 4-29 提示信息对话框

2. 保护工作簿

在 Excel 2016 "文件"选项卡中选择"信息"命令，打开"信息"界面，在右侧单击"保护工作簿"按钮，在弹出的下拉选项中选择"保护工作簿结构"命令，如图 4-30 所示。

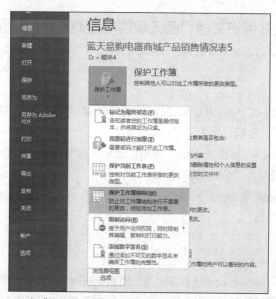

图 4-30 在"保护工作簿"下拉选项中选择"保护工作簿结构"命令

打开"保护结构和窗口"对话框，在该对话框的"保护工作簿"区域选中"结构"复选框；该对话框中的密码是可选的，在"密码"文本框中输入"123456"，如图 4-31 所示。单击"确定"按钮后，弹出"确认密码"对话框，在该对话框中输入相同的密码，如图 4-32 所示，然后单击"确定"按钮即可。

如果对被保护的工作簿中工作表进行重命名操作，会弹出图 4-33 所示的提示信息对话框。

图 4-31 "保护结构和窗口"对话框

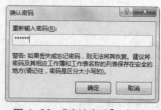

图 4-32 "确认密码"对话框

图 4-33 提示信息对话框

3. 对 Excel 文档设置打开权限密码和修改权限密码

打开要设置密码的 Excel 文档"蓝天易购电器商城产品销售情况表 5.xlsx"，在 Excel 2016 "文件"选项卡中选择"另存为"命令，打开"另存为"界面，单击"浏览"按钮，打开"另存为"对话框，在该对话框下方单击"工具"按钮，在打开的下拉选项中选择"常规选项"命令，如图 4-34 所示，打开"常规选项"对话框。

在"常规选项"对话框中分别设置"打开权限密码"和"修改权限密码"，这里都输入密码 "123456"，如图 4-35 所示，然后单击"确定"按钮完成密码设置，在弹出的两个"确认密码"对话框中输入相同的密码，即"123456"，单击"确定"按钮，返回"另存为"对话框。

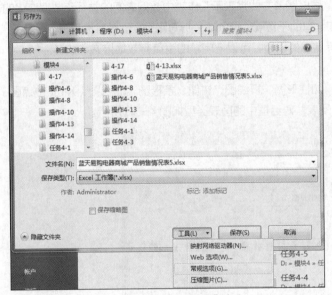

图 4-34 选择"常规选项"命令

图 4-35 "常规选项"对话框

在"另存为"对话框中确定保存位置（这里设置为"模块 4/任务 4-8"）和文件名（这里保持不变），然后单击"保存"按钮，该文件便被加密保存。

对于设置了打开权限密码的 Excel 文档，再次打开时，会弹出确认打开权限的"密码"对话框，在该对话框中输入正确的密码"123456"，如图 4-36 所示，单击"确定"按钮。对于设置了修改权限密码的 Excel 文档，会弹出确认写权限的"密码"对话框，在该对话框中输入密码以获取写权限，这里输入密码"123456"，如图 4-37 所示，单击"确定"按钮，即可打开设置了修改权限密码的 Excel 文档。

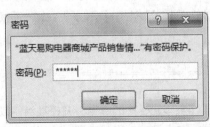

图 4-36 确认打开权限的"密码"对话框

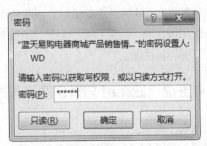

图 4-37 确认写权限的"密码"对话框

161

4.8　Excel 2016 展现与输出数据

Excel 提供的图表功能，可以将数据以图表的形式表达出来，使数据更加清晰易懂，使数据表示的含义更加形象直观，并且用户可以通过图表直接了解数据之间的关系和数据的变化趋势。

4.8.1　初识 Excel 图表的作用与类型选择

1. Excel 图表的作用

图表是 Excel 的一个重要对象，是以图形方式来表示工作表中数据之间的关系和数据变化的趋势。在工作表中创建一个合适的图表，有助于直观、形象地分析对比数据，更容易理解主题和观点，通过对图表中的数据的颜色和字体等信息的设置，可以把问题的重点有效地传递给读者。

2. Excel 图表的常用类型

Excel 提供了多种类型的图表，如柱形图、折线图、饼图、条形图、面积图、XY（散点图）、股价图、曲面图、雷达图等。"插入图表"对话框中的图表类型如图 4-38 所示。

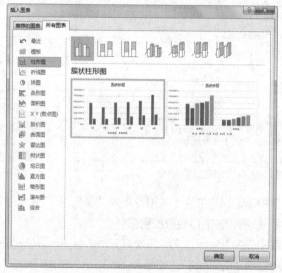

图 4-38　"插入图表"对话框中的图表类型

3. 合理选择 Excel 图表类型

展现数据间的成分结构一般使用饼图、柱形图和条形图，比较数据间的数量关系一般使用柱形图和条形图，反映数据的变化趋势一般使用折线图和柱形图，表示数据的频率分布一般使用柱形图、条形图和折线图，衡量数据的相关性一般使用柱形图、散点图和气泡图，比较多重数据一般使用簇状柱形图和雷达图。

4.8.2　Excel 2016 图表基本操作

建立了基于工作表选定区域的图表，Excel 使用工作表单元格中的数据，并将其当作数据点在图表上予以显示。数据点用条形、折线、柱形、饼图、散点及其他形状表示，这些形状称为数据标签。

图表中的数据源自工作表中的数据列，图表一般包含图例、坐标轴、数据标签、图标标题、坐标轴标题等图表元素。

建立图表后，可以通过增加、修改图表元素（例如数据标签、图标标题、坐标轴标题等）来美化图表及强调某些重要信息。大多数图表元素是可以被移动或调整大小的，也可以用图案、颜色、对齐、字体及其他格式属性来设置这些图表元素的格式。

工作表中插入的图表也可以实现复制、移动和删除操作。

1. 图表的复制

可以采用复制与粘贴的方法复制图表，还可以按住"Ctrl"键用鼠标直接拖曳复制图表。

2. 图表的移动

可以采用剪切与粘贴的方法移动图表，还可以将鼠标指针移至图表区域的边缘位置，然后按住鼠标左键拖曳到新的位置移动图表。

3. 图表的删除

选中图表后按"Delete"键即可将其删除。

4.8.3 设置图表元素的布局

1. 选取图表元素

图表元素主要包括坐标轴、坐标轴标题、图表标题、数据标签、数据表、网格线、图例等，可以直接在图表中单击选取各个图表元素，也可以单击"图表工具-设计"选项卡"添加图表元素"按钮，在弹出的下拉选项中选取各个图表元素，如图 4-39 所示，同时设置其布局位置。

2. 调整图表元素布局

在工作表中选择图表，然后单击"图表工具-设计"选项卡"添加图表元素"按钮，在弹出的下拉选项中指向各个图表元素，在其级联选项中进行选择，调整图表元素的布局。"坐标轴"级联选项如图 4-40 所示，"坐标轴标题"级联选项如图 4-41 所示。

图 4-39 "图表工具-设计"选项卡"添加图表元素"下拉选项

图 4-40 "坐标轴"级联选项

图 4-41 "坐标轴标题"级联选项

4.8.4　初识数据透视表

数据透视表是最常用、功能最全的 Excel 数据分析工具之一，数据透视表综合了数据排序、筛选、分类汇总等数据统计分析功能。

Excel 的数据透视表和数据透视图比普通的分类汇总功能更强，可以按多个字段进行分类，便于从多方向分析数据。例如分析集团公司的商品销售情况，可以按不同类型的商品进行分类汇总，也可以按不同的销售员进行分类汇总，还可以综合分析某一种商品不同销售员的销售业绩，或者同一位销售员销售不同类型商品的情况，前两种情况使用普通的分类汇总即可实现，后两种情况则需要使用数据透视表或数据透视图实现。

数据透视表是对 Excel 数据表中的各个字段进行快速分类汇总的一种分析工具，它是一种交互式报表。利用数据透视表可以方便地调整分类汇总的方式，灵活地以多种不同方式展示数据的特征。

一张数据透视表仅靠鼠标拖曳字段位置，即可变换出各种类型的分析报表。用户只需指定所需分析的字段、数据透视表的组织形式，以及计算类型（求和、求平均值）。如果原始数据发生更改，则可以刷新数据透视表更改汇总结果。

4.8.5　Excel 工作表页面设置

打印 Excel 工作表之前，可以对页面格式进行设置，包括"页面""页边距""页眉/页脚""工作表"等，这些设置都可以通过"页面设置"对话框完成。

单击"页面布局"选项卡"页面设置"组的"页面设置"按钮 ⑤，则可打开"页面设置"对话框。

【操作 4-15】Excel 工作表页面设置

扫描二维码，熟悉电子活页中的内容，熟悉有关 Excel 工作表页面设置的相关内容，完成设置页面的方向、缩放、纸张大小、打印质量和起始页码，设置页边距，设置页眉和页脚，设置工作表等操作。

电子活页 4-19

Excel 工作表页面设置

4.8.6　工作表预览与打印

【操作 4-16】Excel 工作表预览与打印

扫描二维码，熟悉电子活页中的内容，熟悉有关工作表预览与打印的相关内容，完成打印预览、打印等操作。

电子活页 4-20

Excel 工作表预览与打印

【任务 4-9】创建与编辑产品销售情况图表

任务描述

① 打开 Excel 工作簿"电视机与洗衣机销售情况展示.xlsx"，在工作表"Sheet1"中创建图表，图表类型为"簇状柱形图"，图表标题为"第 1、2 季度产品销售情况"，分类轴标题为"月份"，

数值轴标题为"销售额",并在图表中添加图例。图表创建完成对其格式进行设置。设置图表标题的字体为"宋体",字号为"12"。

② 将图表类型更改为"带数据标记的折线图",使用鼠标拖曳方式调整图表大小并将图表移动到合适的位置。

③ 将图表移至工作簿其他工作表中。

任务实施

1. 创建图表

① 打开 Excel 工作簿"电视机与洗衣机销售情况展示.xlsx"。

② 选定需要建立图表的单元格区域"A2:G4",如图 4-42 所示,图表的数据源自选定的单元格区域中的数据。

产品名称	1月	2月	3月	4月	5月	6月	总计
电视机	¥376,210.0	¥300,400.0	¥385,400.0	¥398,600.0	¥420,650.0	¥526,700.0	¥2,407,960.0
洗衣机	¥102,240.0	¥100,600.0	¥123,400.0	¥145,600.0	¥168,000.0	¥185,600.0	¥825,440.0

图 4-42 选定需要建立图表的单元格区域"A2:G4"

③ 单击"插入"选项卡"图表"组的"插入柱形图或条形图"按钮 ，在打开的下拉选项中选择"二维柱形图"区域的"簇状柱形图"命令,如图 4-43 所示。

创建的簇状柱形图如图 4-44 所示。

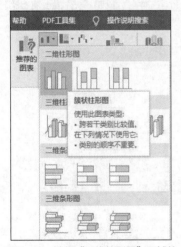

图 4-43 选择"二维柱形图"区域的
"簇状柱形图"命令

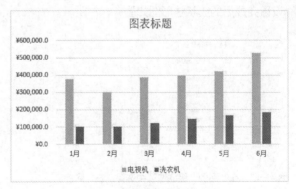

图 4-44 创建的簇状柱形图

单击快速访问工具栏中的"保存"按钮 ，对 Excel 文档进行保存。

2. 添加图表的坐标轴标题

① 单击激活要添加坐标轴的图表,这里单击前面创建的簇状柱形图。

② 单击图表右上角的"图表元素"按钮,在打开的下拉选项中选中"坐标轴标题"复选框,如图 4-45 所示。在图表区域出现横向和纵向两个"坐标轴标题"文本框。

③ 在横向"坐标轴标题"文本框中输入"月份",在纵向"坐标轴标题"文本框中输入"销

售额"。

单击快速访问工具栏中的"保存"按钮🖫，对 Excel 文档进行保存。

3．添加图表标题

① 单击激活要添加图表标题的图表，这里单击前面创建的"簇状柱形图"。

② 单击图表右上角的"图表元素"按钮，在打开的下拉选项中选中"图表标题"复选框，在其级联选项中选择"图表上方"命令，如图 4-46 所示。

③ 在图表区域"图表标题"文本框中输入合适的图表标题"第 1、2 季度产品销售情况"。

④ 设置图表标题的字体为"宋体"，字号为"12"。

单击快速访问工具栏中的"保存"按钮🖫，对 Excel 文档进行保存。

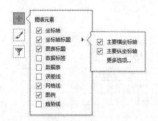

图 4-45　在"图表元素"下拉选项中选中
"坐标轴标题"复选框

图 4-46　在"图表标题"级联选项中选择
"图表上方"命令

4．添加图表的图例

① 单击激活要添加图例的图表，这里单击前面创建的"簇状柱形图"。

② 单击图表右上角的"图表元素"按钮，在打开的下拉选项中选中"图例"复选框，在其级联选项中选择"右"命令，如图 4-47 所示。

单击快速访问工具栏中的"保存"按钮🖫，对 Excel 文档进行保存。

设置完成后的簇状柱形图如图 4-48 所示。

图 4-47　在"图例"级联选项中选择"右"命令

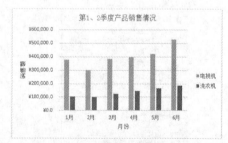

图 4-48　设置完成后的簇状柱形图

5．更改图表类型

① 单击激活要更改类型的图表，这里单击前面创建的"簇状柱形图"。

② 单击"图表工具 - 设计"选项卡"类型"组的"更改图表类型"按钮，打开"更改图表类型"对话框。

③ 在"更改图表类型"对话框中选择一种合适的图表类型，这里选择"带数据标记的折线图"，如图 4-49 所示。

④ 单击"确定"按钮，完成图表类型的更改。带数据标记的折线图如图 4-50 所示。

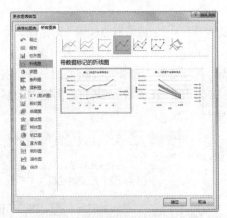

图 4-49　在"更改图表类型"对话框中选择
"带数据标记的折线图"

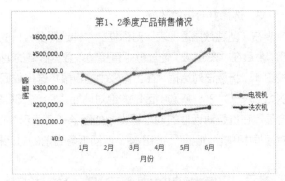

图 4-50　带数据标记的折线图

6. 缩放与移动图表

① 单击激活图表，这里单击前面创建的图表。

② 将鼠标指针移至图表右下角的控制点，当鼠标指针变成斜向双箭头 ↖↘ 时，拖曳鼠标调整图表大小，直到满意。

③ 将鼠标指针移至图表区域，按住鼠标左键将图表拖曳到合适的位置。

7. 将图表移至工作簿的其他工作表中

单击选中图表，单击"图表工具-设计"选项卡"位置"组的"移动图表"按钮，在弹出的"移动图表"对话框中选中"新工作表"单选按钮，新工作表的名称采用默认名称"Chart1"，如图 4-51 所示，单击"确定"按钮，自动创建新工作表"Chart1"，并将图表移至工作表"Chart1"中。

单击快速访问工具栏中的"保存"按钮，对 Excel 文档进行保存。

图 4-51　"移动图表"对话框

【任务 4-10】创建产品销售数据透视表

任务描述

打开 Excel 工作簿"电视机与洗衣机销售统计表 1.xlsx"，创建数据透视表，将工作表"Sheet1"中销售数据按"业务员"将每种产品的销售额汇总求和，存入新工作表"Sheet2"中。根据数据透视表分析以下问题。

① 电视机与洗衣机总销售额各是多少？

② 各业务员中谁的业绩最好（销售额最高）？谁的业绩最差（销售额最低）？

③ 业务员赵毅的电视机销售额为多少？

任务实施

1. 打开 Excel 工作簿

打开 Excel 工作簿"电视机与洗衣机销售统计表 1.xlsx"。

2. 启动数据透视图表和数据透视图向导

单击"插入"选项卡"表格"组的"数据透视表"按钮，打开"创建数据透视表"对话框。

3. 选择要分析的数据

在"创建数据透视表"对话框的"请选择要分析的数据"区域选中"选择一个表或区域"单选按钮，然后在"表/区域"地址框中直接输入数据区域的地址，或者单击"表/区域"地址框右侧的"折叠"按钮，折叠该对话框，在工作表中拖曳鼠标选择数据区域，例如"A2:C12"，所选中区域的绝对地址"$A$2:$C$12"会显示在折叠对话框的地址框中，如图 4-52 所示。在折叠对话框中单击"返回"按钮，返回折叠之前的对话框。

图 4-52　折叠对话框

> **提示**　数据透视表的数据源可以是一个单元格区域，也可以是多列数据，如果需要经常更新或添加数据，建议选择多列，当有数据增加时，只要刷新数据透视表即可，不必重新选择数据源。

4. 选择放置数据透视表的位置

在"创建数据透视表"对话框的"选择放置数据透视表的位置"区域选中"新工作表"单选按钮，如图 4-53 所示。

图 4-53　选中"新工作表"单选按钮

> **提示**　如果数据较少，也可以选中"现有工作表"单选按钮，然后在"位置"地址框中输入放置数据透视表的区域地址。

5. 设置数据透视表字段

在"创建数据透视表"对话框中单击"确定"按钮，进入数据透视表设计环境，如图 4-54 所示。即在指定的工作表位置创建了一个空白的数据透视表框架，同时在窗口右侧显示"数据透视表字段"窗格。

在"数据透视表字段"窗格中，从"选择要添加到报表的字段："列表框选中"产品名称"复选框，则在"在以下区域间拖动字段："区域的"行"列表框中自动显示"产品名称"字段；选中"业务员姓名"复选框，并将"业务员姓名"字段拖曳到"列"列表框中；选中"销售额"，则在"值"列表框中自动显示"求和项:销售额"字段。添加了对应字段的"数据透视表字段"窗格如图 4-55 所示。

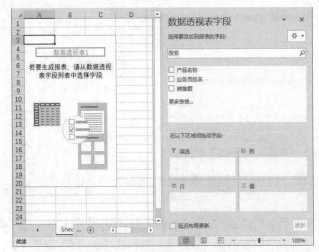

图 4-54 数据透视表设计环境

图 4-55 添加了对应字段的
"数据透视表字段"窗格

在"数据透视表字段"窗格右下方的"值"列表框中单击"求和项:销售额"字段，在弹出的下拉选项中选择"值字段设置"命令，如图 4-56 所示。打开"值字段设置"对话框，在该对话框的"值字段汇总方式"列表框中可以选择其他汇总方式，这里保持默认的"求和"选项不变，如图 4-57 所示。

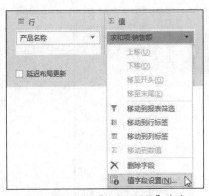

图 4-56 选择"值字段设置"命令

图 4-57 "值字段设置"对话框

单击"数字格式"按钮，打开"设置单元格格式"对话框，在该对话框左侧"分类"列表框中选择"数值"选项，将"小数位数"设置为"1"，如图 4-58 所示，接着单击"确定"按钮返回"值字段设置"对话框。

图 4-58 "设置单元格格式"对话框

在"值字段设置"对话框中单击"确定"按钮，完成数据透视表的创建。

6. 设置数据透视表的格式

将光标置于数据透视表区域的任意单元格，切换到"数据透视表工具－设计"选项卡，在"数据透视表样式"组中单击选择一种合适的样式，这里选择"数据透视表样式浅色 15"表格样式，如图 4-59 所示。

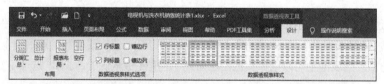

图 4-59 在"数据透视表工具－设计"选项卡中选择一种数据透视表样式

创建的数据透视表的最终效果如图 4-60 所示。

图 4-60 数据透视表的最终效果

由图 4-60 所示的数据透视表可知以下结果。

① 电视机与洗衣机总销售额分别是 81200 元、36850 元。

② 各业务员中肖海雪的业绩最好，销售额为 40400 元；赵毅的业绩最差，销售额为 16350 元。

③ 业务员赵毅的电视机销售额为 8600 元。

提示 创建数据透视表后，还可以编辑数据透视表。

切换到"数据透视表工具－分析"选项卡，如图 4-61 所示，利用该选项卡中的命令可以对创建的数据透视表进行多项设置，也可以对数据透视表进行编辑。

图 4-61 "数据透视表工具－分析"选项卡

数据透视表的编辑包括增加与删除数据字段、改变统计方式、改变透视表布局等，大部分操作都可以借助"数据透视表工具－分析"选项卡中命令完成。

（1）增加或删除数据字段

单击"数据透视表工具-分析"选项卡"显示"组的"字段列表"按钮，打开"数据透视表字段"窗格，可以将所需字段拖曳到相应区域。

（2）改变汇总方式

单击"数据透视表工具-分析"选项卡"活动字段"组的"字段设置"按钮，打开"值字段设置"对话框，在该对话框中可以改变汇总方式。

（3）更改数据透视表选项

单击"数据透视表工具-分析"选项卡"数据透视表"组的"选项"按钮，打开图 4-62 所示的"数据透视表选项"对话框，在该对话框中更改相关设置即可。

图 4-62 "数据透视表选项"对话框

创建数据透视图的方法与创建数据透视表类似，由于教材篇幅的限制，这里不赘述。

【任务 4-11】产品销售情况页面设置与打印输出

任务描述

① 打开 Excel 工作簿"蓝天易购电器商城产品销售情况表 6.xlsx"，对工作表"Sheet1"进行页面设置。

② 插入分页符，实现分页打印。

任务实施

打开 Excel 工作簿"蓝天易购电器商城产品销售情况表 6.xlsx"，对工作表"Sheet1"进行设置。

1. 设置页面的方向、缩放、纸张大小、打印质量和起始页码

单击"页面布局"选项卡"页面设置"组右下角的"页面设置"按钮，打开"页面设置"对话框。在该对话框的"页面"选项卡可以设置打印方向（纵向或横向打印）、缩小或放大将打印的内容、选择合适的纸张类型、设置打印质量和起始页码。在"缩放"区域中选中"缩放比例"单选按钮，可以设置打印的比例；选中"调整为"单选按钮，可以按指定的页数打印工作表。"页宽"为表格横向分隔的页数，"页高"为表格纵向分隔的页数。如果要在一张纸上打印大于一张的内容时，应设置 1 页宽和 1 页高。"打印质量"是指打印时所用的分辨率，分辨率以"点/英寸"为单位，值越大，表示打印质量越好。

这里"方向"选择"纵向"，其他都采用默认设置，如图 4-63 所示。

2. 设置页边距

在"页面设置"对话框中切换到"页边距"选项卡，然后设置上、下、左、右边距以及页眉和页脚边距，还可以设置居中方式。这里左、右页边距设置为"1.5"，其他都采用默认设置，如图 4-64 所示。

图 4-63 "页面设置"对话框"页面"选项卡

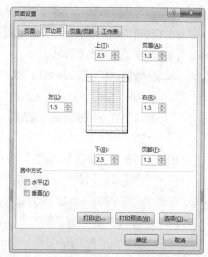

图 4-64 "页面设置"对话框"页边距"选项卡

3. 设置页眉和页脚

在"页面设置"对话框中切换到"页眉/页脚"选项卡，在"页眉"或"页脚"下拉列表框中选择合适的页眉或页脚。也可以自行定义页眉或页脚，操作方法如下。

① 在"页眉/页脚"选项卡中单击"自定义页眉"按钮，打开"页眉"对话框，将光标定位在"左""中"或"右"文本框中，然后单击对话框中相应的按钮，按钮包括"格式文本""插入页码""插入页数""插入日期""插入时间""插入文件路径""插入文件名""插入数据表名称""插入图片"等。如果要在页眉中添加其他文字，在文本框中输入相应文字即可，如果要在某一位置换行，按"Enter"键即可。

这里在"中"文本框中输入"第 1、2 季度产品销售情况表"并选中文字，然后单击"格式文本"按钮 A，在弹出的"字体"对话框中将字体设置为"宋体"，将字形设置为"常规"，将大小设置为"10"，如图 4-65 所示。字体设置完成后单击"确定"按钮返回"页眉"对话框，如图 4-66 所示。

在"页眉"对话框中单击"确定"按钮返回"页面设置"对话框的"页眉/页脚"选项卡。

图 4-65 "字体"对话框

图 4-66 "页眉"对话框

② 在"页眉/页脚"选项卡中单击"自定义页脚"按钮，打开"页脚"对话框，将光标定位在"左""中"或"右"文本框中，然后单击对话框中相应的按钮。如果要在页脚中添加其他文字，在文本框中输入相应文字即可，如果要在某一位置换行，按"Enter"键即可。

这里在"右"文本框中输入"第页 共页"，将光标置于"第"与"页"之间，然后单击"插入页码"按钮，插入页码（&[页码]），然后将光标置于"共"与"页"之间，然后单击"插入页数"按钮，插入总页数（&[总页数]），如图 4-67 所示。然后单击"格式文本"按钮，在弹出的"字体"对话框中将字体设置为"宋体"，将字形设置为"常规"，将大小设置为"10"，字体设置完成后单击"确定"按钮返回"页脚"对话框，如图 4-67 所示。

在"页脚"对话框单击"确定"按钮返回"页面设置"对话框的"页眉/页脚"选项卡，如图 4-68 所示。

图 4-67 "页脚"对话框

图 4-68 "页面设置"对话框的"页眉/页脚"
选项卡

4. 设置工作表

在"页面设置"对话框中切换到"工作表"选项卡，在该选项卡进行以下设置。

（1）定义打印区域

根据需要在"打印区域"地址框中设置打印的范围为"$A$1:$F$30"，如果不设置，系统默认打印工作表中的全部数据。

（2）定义打印标题

如果在工作表中包含行列标题，可以使其出现在每页打印输出的工作表中。在"顶端标题行"地址框中指定顶端标题行所在的单元格区域"$1:$1"，在"左端标题列"地址框中指定左端标题列所在的单元格区域，这里为空。

（3）指定打印选项

选择是否打印"网格线"，是否为"单色打印"，是否为按"草稿品质"打印（不打印框线和图表），是否打印"行号列标"。

（4）设置打印顺序

选择"先行后列"打印顺序。

工作表设置完成，如图 4-69 所示。单击"确定"按钮关闭"页面设置"对话框即可。

图 4-69　工作表设置完成

5. 分页打印

单击新起页第 1 行对应的行号，例如第 20 行，在"页面布局"选项卡"页面设置"组"分隔符"下拉选项中选择"插入分页符"命令，如图 4-70 所示，即可插入分页符。其他需要分页的位置也按此方法插入分页符。

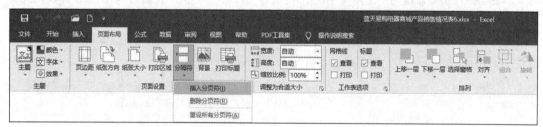

图 4-70　在"分隔符"下拉选项中选择"插入分页符"命令

在 Excel 2016 窗口功能区切换至"文件"选项卡，打开"打印"界面，在"打印"界面对打印输出的多项设置完成后，连接打印机，单击右侧的"打印"按钮，即可开始打印。

【提升训练】

【训练 4-1】人才需求量的统计与分析

任务描述

打开文件夹"单元 4"中的 Excel 工作簿"人才需求量统计与分析.xlsx"，按照以下要求完成相应的操作。

① 在工作表"Sheet1"中计算各个城市人才需求的总计数，结果存放在单元格 C9～L9 中。

② 在工作表"Sheet1"中计算各职位类别人才需求量的总计数，结果存放在单元格 M3～M8 中。

③ 在工作表"Sheet1"中利用单元格区域"C2:L2"和"C9:L9"中数据绘制图表，图表标题为"主要城市人才需求量调查统计"，图表类型为"簇状柱形图"，分类轴标题为"城市"，数据轴标题为"需求数量"。

④ 在工作表"Sheet1"中利用单元格区域"B3:B8"和"M3:M8"中数据绘制图表，图表标题为"人才需求量调查统计"，图表类型为"分离型三维饼图"，显示"百分比"数据标签，图例位于底部。

⑤ 预览工作表"Sheet1"，设置合适的页边距，设置打印区域。

⑥ 利用工作表"Sheet2"中的数据，创建人才需求量的数据透视表，且将创建的数据透视表存放在数据表"Sheet3"中。将创建人才需求量数据透视表与工作表"Sheet1"中的人才需求数据进行对比，理解数据透视表的功能和直观性。

任务实施

① 参考的"簇状柱形图"如图 4-71 所示。

② 参考的"分离型三维饼图"如图 4-72 所示。

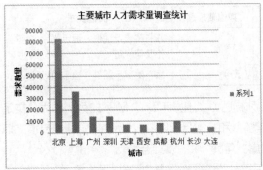

图 4-71 "主要城市人才需求量调查统计"的簇状柱形图

图 4-72 "人才需求量调查统计"的分离型三维饼图

【训练 4-2】公司人员结构分析

任务描述

打开文件夹"单元 4"中的 Excel 工作簿"公司人员结构分析.xlsx"，按照以下要求完成相应的操作。

① 在工作表"职工花名册"中，将标题"蓝天电脑有限责任公司职工花名册"的字体设置为"楷体"，字号设置为"16"，加粗。行高设置为"30"，水平对齐设置为"跨列居中"，垂直对齐设置为"居中"。除标题行之外的其他各行的行高设置为"最适合的行高"，垂直对齐方式设置为"居中"。各列的列宽设置为"最适合的列宽"，列标题的水平对齐设置为"居中"，

② 在工作表"人员自动筛选"中，执行自动筛选操作，筛选出"技术部"的少数民族职工。

③ 在工作表"人员高级筛选"中，执行高级筛选操作，筛选出政治面貌为"中共党员"非湖南籍的少数民族的女职工。

④ 在工作表"职工按性别分类统计"中，按职工的性别进行分类汇总。

⑤ 在工作表"职工按民族分类统计"中，按职工的民族进行分类汇总。

⑥ 将分类汇总的统计结果复制到工作表"职工人员结构分析"中，按性别分类汇总的结果如图 4-73 所示，按民族分类汇总的结果如图 4-74 所示。

在工作表"职工人员结构分析"中分别选用 4 类汇总数据，按表 4-2 中的要求分别绘制图表。

公司人员性别结构

性别	人数
男	24
女	14
合计	38

图 4-73 按性别分类汇总的结果

公司人员民族结构

民族	人数
藏族	1
傣族	1
侗族	1
汉族	28
回族	1
满族	2
蒙古族	1
土家族	1
维吾尔族	1
瑶族	1
合计	38

图 4-74 按民族分类汇总的结果

表 4-2 绘制图表的要求

图表标题	图表类型	分类轴标题	数值轴标题	其他要求
公司人员性别结构	三维簇状柱形图	性别	人数	靠右侧显示图例，显示类别名称标签及值标签
公司人员民族结构	分离型圆环图	（无）	（无）	靠右侧显示图例，显示值标签

⑦ 在工作表"职工年龄结构分析"中，L 列的列标题为"虚岁年龄"，M 列的列标题为"实足年龄"，先在单元格 L3 和 M3 中分别计算"虚岁年龄"和"实足年龄"，然后使用鼠标拖曳填充柄的方法分别计算单元格 L4～L40、M4～M40 的"虚岁年龄"和"实足年龄"。

⑧ 应用函数 COUNTIF 分别统计工作表"职工年龄结构分析"中 35 岁以下（包括 35 岁）年龄段的职工人数、35～45 岁（不包括 35 岁、包括 45 岁）年龄段的职工人数、45 岁以上年龄段的职工人数。然后绘制职工年龄结构的图表，图表标题为"公司人员年龄结构图"，图表类型为"分离型三维饼图"，在底部显示图例，显示"类别名称"和"百分比"的数据标签。图表标题的字号设置为"14"，加粗；数据标签的字号设置为"10"，图例的字号设置为"10"。

任务实施

① 在工作表"人员自动筛选"中筛选少数民族职工应使用"自定义自动筛选方式"对话框完成，筛选条件设置为"<>汉族"。

性别	民族	政治面貌	籍贯
女	<>汉族	中共党员	<>湖南

图 4-75 高级筛选的条件设置

② 工作表"人员高级筛选"中高级筛选的条件设置如图 4-75 所示。

③ 要将分类汇总的统计结果复制到 Excel 的工作表"职工人员结构分析"中，可以先切换到对应的分类汇总的工作表中，单击工作表左侧的分级显示区顶端的 2 按钮，工作表中将只显示列标题、各个分类汇总结果和总计结果，将分类汇总结果复制到 Word 文档，添加必要的表格列标题，删除多余的文字，然后将汇总结果复制到 Excel 的工作表中即可。

④ 计算虚岁年龄的公式为：YEAR(TODAY())-YEAR(F3)，其中单元格 F3 中存储了出生日期数据，函数 TODAY() 返回当前系统日期。

⑤ 计算实足年龄的公式为：IF(MONTH(F3)<MONTH(TODAY()),L3,IF(MONTH(F3)>MONTH(TODAY()),L3-1,IF(DAY(F3)<=DAY(TODAY()),L3,L3-1)))，其中单元格 F3 中存储了出生日期数据，L3 中存储了虚岁年龄数据。

⑥ 计算 35 岁以下年龄段的职工人数的公式为：COUNTIF(M3:M40,"<=35")，计算 35～45

岁年龄段的职工人数的公式为：COUNTIF(M3:M40,"<=45")-COUNTIF(M3:M40,"<=35")，计算 45 岁以上年龄段的职工人数公式为：COUNTIF(M3:M40,">45")。

【考核评价】

【技能测试】

【测试 4-1】五四青年节活动经费支出预算数据的输入

在文件夹"单元 4"中创建并打开 Excel 工作簿"五四青年节活动经费预算表支出表.xlsx"，在工作表"Sheet1"中输入表 4-3 所示五四青年节活动经费预算数据。要求"序号"列数据"1~11"使用"序列"对话框设置后填充输入，在"序号"对应行之前插入一行，在该行第 1 个单元格中输入文本内容"五四青年节活动经费预算表"。

表 4-3　五四青年节活动经费预算

序号	费用支出项目	金额/元
1	制作纪念五四青年节的展板	1200
2	制作晚会海报	600
3	制作晚会邀请函	800
4	购买饮用水	600
5	租赁音响设备	4000
6	租赁灯光设备	5000
7	租赁晚会主持人及演员服装	3000
8	购买与制作道具	2000
9	晚上主持人及演员化妆	2000
10	资料印刷等费用	1200
11	购买奖品、纪念品等	5200
12	晚会主持人、演员、晚会工作人员用餐	8000
13	其他项目	2000
合计		35600

【测试 4-2】五四青年节活动经费预算表格式设置与效果预览

打开文件夹"单元 4"中的 Excel 工作簿"五四青年节活动经费预算表支出表.xlsx"，按照以下要求进行操作。

① 使用"开始"选项卡"字体"组中的命令设置第 1 行"五四青年节活动经费预算表支出情况"的字号为 18，加粗，设置其他行文字的字号为 12。

② 使用"开始"选项卡"对齐方式"组中的对齐按钮将"序号"所在行数据的水平对齐方式设

置为"居中"。

③ 使用"开始"选项卡"对齐方式"组的对齐按钮将"序号"所在列数据的水平对齐方式设置为"居中"。

④ 使用鼠标拖曳方法将第 1 行的行高设置为 30，其他数据行的行高设置为 20；使用鼠标拖曳方法将各数据列的宽度设置为至少能容纳单元格中的内容。

⑤ 使用"开始"选项卡"对齐方式"区域的"合并后居中"按钮 将第 1 行"五四青年节活动经费预算表支出情况"对应的 3 个单元格合并且水平对齐方式设置为"居中"。

⑥ 将"金额（元）"列数据设置为"货币"类型，小数位数设置为"1"位，货币符号设置为"¥"。

⑦ 给包含数据的单元格区域设置边框线。

【测试 4-3】五四青年节活动经费决算表格式设置与数据计算

打开文件夹"单元 4"中的 Excel 工作簿"五四青年节活动经费决算表.xlsx"，按照以下要求在工作表"Sheet1"中完成相应的操作。

① 第 1 行标题"五四青年节活动经费决算表"字体设置为"隶书"，字号设置为"20"，加粗，水平对齐方式设置为"跨列居中"，垂直对齐方式设置为"居中"。

② 其他各行文字的字体设置为"宋体"，字号设置为"11"，垂直对齐方式设置为"居中"，第 2 行水平对齐方式设置为"居中"，第 3 行～第 16 行的水平对齐方式保持其默认设置。

③ 第 1 行的行高设置为"30"，第 2 行～第 16 行的行高设置为"20"。为包含数据的单元格区域设置边框线。

④ 第 1 列的列宽设置为"6"，第 2 列的列宽设置为"30"，第 3 列～第 6 列的列宽设置为"15"。

⑤ 预算金额、实际支出和余额对应数据格式设置为"货币"，小数位数设置为 1 位，货币符号设置为"¥"，给负数加括号且套红显示。

⑥ 利用公式"预算金额-实际支出"先计算项目 1 的余额，然后拖曳填充柄复制公式计算其他各个项目的余额。

⑦ 使用求和函数 SUM 计算预算金额、实际支出和余额的合计值。

本测试的参考效果如图 4-76 所示。

图 4-76 "五四青年节活动经费决算表"的参考效果

【测试 4-4】计算机配件销售数据的计算与统计

打开文件夹"单元 4"中的 Excel 工作簿"计算机配件销售情况表.xlsx",按照以下要求进行计算。

① 使用"开始"选项卡"编辑"组的"自动求和"按钮,计算产品销售总数量,计算结果存放在单元格 E31 中。

② 在"编辑栏"常用函数列表中选择所需的函数,计算产品销售总额,计算结果存放在单元格 F31 中。

③ 手动输入计算公式,计算产品平均销售额,计算结果存放在单元格 F35 中。

④ 使用"插入函数"对话框和"函数参数"对话框计算产品的最高价格和最低价格,计算结果分别存放在单元格 D33 和 D34 中。

【测试 4-5】计算机配件销售数据的统计与分析

① 打开文件夹"单元 4"中的 Excel 工作簿"计算机配件销售情况表 1.xlsx",在工作表"Sheet1"中将"产品名称"以升序和"销售额"以降序排列。

② 打开文件夹"单元 4"中的 Excel 工作簿"计算机配件销售情况表 2.xlsx",在工作表"Sheet1"中筛选出价格在 600 元以上,1000 元以内(不包含 1000 元)的 CPU 和主板。

③ 打开文件夹"单元 4"中的 Excel 工作簿"计算机配件销售情况表 3.xlsx",在工作表"Sheet1"中筛选出价格大于 600 元并且小于 1000 元,同时销售额在 20000 元以上的 CPU 与价格低于 800 元的主板。

④ 打开文件夹"单元 4"中的 Excel 工作簿"计算机配件销售情况表 4.xlsx",在工作表"Sheet1"中按"产品名称"分类汇总"数量"的总数和"销售额"的总额。并尝试保护工作表"Sheet1"。

⑤ 打开文件夹"单元 4"中的 Excel 工作簿"蓝天公司计算机配件销售统计表.xlsx",在工作表"Sheet1"中按"业务员"将每种"产品"的销售额汇总求和,存入新建工作表中。并尝试保护该工作簿。

【测试 4-6】计算机配件销售图表的创建与编辑

打开文件夹"单元 4"中的 Excel 工作簿"第 1、2 季度计算机配件销售情况表.xlsx",在工作表"Sheet2"中创建图表,图表标题为"第 1、2 季度计算机配件销售情况",分类轴标题为"配件类型",数值轴标题为"销售额",且在图表中添加图例和数据表。图表创建完成对其格式进行设置。

【课后习题】

1. Excel 2016 一个工作簿中工作表的个数,默认值是(　　　)。

   A. 1　　　　　　　　　B. 16　　　　　　　　　C. 255　　　　　　　　　D. 3

2. 在 Excel 2016 输入公式时,如出现"#REF!"提示,表示(　　　)。

   A. 运算符号有错　　　　　　　　　　B. 没有可用的数值

   C. 某个数字出错　　　　　　　　　　D. 引用了无效的单元格

3. 在 Excel 2016 中，文本数据包括（　　　）。

    A. 汉字、短语和空格　　　　　　　　　　B. 数字

    C. 其他可输入字符　　　　　　　　　　　D. 以上全部

4. 在 Excel 2016 中，要使 B5 单元格中的数据为 A2 和 A3 单元格中数据之和，而且 B5 单元格中的公式被复制到其他位置时不改变这一结果，可在 B5 单元格中输入公式（　　　）。

    A. =$A$2+$A$3　　　B. =A2+A3　　　　　C. A:2+A:3　　　　D. =SUM（A2:A3）

5. Excel 2016 的"文件"选项卡中"关闭"命令的作用是（　　　）。

    A. 退出 Excel 2016　　　　　　　　　　B. 关闭当前工作簿

    C. 关闭当前工作表　　　　　　　　　　D. 关闭所有工作簿

6. 在 Excel 2016 中，已知某单元格的格式为 000.00，值为 23.785，则显示时单元格的内容为（　　　）。

    A. 23.78　　　　　　B. 23.79　　　　　　C. 23.785　　　　　D. 023.79

7. Excel 2016 中，不能复制工作表的操作是（　　　）。

    A. 使用"开始"选项卡"单元格"组"格式"下拉选项下的"移动或复制工作表"命令

    B. 使用"复制"+"粘贴"命令

    C. 按住"Ctrl"键，用鼠标左键拖曳

    D. 用鼠标右键单击工作表，从打开的快捷菜单中选择"移动或复制"命令

8. 在 Excel 2016 中，公式输入完后应按（　　　）。

    A. "Enter"键　　　　　　　　　　　　B. "Ctrl+Enter"组合键

    C. "Shift+Enter"组合键　　　　　　　　D. "Ctrl+Shift+Enter"组合键

9. 在 Excel 2016 中，冻结当前工作表的某些部分可使用的命令在（　　　）。

    A. "开始"选项卡中　　　　　　　　　　B. "数据"选项卡中

    C. "插入"选项卡中　　　　　　　　　　D. "视图"选项卡中

10. 在 Excel 2016 中，如果我们只需要数据列表中记录的一部分时，可以使用 Excel 2016 提供的（　　　）功能。

    A. 排序　　　　　　B. 自动筛选　　　　　C. 分类汇总　　　　D. 以上全部

模块5
操作与应用PowerPoint 2016

PowerPoint 2016是一种功能完善、使用方便并且可塑性较强的演示文稿制作工具，它提供了在计算机中制作演示文稿的各项功能，同时在演示文稿中可以嵌入视频、音频以及Word或Excel等其他应用程序对象，可以方便、快捷地制作出图文并茂、有声有色、形象生动的演示文稿，使用它制作的演示文稿可以通过计算机屏幕或者投影仪直接播放，被广泛应用于公司宣传、产品推介及教育教学等。

5.1 初识 PowerPoint 2016

5.1.1 PowerPoint 基本概念

演示文稿是由若干张幻灯片组成的，幻灯片是演示文稿的基本组成单位。我们要熟悉PowerPoint 的几个基本概念。

1. 演示文稿

PowerPoint 文件一般称为演示文稿，其扩展名为".pptx"或".ppt"。演示文稿由一张张既独立又相互关联的幻灯片组成。

2. 幻灯片

幻灯片是演示文稿的基本组成单位，是演示文稿的表现形式。

3. 幻灯片对象

幻灯片对象是构成幻灯片的基本元素，是幻灯片的组成部分，包括文字、图片、表格、图表、视频和声音等。

4. 幻灯片版式

版式是指幻灯片中对象的布局方式，它包括对象的种类以及对象和对象之间的相对位置等。

5. 幻灯片模板

模板是指演示文稿整体上的外观风格，它包含预定的文字格式、颜色、背景图案等。系统提供了若干模板供用户选用，用户也可以自建模板，或者下载网络上的模板。

5.1.2 PowerPoint 窗口基本组成及其主要功能

1. PowerPoint 窗口基本组成

PowerPoint 2016 启动成功后，屏幕上会出现 PowerPoint 2016 窗口。该窗口主要由快速访问工具栏、标题栏、功能区、大纲/幻灯片浏览窗格、幻灯片窗格、备注窗格、视图切换按钮、状态栏等元素组成，如图 5-1 所示。

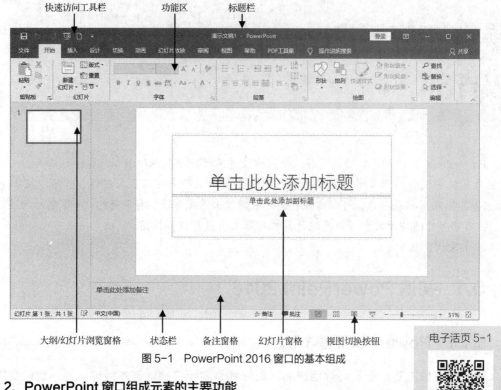

图 5-1　PowerPoint 2016 窗口的基本组成

2. PowerPoint 窗口组成元素的主要功能

　　扫描二维码，熟悉电子活页中的内容，掌握 PowerPoint 2016 窗口的各个组成元素的主要功能。

5.1.3　PowerPoint 的视图与切换方式

　　视图是用户查看幻灯片的方式，PowerPoint 能够以不同的视图来显示演示文稿的内容，在不同视图下观察到的幻灯片效果有所不同。PowerPoint 2016 提供了多种显示演示文稿的方式，分别是普通视图、大纲视图、幻灯片浏览视图、备注页视图、阅读视图。PowerPoint 2016 窗口下方状态栏中的视图切换按钮如图 5-2 所示，从左至右依次为"普通视图"按钮、"幻灯片浏览"按钮、"阅读视图"按钮和"幻灯片放映"按钮。功能区"视图"选项卡"演示文稿视图"组的视图切换按钮如图 5-3 所示。

图 5-2　状态栏中的视图切换按钮

图 5-3　"视图"选项卡"演示文稿视图"组的视图切换按钮

扫描二维码，熟悉电子活页中的内容，掌握 PowerPoint 各种视图的类型。

5.1.4　幻灯片母版与版式

幻灯片母版用来存储有关幻灯片主题和版式的信息。PowerPoint 2016 中对母版的设置包括编辑母版、母版版式设置、编辑主题、背景设置、幻灯片大小设置等。

每个演示文稿至少包含一个幻灯片母版，每个母版可能包含多个不同的幻灯片版式。可以根据幻灯片的逻辑功能和布局特点来选择适合的版式，每张幻灯片都可以选择套用其中任意一种版式。如果幻灯片当中包含多个母版，还可以选择不同母版下的版式。

母版可以设定幻灯片整体的背景颜色、字体、背景样式、主题效果等。与母版关联的不同版式可以设置结构样式、字体样式、占位符大小和相对位置等。

每个版式可以有不同的命名和适用对象，通常默认母版的内置主题包括"标题幻灯片""标题和内容""节标题""两栏内容""比较""仅标题""空白""内容与标题""图片与标题""标题和竖排文字""竖排标题与文本"等。

在演示文稿中新建幻灯片时，单击"插入"选项卡"幻灯片"组的"新建幻灯片"按钮，在其下拉选项中选择所需的版式，即可插入一张新幻灯片，并应用所选的版式。

对于已有的幻灯片，如果需要更新版式，可以先选定幻灯片后单击鼠标右键，在弹出的快捷菜单中选择"版式"命令，在其级联菜单中选择所需的版式应用到当前幻灯片上，如图 5-4 所示，或者单击"开始"选项卡"幻灯片"组的"版式"按钮，在其下拉选项中选择所需的版式。

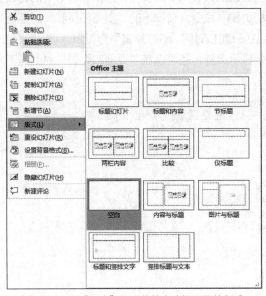

图 5-4　在"版式"级联菜单中选择所需的版式

1．幻灯片占位符

占位符是版式中的容器，可容纳如内容、文本（包括标题、正文文本和项目符号列表等）、图片、图表、表格、SmartArt 图形、媒体（包括声音、影片、动画及剪贴画等）、联机图像等，并规定了这些内容默认放置在幻灯片页面上的位置和大小。

正是基于不同布局形式、大小和位置的各类占位符的设置构成了各种不同的母版版式。在新建空白幻灯片时，应用某种版式就可以在幻灯片页面上看到相应的占位符占位排版方式。

诸如"单击此处编辑母版标题样式"，此类文字并不是真实存在的文字内容，而是占位符中的提示信息，并不会在幻灯片播放或打印输出时显示。在幻灯片的编辑过程中，一旦在占位符里添加了实际内容，这些提示文字就会消失。

占位符是规范和统一幻灯片版式及字体的重要工具，但是有很多用户在编辑幻灯片时习惯把这些占位符删除，使用"重置"功能可以恢复版式中默认的占位符。单击"开始"选项卡"幻灯片"组的"重置"按钮，可以恢复当前幻灯片中的占位符。占位符一旦确定，相关内容默认就自动填写在占位符中，并保持固定位置和大小。例如，使用文字占位符，当文字过多时，默认情况下会自动缩小文字以适应占位符的大小。如果觉得不妥，可以手动重新调整占位符的位置和大小。

2. 快速设置版式字体

在幻灯片母版的版式中，可以通过设置主题字体来快速改变占位符的字体样式。主题字体中"标题字体"的应用对象是版式中的标题占位符，主题字体中"正文字体"的应用对象包括版式中的副标题、正文、页脚、日期、幻灯片编号等占位符元素。

3. 统一设置页脚信息

通过幻灯片母版中的页脚占位符，可以很方便地在幻灯片中生成统一样式的页脚信息，并且可以让页脚中的幻灯片页码随着幻灯片页数和位置的变化自动更新。

在幻灯片母版视图中，选中当前幻灯片所使用的母版，在页脚的位置会显示日期、页脚信息和代表页码的<#>符号，可以根据需要设定它们的位置、内容以及外观样式。

在幻灯片母版中设置完成以后，关闭母版视图，返回到幻灯片的编辑模式下，单击"插入"选项卡"文本"组的"页眉和页脚"命令。在弹出的"页眉和页脚"对话框中，可以选择需要在幻灯片页脚部分显示的信息，包括日期和时间、幻灯片编号和页脚信息，例如公司名称，如图5-5所示。如果不希望在标题幻灯片中显示页脚，还可以在"页眉和页脚"对话框下方选中"标题幻灯片中不显示"复选框。

图 5-5 "页眉和页脚"对话框

5.2　PowerPoint 2016 基本操作

5.2.1　启动与退出 PowerPoint 2016

【操作 5-1】启动与退出 PowerPoint 2016

扫描二维码，熟悉电子活页中的内容，选择合适方法完成启动 PowerPoint 2016、退出 PowerPoint 2016 等操作。

5.2.2　演示文稿基本操作

【操作 5-2】演示文稿基本操作

扫描二维码，熟悉电子活页中的内容，选择合适方法完成以下各项操作。

1. 创建演示文稿

启动 PowerPoint 2016，创建一个新演示文稿。

2. 保存演示文稿

将新创建的演示文稿以名称"【操作 5-2】演示文稿基本操作"予以保存，保存位置为"模块 5"。

3. 利用模板创建演示文稿

创建基于"水滴"模板的演示文稿，并以名称"利用模板创建演示文稿"予以保存。

4. 关闭演示文稿

关闭演示文稿"【操作 5-2】演示文稿基本操作.pptx"。

5. 打开演示文稿

再次打开演示文稿"【操作 5-2】演示文稿基本操作.pptx"。

6. 关闭演示文稿

关闭演示文稿"利用模板创建演示文稿.pptx"，然后退出 PowerPoint 2016。

5.2.3　幻灯片基本操作

【操作 5-3】幻灯片基本操作

扫描二维码，熟悉电子活页中的内容，选择合适方法完成以下各项操作。

1. 添加幻灯片

启动 PowerPoint 2016，打开演示文稿"【操作 5-3】幻灯片基本操作.pptx"。在该演示文稿第一张幻灯片之前、中间位置、最后一张幻灯之后添加多张空白幻灯片。

2. 选定幻灯片

完成选定单张幻灯片、选定多张连续的幻灯片、选定多张不连续的幻灯片、选定所有幻灯片等操作。

3. 移动幻灯片

采用不同的方法移动幻灯片。

4. 复制幻灯片

采用不同的方法复制幻灯片。

5. 删除幻灯片

采用不同的方法删除幻灯片。

5.3 在演示文稿中重用幻灯片

"重用幻灯片"是指在不打开源演示文稿的情况下，直接从其中导入所需的幻灯片。

电子活页 5-6

重用幻灯片

【操作 5-4】重用幻灯片

扫描二维码，熟悉电子活页中的内容，选择合适方法完成以下操作。

1. 创建演示文稿

启动 PowerPoint 2016，创建一个新演示文稿，并以名称"重用幻灯片"予以保存。

2. 重用幻灯片

在演示文稿"重用幻灯片.pptx"中以"重用幻灯片"方式插入演示文稿"感恩活动策划.pptx"中全部的幻灯片。

5.4 合并演示文稿

如果需要将另一个演示文稿中的所有幻灯片全部添加到当前演示文稿中，除了前面介绍的"重用幻灯片"的方法，还可以用更快捷的合并功能来实现。

单击"审阅"选项卡"比较"组的"比较"按钮，在打开的"选择要与当前演示文稿合并的文件"对话框中选定需要导入的源演示文稿，然后单击下方的"合并"按钮，如图 5-6所示。接下来单击"审阅"选项卡"比较"组的"接受"按钮就可以显示导入当前文稿中的所有幻灯片，导入的幻灯片会保留原有的样式。最后单击"审阅"选项卡"比较"组的"结束审阅"按钮，确定修改并退出审阅模式。

图 5-6　"选择要与当前演示文稿合并的文件"对话框

5.5 在演示文稿中设置幻灯片版式与大小

演示文稿中的每张幻灯片都有一定的版式,版式是指幻灯片中对象的布局方式和格式设置。不同的版式拥有不同的占位符,构成了幻灯片的不同布局。PowerPoint 2016 预设多种文字版式、内容版式和其他。

5.5.1 设置幻灯片版式

演示文稿中的幻灯片可以应用某一种模板,模板控制幻灯片的整体外观风格、颜色搭配、字体设置和背景样式等。每一张幻灯片还可以使用合适的版式,版式控制每一张幻灯片的布局结构和格式设置。

可以在新建幻灯片时选用合适的版式,也可以重新设置幻灯片的版式,操作方法如下。

① 在"普通视图"的幻灯片浏览窗格或者在"幻灯片浏览视图"中,选中需要设置版式或改变版式的幻灯片。

② 单击"开始"选项卡"幻灯片"组的"版式"按钮,打开其下拉选项,如图 5-7 所示,选择所需的版式即可。"两栏内容"的版式如图 5-8 所示。

图 5-7 "版式"下拉选项

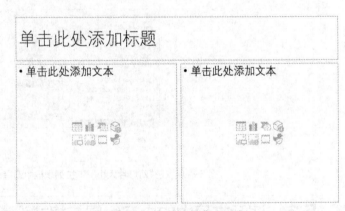

图 5-8 "两栏内容"的版式

5.5.2 设置幻灯片大小

幻灯片常见的长宽比为标准 4∶3 和宽屏 16∶9。如果在拥有宽屏的计算机上放映标准 4∶3 大小的幻灯片,会在屏幕两侧留下两条黑边。

在调整页面显示比例的同时,幻灯片中所包含的图片和图形等对象也会随比例发生相应的拉伸变化。因此,通常在制作幻灯片之前就需要设置好幻灯片大小。

1. 自定义幻灯片大小

单击"设计"选项卡"自定义"组"幻灯片大小"按钮,在打开的下拉选项中包括"标准(4∶3)""宽屏(16∶9)""自定义幻灯片大小"命令。选择"自定义幻灯片大小"命令,如图 5-9 所示。

打开"幻灯片大小"对话框，在该对话框中可以分别设置幻灯片大小、宽度、高度、幻灯片编号起始值、方向等，如图 5-10 所示。

图 5-9 选择"自定义幻灯片大小"命令

图 5-10 "幻灯片大小"对话框

2. 设置适合打印输出的尺寸

如果需要打印输出幻灯片，可以像使用 Word 一样把幻灯片的页面调整成纸张的大小。例如设置成 A4 纸（210mm×297mm）的大小，与此同时还可以调整幻灯片的宽度、高度和方向。

把幻灯片设置成纸张的版式，并在 PowerPoint 当中进行排版设计，可以充分利用它在图文编辑和布局上的便利，不需要借助专业的排版软件也可以轻松地设计出图文并茂的精彩页面。

除计算机屏幕显示、幕布投影以及打印输出以外，幻灯片还可以被设计成横幅。这可以通过在"幻灯片大小"对话框的"幻灯片大小"下拉列表框中选择"横幅"类型实现，如图 5-11 所示。

图 5-11 在"幻灯片大小"下拉列表框中选择"横幅"类型

5.6 演示文稿中的内容编辑与格式设置

在演示文稿的幻灯片中可输入文字，可以插入表格、图表、SmartArt 图形、图片、形状、视频、音频、图标等媒体对象，还可以对文字和媒体对象进行格式设置。综合应用这些媒体对象可以增强幻灯片的视听效果。

5.6.1 在幻灯片中输入与编辑文字

【操作 5-5】在幻灯片中输入与编辑文字

扫描二维码，熟悉电子活页中的内容，选择合适方法完成以下操作。

电子活页 5-7

在幻灯片中输入
与编辑文字

① 创建并打开演示文稿"品经典诗词、悟人生哲理.pptx"。在该演示文稿中添加多张幻灯片，各张幻灯片的版式可以分别选择"标题幻灯片""标题和内容""仅标题""标题和竖排文字""空白"。

② 在各张幻灯片中输入"模块 3"中 Word 文档"品经典诗词、悟人生哲理.docx"中的名言名句。

5.6.2　在幻灯片中插入与设置媒体对象

在幻灯片中可以插入表格、图表、艺术字、SmartArt 图形、图片、形状、视频、音频等媒体对象，也可以对这些媒体对象进行编辑。

1. 在幻灯片中插入与设置图片

在幻灯片中可以插入多种格式的图片，包括.jpg、.bmp、.gif、.wmf、.png、.svg、.ico 等。

选中要插入图片的幻灯片，单击"插入"选项卡"图像"组的"图片"按钮，打开"插入图片"对话框，在该对话框中选择合适的图片文件，然后单击"插入"按钮即可在当前幻灯片中插入图片。

接下来可以在幻灯片中调整图片的大小和位置，还可以使用"图片工具–格式"选项卡设置图片样式、图片边框、图片效果、图片版式以及裁剪图片、旋转图片。

【操作 5-6】在幻灯片中插入与设置图片

选择合适方法完成以下操作。

① 创建并打开演示文稿"大美九寨沟.pptx"，在该演示文稿中添加多张幻灯片，各张幻灯片的版式可以分别选择"标题和内容""两栏内容""图片与标题""空白"等。

② 在各张幻灯片中分别插入文件夹"模块 5"中的图片"芦苇海.jpg""树正群海.jpg""五花海.jpg""夏日清凉绿意深.jpg""一湖平静倒影起.jpg"。

2. 在幻灯片中插入与设置形状

PowerPoint 中的形状主要包括线条、矩形、基本形状、箭头总汇、公式形状、流程图、星与旗帜、标注等，每一类都有多种不同的图形。

单击"插入"选项卡"插图"组"形状"按钮，在打开的下拉选项中选择所需形状，在幻灯片中拖曳鼠标绘制图形即可。

插入幻灯片中的形状，可以对其大小和位置进行调整，也可以进行删除，操作方法与在 Word 文档中相同。

【操作 5-7】在幻灯片中插入与设置形状

选择合适方法完成以下操作。

① 创建并打开演示文稿"在幻灯片中插入与设置形状.pptx"，在该演示文稿中添加多张幻灯片，各张幻灯片都采用"空白"版式。

② 在各张幻灯片中分别插入线条、矩形、基本形状、箭头、公式形状、流程图、星与旗帜、标注，类型自选，数量不限。

3. 在幻灯片中插入与设置艺术字

【操作 5-8】在幻灯片中插入与设置艺术字 ══════

扫描二维码，熟悉电子活页中的内容，选择合适方法完成以下操作。

① 创建并打开演示文稿"夏日清凉绿意深.pptx"，在该演示文稿中添加一张幻灯片，该幻灯片采用"空白"版式。

② 在幻灯片中插入艺术字"夏日清凉绿意深"。

③ 艺术字的样式为"图案填充 – 蓝色，着色 1，浅色下对角线，轮廓：着色 1"。

④ 艺术字的文本效果为"绿色，8pt 发光，个性色 6"。

插入艺术字"夏日清凉绿意深"的最终效果如图 5-12 所示。

夏日清凉绿意深

图 5-12　插入艺术字"夏日清凉绿意深"的最终效果

4. 在幻灯片中插入与设置 SmartArt 图形

【操作 5-9】在幻灯片中插入与设置 SmartArt 图形 ══════

扫描二维码，熟悉电子活页中的内容，选择合适方法完成以下操作。

① 创建并打开演示文稿"活动方案目录.pptx"，在该演示文稿中添加一张幻灯片，该幻灯片采用"空白"版式。

② 在幻灯片中插入"垂直图片重点列表" SmartArt 图形，垂直图片重点列表项数量为 4 项，颜色选择"彩色范围–个性色 2 至 3"，SmartArt 样式选择"强烈效果"样式。

③ 在"垂直图片重点列表"SmartArt 图形中依次输入文字"活动主题""活动目的""活动过程""预期效果"。

④ 在 SmartArt 图形左侧小圆形中分别插入图片"图片 1.jpg""图片 2.jpg""图片 3.jpg""图片 4.jpg"。SmartArt 图形及其编辑状态如图 5-13 所示。

⑤ 调整 SmartArt 样式的大小和位置。在幻灯片中插入 SmartArt 图形的最终效果如图 5-14所示。

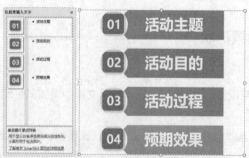

图 5-13　SmartArt 图形及其编辑状态

图 5-14　在幻灯片中插入 SmartArt
图形的最终效果

5. 在幻灯片中插入与设置文本框

【操作 5-10】 在幻灯片中插入与设置文本框

扫描二维码，熟悉电子活页中的内容，选择合适方法完成以下操作。

① 创建并打开演示文稿"在幻灯片中插入与设置文本框.pptx"，在该演示文稿中添加一张幻灯片，该幻灯片采用"空白"版式。

② 绘制横排文本框，在文本框中输入文字"勿以恶小而为之，勿以善小而不为"。

③ 设置文本框中文字的格式。

6. 在幻灯片中插入与设置表格

电子活页 5-10

在幻灯片中插入
与设置文本框

【操作 5-11】 在幻灯片中插入与设置表格

扫描二维码，熟悉电子活页中的内容，选择合适方法完成以下操作。

（1）创建并打开演示文稿

创建并打开演示文稿"幻灯片中插入与设置表格.pptx"，在该演示文稿中添加 1 张幻灯片，该幻灯片采用"空白"版式。

电子活页 5-11

在幻灯片中插入
与设置表格

（2）插入表格

插入 4 列 5 行表格，在表格中标题行分别输入标题文字"序号""图书名称""ISBN""价格"，然后分别输入图书的对应内容。

（3）设置表格文字的格式

将表格中文字的字号设置为"12"，中文字体设置为"宋体"，表格各行都设置为"垂直居中"，表格标题行文字的对齐方式设置为"居中"，第 2 列除标题行之外所有行的对齐方式都设置为"左对齐"，其他列所有行的对齐方式设置为"居中"。

（4）调整表格的行高和列宽

用鼠标拖曳的方法调整表格的行高和列宽。

（5）设置表格样式

"表格样式"样式选择"中度样式 2-强调 5"。

（6）调整表格在幻灯片中的位置

调整表格在幻灯片中的位置后，4 列 5 行表格的最终效果如图 5-15 所示。

序号	图书名称	ISBN	价格
1	HTML5+CSS3移动Web开发实战	9787115502452	58.00
2	给Python点颜色 青少年学编程	9787115512321	59.80
3	数学之美（第二版）	9787115373557	49.00
4	自然语言处理入门	9787115519764	99.00

图 5-15　4 列 5 行表格的最终效果

7. 在幻灯片中插入与设置 Excel 工作表

电子活页 5-12

【操作 5-12】在幻灯片中插入与设置 Excel 工作表 ═══

扫描二维码，熟悉电子活页中的内容，选择合适方法完成以下操作。

① 创建并打开演示文稿"在幻灯片中插入与设置 Excel 工作表.pptx"，在该演示文稿中添加一张幻灯片，该幻灯片采用"空白"版式。

② 在幻灯片中插入 Excel 文档"五四青年节系列活动经费预算.xlsx"。

在幻灯片中插入与设置 Excel 工作表

8. 在幻灯片中插入声音和视频

为了增强演示文稿的效果，可以添加声音，以达到强调或实现特殊效果的目的。在幻灯片中插入音频后，将显示一个表示音频文件的图标。也可以将视频插入幻灯片中。

电子活页 5-13

【操作 5-13】在幻灯片中插入音频和视频 ═══

扫描二维码，熟悉电子活页中的内容，选择合适方法完成以下操作。

① 创建并打开演示文稿"在幻灯片中插入声音和视频.pptx"，在该演示文稿中添加 2 张幻灯片，2 张幻灯片都采用"空白"版式。

② 在幻灯片中插入声音文件"欢快.mp3"，将声音开始播放方式设置为"自动"。

在幻灯片中插入音频和视频

③ 插入视频文件"九寨沟宣传视频.mp4"，将视频播放方式设置为"全屏播放"和"播放完毕返回开头"。

5.6.3 在幻灯片中插入与设置超链接 ═══

超链接用于从幻灯片快速跳转到链接的对象。

电子活页 5-14

【操作 5-14】在幻灯片中插入与设置超链接 ═══

扫描二维码，熟悉电子活页中的内容，选择合适方法完成以下操作。

1. 链接到已有的 Word 文档

① 打开演示文稿"在幻灯片中插入与设置超链接.pptx"，选中"目录"幻灯片。

在幻灯片中插入与设置超链接

② 在幻灯片中选择要设置为超链接的文字"活动过程"。

③ 插入超链接，链接到"模块 5"中的 Word 文档"'五四'晚会活动过程.docx"。

④ 在幻灯片中设置超链接提示文字"'五四'晚会活动过程"。

2. 链接到同一演示文稿中的其他幻灯片

① 打开演示文稿"感恩活动策划.pptx"，选中"目录"幻灯片。

② 为"目录"页中的文字"活动目的""活动安排""活动计划""活动过程""活动准备""经费预算"设置超链接，链接到本演示文稿中相应的幻灯片。

5.6.4　在幻灯片中插入与设置动作按钮

　　PowerPoint 2016 提供了多种实用的动作按钮, 可以将这些动作按钮插入幻灯片中并为之定义超链接来改变幻灯片的播放顺序。

【操作 5-15 】在幻灯片中插入与设置动作按钮

电子活页 5-15

在幻灯片中插入
与设置动作按钮

　　扫描二维码, 熟悉电子活页中的内容, 选择合适方法完成以下操作。
　　① 打开演示文稿 "感恩活动策划.pptx", 选中幻灯片 "活动安排"。
　　② 在幻灯片中插入 "动作按钮: 前进或下一项" 按钮▷。
　　③ "单击鼠标时的动作" 选择 "超链接到", 并设置为 "下一张幻灯片", "播放声音" 选择 "单击"。
　　④ 动作按钮的外观形状设置为 "细微效果-蓝色, 强调颜色 1"。

5.6.5　幻灯片中的对象格式设置

1.　文字方向设置

　　我们通常把幻灯片的文字从左到右横着排, 其实把文字竖着排、斜着排、十字交叉排、错位排, 会让文字别具魅力。
　　① 一般的幻灯片中文字采用横着排, 符合阅读习惯。
　　② 汉字是方块字, 可以竖着排列, 竖式阅读是从上到下, 从右往左, 一般加上竖式线条修饰引导读者阅读。
　　③ 无论是中文还是英文, 都可以把文字斜着排列。斜着排列的文字可打破大家的阅读习惯, 有很强的冲击力。如果文字斜着排列, 文字的内容不宜太多。斜着排列的文字往往需要配图美化, 配图的一个技巧是使图片和文字排列方向呈 90° 角, 让大家顺着图片把注意力集中到斜着排列的文字上。

2.　文字修饰与美化

　　幻灯片中常规的艺术修饰效果有加粗、斜体、画线、阴影、删除线、密排、松排、变色、艺术字等, 艺术字样式有文本填充（填充文字内部的颜色）、文本轮廓（填充文字外框的颜色）和文本效果（设置文字阴影等特效）。艺术字特效里面还有一种特殊的转换特效, 可以制作出各种弯曲的效果。如果加上拉伸调整和换行操作, 可以呈现非常有趣的效果。
　　幻灯片中将文字用各种形状包围, 可获得更具修饰感的效果, 利用形状组合和颜色遮挡可以获得一些特殊的效果。

电子活页 5-16

幻灯片段落排版

　　① 用轮廓线美化文本: 添加轮廓线美化标题文字。
　　② 使用精美的艺术字: 为选择的文字添加艺术字效果。
　　③ 快速美化文本框: 设置文本框边线与填充效果。
　　④ 格式刷引用文本格式: 使用格式刷保证格式相同。

3.　幻灯片段落排版

　　单击 "开始" 选项卡 "段落组" 的 "段落" 按钮⌐, 打开 "段落" 对话框,在该对话框可以设置对齐方式、缩进、行距和段间距。

扫描二维码，熟悉电子活页中的内容，掌握设置行间距、设置段落间距、设置缩进和设置文字的对齐方式的方法。

4. 在幻灯片中使用默认样式

扫描二维码，熟悉电子活页中的内容，掌握在幻灯片中使用默认线条、形状、文本框样式的方法。

电子活页 5-17

在幻灯片中使用
默认样式

5.7 演示文稿主题选用与母版使用

演示文稿的主题可以让演示文稿具有独特风格的外观，即与众不同，又风格统一。我们使用母版可以很方便地设置幻灯片的版式，可以更加得心应手地制作演示文稿。幻灯片母版，是存储设计模板信息的幻灯片，包括字形、占位符大小和位置、背景设计和配色方案等。

电子活页 5-18

5.7.1 使用主题统一幻灯片风格

扫描二维码，熟悉电子活页中的内容，掌握在幻灯片中使用主题统一幻灯片风格的各种方法，包括用好 PowerPoint 主题、快速更换主题、新建自定义主题、设置背景样式等。

使用主题统一
幻灯片风格

5.7.2 快速调整字体

1. 全局性快速更改字体

有时候幻灯片设计者希望将整个演示文稿中的所有文字统一成某类指定字体。这种全局性更改字体的需求在许多时候可以通过在"设计"选项卡"变体"组中选择"字体"级联选项中的某种字体来实现。

在默认情况下，输入占位符、新插入的文本框、形状、图表等对象中的文字都会自动套用主题字体，这些统一使用主题字体的文字内容，其字体类型会随着"主题"中"字体"的更改而自动同步更新，因此，只要没有对文字对象设置过主题字体以外的其他自选字体，就可以通过这个功能快速地实现全局性的字体更改。

除了内置的主题字体以外，还可以创建自定义的主题字体方案。一个完整的主题字体方案包括西文和中文、标题字体和正文字体 4 种字体类型组合。新建主题字体的方法为：在"设计"选项卡"变体"组中单击"其他"按钮▽，在打开的下拉选项中选择"字体"命令，在"字体"级联选项中选择最下方的"自定义字体"命令，打开"新建主题字体"对话框，西文标题字体选择"Arial Black"，西文正文字体选择"Times New Roman"，中文标题字体选择"微软雅黑"，中文正文体选择"黑体"，名称定义为"我的主题字体 1"，如图 5-16 所示。

可以根据实际需要设置幻灯片中任意一种文字的字

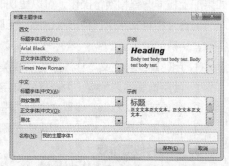

图 5-16 "新建主题字体"对话框

体，幻灯片中的文本内容会根据自身文字的类别自动改变字体。标题占位符的文本自动对应使用标题字体，其他文本则自动对应使用正文字体。

2. 通过大纲视图更改字体

如果在幻灯片的设计过程中，使用页面中的占位符进行内容和文字的编辑，那么还可以通过大纲视图来批量设置一张幻灯片或多张幻灯片中的字体。

① 切换至大纲视图。

② 在左侧大纲窗格选中所需更改字体的文字。

选中某张幻灯片中文字：单击左侧幻灯片的图标即可。

区域选中：选中开头，然后按住"Shift"键，选中结尾。

不连续选中：按住"Ctrl"键，分别拖曳鼠标选中不连续的区域。

全部选中：按"Ctrl+A"组合键。

③ 在"开始"选项卡"字体"组中更改新字体即可。

使用大纲方式设置统一字体，不仅可以设置字体类型，还可以设置字体颜色和字号等，该方法更加灵活方便。

更改段落文字以后单击鼠标右键，在弹出的快捷菜单中选择"升级"或"降级"命令可调整大纲级别。

3. 通过母版版式更换字体

对于使用占位符编辑演示文稿中的文字内容的情况，在母版的版式中直接更改占位符的字体样式可以更改整个演示文档中使用此版式的所有幻灯片中的字体。比使用主题字体设置全局字体更有利的是，这种方法不仅可以设置字体类型，还可以设置字体大小和样式。

如果要对所有版式中的占位符字体进行统一修改，可以直接在母版视图中进行设置，而不需要单独对每一个版式进行操作。例如想要设置全体标题的字体，可以直接在母版视图中设置标题占位符的字体。

如果想要知道某个版式的应用情况，可以在母版视图下将光标放置在这个版式上停留，系统就会自动弹出一个信息框，其中显示该版式正在被哪些幻灯片使用，如图 5-17 所示，"标题和内容"版式由幻灯片 2、4~5、8使用。如果母版的某个版式正在被某些幻灯片使用，就无法对这个版式执行删除操作。

图 5-17　显示该版式正在被哪些幻灯片使用

4. 直接替换字体

除了通过主题和母版进行更改字体，PowerPoint 2016 还支持直接根据现有字体的类型来进行指定的一对一替换。使用这一方法进行字体替换比较有针对性，每次只对同一种字体的文字起作用，不会影响其他文字。

单击"开始"选项卡"编辑"组"替换"下拉按钮 ▾，在打开的下拉选项中选择"替换字体"命令，如图 5-18 所示。在弹出的"替换字体"对话框中分别设置被替换的字体（例如"华文行楷"）和替换的目标字体（例如"微软雅黑"），如图 5-19 所示，然后单击"替换"按钮，即可完成字体替换操作。

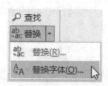

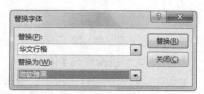

图 5-18 在"替换"下拉选项中选择"替换字体"命令　　　　图 5-19 "替换字体"对话框

5.7.3 幻灯片更换与应用配色方案

1. 设置主题颜色

优秀的配色方案不仅能带来令人愉悦的视觉感受，还能起到调节页面视觉平衡，突出重点内容等作用。PowerPoint 2016 中预置了数十种配色方案，以"主题颜色"的方式提供。

在"设计"选项卡"变体"组单击"其他"按钮 ⁼，在打开的下拉选项中选择"颜色"命令，在"颜色"级联选项中选择不同的内置配色方案，但内置的配色方案不能自行更改。

每一种主题颜色由一组包含 12 种颜色（文字/背景-深色 1、文字/背景-浅色 1、文字/背景-深色 2、文字/背景-浅色 2、着色 1、着色 2、着色 3、着色 4、着色 5、着色 6、超链接、已访问的超链接）配置组成。这 12 种主题颜色所构成的配色方案决定了幻灯片中的文字、背景、图形和超链接等对象的默认颜色。通过新建主题颜色可以自定义主题颜色方案。新建主题颜色的方法为：在"设计"选项卡"变体"组单击"其他"按钮 ⁼，在弹出的下拉选项中选择"颜色"命令，在其级联选项中选择最下方的"自定义颜色"命令，打开"新建主题颜色"对话框，如图 5-20 所示。

在"新建主题颜色"对话框中单击主题颜色对应的按钮，弹出主题颜色下拉列表，在该下拉列表中选择合适的颜色即可，如图 5-21 所示。

图 5-20 "新建主题颜色"对话框

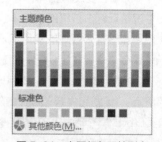

图 5-21 主题颜色下拉列表

在演示文稿中使用主题颜色进行设置的文字、线条、形状、图表、SmartArt 图形等对象，都会因为主题颜色的更换而随之改变它们的颜色。

如果在幻灯片中使用了主题颜色进行配色，那么当这个幻灯片被复制到其他演示文稿中，就会自动被新演示文稿的主题颜色所替代。如果希望保留原来的颜色，可以在粘贴幻灯片时选择"保留源格式"  进行粘贴，如图 5-22 所示。如果幻灯片中所使用的是自

图 5-22 粘贴幻灯片时选择"保留源格式"

定义颜色，那么复制到别处以后仍能保留原来的颜色配置方案。

2. 屏幕取色

PowerPoint 2016 提供了"取色器"，可以在整个屏幕中鼠标指针能够到达的位置上提取颜色，并直接填充到希望设置的形状、边框、底色等一切需要调整颜色的地方。

① 在幻灯片中先插入待设置颜色的形状。

② 选中幻灯片中需要调整颜色的形状。

③ 在"绘图工具-格式"选项卡中单击"形状填充"按钮，在打开的下拉选项中选择"取色器"命令，如图 5-23 所示。

④ 将鼠标指针✐移至待取色的区域并单击，则插入形状的填充颜色自动设置为所取颜色。

"主题颜色"色板由 10 种基础色以及它们不同深浅的衍生颜色构成，如图 5-23 所示。

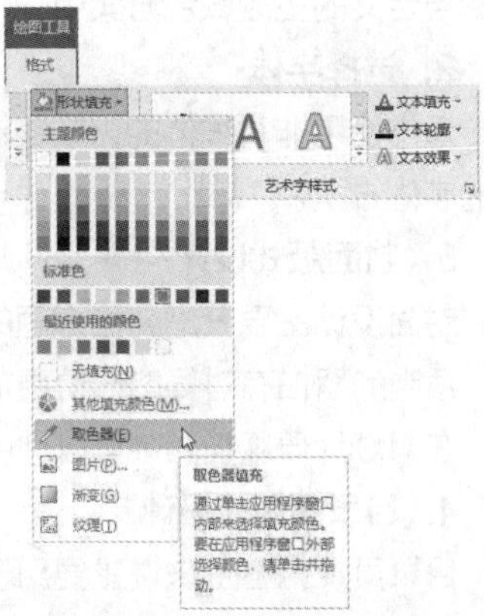

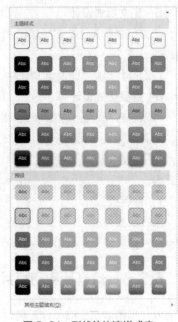

图 5-23　在"形状填充"下拉选项中选择"取色器"命令

5.7.4　幻灯片设置与应用主题样式

幻灯片中所使用的图片、表格、图表、SmartArt 图形和形状等对象都可以通过快速样式库快速设定成不同的样式，幻灯片中形状的快速样式库如图 5-24 所示。这些样式应用在形状对象上的线条、填充、阴影效果、映像效果等方面，形成不同外观。

选用同一个主题样式，可以在不同的形状、图表、SmartArt 图形、图片等对象上形成风格一致的样式效果。如果选择的主题效果发生改变，这些幻灯片对象的外观样式也会随之发生相应的变化，但依然保持风格一致。

幻灯片通过更换不同的主题效果，可以变换快速样式库中的不同样式效果。每一个主题效果都分别对应了一组不同的样式效果，并且在形状、图表、SmartArt 图形等不同对象的快速样式库中具备一致的效果和风格。

图 5-24　形状的快速样式库

5.7.5　幻灯片模板设计

一套幻灯片模板通常包括以下基本组成要素：主题颜色、主题字体、封面版式、封底版式、目录版式、正文版式。还可以有选择地设置主题效果、背景色或背景图案及其他装饰元素。

对于企业的幻灯片模板，主题色还需要考虑与企业的整体视觉形象相匹配，装饰元素可以考虑加入企业标志或其他与企业文化相关的素材。

1. 选择配色

设计幻灯片模板时首先选择文字颜色和背景颜色，可以使用取色工具来获取所需颜色。

设置好主题颜色后，自定义一套新的主题色系，将所选择颜色添加到主题色系中，方便使用。

主题颜色中的所设置颜色可以显示在"主题颜色"色板中，因此可以将经常需要用到的颜色添加到自定义的主题颜色方案中。

2. 选择字体

通常使用非衬线体的微软雅黑字体作为主要字体。可以在主题中新建主题字体，设置标题和正文的字体方案。

3. 封面版式设计

封面设计主要考虑封面标题的位置和样式，可以使用图形或图片加以修饰，但注意不要喧宾夺主，适当的留白有时候能显得更加大气。

在幻灯片母版视图中可以选中"标题幻灯片"版式进行封面版式设计。

4. 目录页版式设计

目录页从内容上来说主要用于放置幻灯片文档的标题。在幻灯片每部分的前后承接位置，一般情况下都需要重复出现目录页以便于观众注意当前即将进入的逻辑单元，因此目录页很多时候也称为转场页，用于不同逻辑段落之间的衔接和过渡。

在幻灯片母版视图中新建一个版式，命名为"目录页面"，进行目录页版式设计。

5. 正文版式设计

正文页主要关注文字段落样式和排版，页面布局上考虑更多留白，有时还要考虑幻灯片页码、页脚的设置。

在幻灯片母版视图中可以选中"标题和内容"版式进行正文版式设计。

6. 封底版式设计

可以对封面进行一些变换后得到与之相呼应的封底。在幻灯片母版视图中新建一个版式，命名为"封底页面"，然后进行封底版式设计。

除了上述几项基本要素以外，还可以增加表格类、图表类的版式设计，在模板中事先统一图形样式等。

7. 保存模板

模板设置完成后，可以切换至"文件"选项卡，选择"另存为"命令，将模板保存为 PowerPoint 模板文件，以便于分享和应用。

5.7.6　幻灯片和幻灯片页面元素复制

要在当前演示文稿中导入其他演示文稿中的幻灯片，通常可以直接采用"复制+粘贴"的方式实现。

1. 采用单个命令复制幻灯片

在幻灯片浏览窗格中的幻灯片缩略图上单击鼠标右键，在弹出的快捷菜单中选择"复制幻灯片"命令，如图 5-25 所示，即可直接复制当前选择的幻灯片。

2. 采用两个命令复制幻灯片

首先在幻灯片浏览窗格中单击选中需要复制的幻灯片缩略图，在"开始"选项卡"剪贴板"组中单击"复制"按钮，将所选幻灯片复制到剪贴板中。这一操作也可以通过在需要复制幻灯片的缩略图上单击鼠标右键，在弹出的快捷菜单选择"复制"命令来完成。

然后切换到当前演示文稿中，在幻灯片浏览窗格中需要插入幻灯片的位置单击鼠标右键，在弹出的快捷菜单中有 3 个粘贴选项，分别是"使用目标主题""保留源格式""图片"，如图 5-26 所示，根据需要选择一个粘贴选项即可。

图 5-25　在快捷菜单中选择"复制幻灯片"命令　　　　图 5-26　粘贴幻灯片时的 3 个粘贴选项

① "使用目标主题"：将当前幻灯片中所使用的主题和版式应用到导入的幻灯片中。如果导入的幻灯片中所使用的颜色和字体来源于源主题字体，则会以当前主题中的相应设置进行替换，采用的版式中如果包含背景，也会被替换。

② "保留源格式"：会将源幻灯片当中所使用的幻灯片母版和整套版式一同导入当前的演示文稿中。粘贴后的幻灯片保留原有的背景、字体、颜色和其他外观样式。

③ "图片"：在当前幻灯片上粘贴一张与源幻灯片外观完全一致的图片，且无法更改和编辑内容。

3. 复制幻灯片页面元素

如果需要从其他幻灯片中复制页面元素，则首先在源幻灯片中直接选中页面元素进行复制，然后切换到当前编辑的幻灯片页面，单击鼠标右键，弹出快捷菜单，在"粘贴选项"中包含了 3 种粘贴方式，如图 5-27 所示。根据需要选择一个粘贴选项即可。

图 5-27　粘贴页面元素时的 3 种粘贴方式

> **提示**　如果复制的是纯文本，粘贴幻灯片或粘贴页面元素时会多一个"只保留文本"粘贴选项，只将文本内容粘贴到当前幻灯片中，不再保留复制文本原有主题和版式对应的格式设置。

5.7.7　设置幻灯片背景

幻灯片的背景为演示文稿增添个性化效果。幻灯片的背景包括纯色、渐变、图片、纹理和图案等类型。演示文稿中每一张幻灯片可以具有相同的背景，也可以具有不同的背景。

选定一张或多张幻灯片，然后单击"设计"选项卡"自定义"组的"设置背景格式"按钮，打开"设置背景格式"窗格，如图 5-28 所示。

图 5-28 "设置背景格式"窗格

【操作 5-16】设置幻灯片背景

扫描二维码，熟悉电子活页中的内容，打开演示文稿"设置幻灯片背景.pptx"，在该演示文稿中选择合适方法完成以下操作。

电子活页 5-19

设置幻灯片背景

1．设置背景纯色填充颜色

为第 2 张和第 3 张幻灯片的背景设置纯色填充颜色，颜色自行选择。

2．设置背景渐变填充颜色

为第 4 张和第 5 张幻灯片的背景设置渐变填充颜色，预设渐变、类型、方向、角度、渐变光圈等选项自行确定。

3．设置背景图片或纹理填充效果

为第 6 张幻灯片设置背景图片，在"插入图片"对话框中选择"模块 5"中的图片"感谢一路有你.jpg"作为背景图片。

为第 7 张幻灯片设置纹理填充效果，纹理类型自行选择。

4．设置背景的图案填充效果

为第 8 张和第 9 张幻灯片设置不同的图案填充效果，图案类型、前景颜色、背景颜色自行确定。

5.7.8　使用母版

演示文稿可以通过设置母版来控制幻灯片的外观效果，幻灯片母版保存了幻灯片颜色、背景、字体、占位符大小和位置等，其外观直接影响演示文稿中的每张幻灯片，并且以后新插入的幻灯片也会套用母版的风格。

PowerPoint 2016 中的母版分为幻灯片母版、讲义母版和备注母版 3 种类型。幻灯片母版用于控制幻灯片的外观，讲义母版用于控制讲义的外观，备注母版用于控制备注的外观。由于它们的设置方法类似，这里只介绍幻灯片母版的使用方法。

单击"视图"选项卡"母版视图"组的"幻灯片母版"按钮可以进入母版视图，如图 5-29 所示。

图 5-29　母版视图

幻灯片母版包含 5 个占位符（由虚线框包围），分别为标题区、正文区、日期区、页脚区和数字区，可以利用"开始"选项卡"字体"组和"段落"组中的命令对标题、正文、日期、页脚和数字的格式进行设置，也可以改变这些占位符的大小和位置。在母版中进行的设置，会使所有幻灯片发生改变。

幻灯片母版设置完成后，单击"幻灯片母版"选项卡"关闭"组的"关闭母版视图"按钮即可退出母版视图。

5.7.9　在幻灯片中制作备注页

演示文稿一般都为大纲性、要点性的内容，针对每张幻灯片可以添加备注内容，以便记忆某些内容，也可以将幻灯片和备注内容一同打印出来。

① 选定需要添加备注内容的幻灯片。

② 单击"视图"选项卡"演示文稿视图"组的"备注页"按钮，切换到备注页视图，在幻灯片的下方出现占位符，单击占位符，然后输入备注内容即可。

③ 单击"视图"选项卡中"普通视图"按钮或者直接单击状态栏的"普通视图"按钮 回 切换到普通视图。

> **提示**　在"普通视图"或"大纲视图"下，单击"视图"选项卡"显示"组的"备注"按钮，使其处于选中状态，或者直接单击状态栏的"备注"按钮 ≜ 备注 ，将在幻灯片窗格下方显示备注窗格，在备注窗格单击就可以进入编辑状态，然后直接输入备注内容。

5.8　演示文稿动画设置与放映操作

演示文稿通常使用计算机和投影仪联机播放，设置幻灯片中对象的动画效果，设置幻灯片的切换效果，有助于增强趣味性、吸引观众的注意力，实现更好的演示效果。

5.8.1　设置幻灯片中对象的动画效果

在演示文稿中进行设置，可以使幻灯片中的文本、图片、自选图形和其他对象在播放幻灯片时具有动画效果。

【操作 5-17】设置幻灯片中对象的动画效果

扫描二维码，熟悉电子活页中的内容。打开演示文稿"演示文稿动画设置.pptx"，在该演示文稿中选择合适方法完成以下操作。

① 设置第 1 张幻灯片中主标题"五四青年节活动方案"的动画效果，动画类型选择"劈裂"，将"效果选项"设置为"左右向中央收缩"，将播放开始方式设置为"从上一项开始"。

② 设置第 1 张幻灯片中艺术字"传承五四精神、焕发青春风采"的动画效果，动画类型选择"擦除"，将"效果选项"设置为"自底部"，将播放开始方式设置为"上一动画之后"，将"持续时间"设置为"02.50"。

③ 设置第 1 张幻灯片中文字"明德学院 团委、学生会"的动画效果，动画类型选择"缩放"，"效果选项"采用默认设置，将播放开始方式设置为"上一动画之后"，"持续时间"采用默认设置。

④ 调整动画效果的顺序。

⑤ 预览动画效果。如果选中幻灯片，"动画窗格"中"播放自"按钮会变成"全部播放"按钮，单击该按钮则可以预览一张幻灯片中设置的全部动画效果。

电子活页 5-20

设置幻灯片中对象
的动画效果

5.8.2 设置幻灯片切换效果

幻灯片切换方式是指在幻灯片放映时，从上一张幻灯片切换到下一张幻灯片的方式。为幻灯片设置切换效果同样可以提高演示文稿的趣味性，吸引观众的注意力。

【操作 5-18】设置幻灯片切换效果

扫描二维码，熟悉电子活页中的内容。打开演示文稿"设置幻灯片切换效果.pptx"，在该演示文稿中选择合适方法完成以下操作。

1. 为幻灯片添加切换效果

为第 1 张幻灯片设置"覆盖"切换效果，"效果选项"选择"自左侧"。

2. 设置切换效果的持续时间

将"持续时间"设置为"03.00"。

3. 设置切换效果的换片方式与切换声音

"换片方式"选择"单击鼠标时"，幻灯片切换时的声音选择"照相机"。

电子活页 5-21

设置幻灯片切换
效果

5.8.3 幻灯片放映排练计时

幻灯片放映的排练计时是指在正式演示之前，对演示文稿进行放映，同时记录幻灯片之间切换的时间间隔。用户可以进行多次排练，以获得最佳的时间间隔。

幻灯片放映的排练计时操作方法如下。

单击"幻灯片放映"选项卡"设置"组的"排练计时"按钮，打开"录制"工具栏，如图 5-30 所示，在"幻灯片放映时间"框中开始对演示文稿计时。

如果要播放下一张幻灯片，则单击"下一项"按钮 ，这时计时器会自动记录该幻灯片的放映时间；如果需要重新开始计时当前幻灯片的放映，则单击"重复"按钮 ↺；如果要暂停计时，则单击"暂停"按钮 ❚❚。

放映完毕后，打开确认保留排练时间的对话框，如图 5-31 所示，单击"是"按钮，就可以使记录的时间生效。

图 5-30 "录制"工具栏

图 5-31 确认保留排练时间的对话框

5.8.4 幻灯片放映操作

在 PowerPoint 2016 中，放映演示文稿的方法有如下几种。

【方法 1】单击 PowerPoint 窗口状态栏中的"幻灯片放映"按钮 🖵。

【方法 2】单击"幻灯片放映"选项卡"开始放映幻灯片"组的"从头开始"按钮或者"从当前幻灯片开始"按钮，如图 5-32 所示。

图 5-32 单击"幻灯片放映"选项卡"开始放映幻灯片"组的按钮

【方法 3】按功能键"F5"从第一张幻灯片开始放映。

【方法 4】按"Shift+F5"组合键从当前幻灯片开始放映。

1. 设置放映方式

单击"幻灯片放映"选项卡"设置"组的"设置幻灯片放映"按钮，打开"设置放映方式"对话框，该对话框中可以设置"放映类型""放映选项""放映幻灯片"。这里在"放映类型"区域选中"演讲者放映（全屏幕）"单选按钮，在"放映选项"区域选中"放映时不加旁白"复选框，在"放映幻灯片"区域选中"全部"单选按钮，如图 5-33 所示。设置完成后单击"确定"按钮即可。

2. 观看放映

单击"幻灯片放映"选项卡"开始放映幻灯片"组的"从头开始"按钮，从第一张幻灯片开始放映，中途要结束放映时，可以单击鼠标右键，在弹出的快捷菜单中选择"结束放映"命令，或者按"Esc"键终止放映。

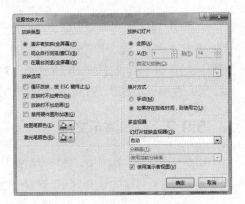

图 5-33 "设置放映方式"对话框

3. 控制幻灯片放映

放映幻灯片时可以控制放映某一张幻灯片，其操作方法是：在屏幕上单击鼠标右键，在弹出的快捷菜单中通过选择"下一张"命令或"上一张"命令切换幻灯片。也可以选择"查看所有幻灯片"命令，显示当前播放的演示文稿所有的幻灯片，单击选择需要放映的幻灯片即可定位到该幻灯片进行播放。

4. 放映时标识重要内容

在放映过程中，演讲者可能希望对幻灯片中的重要内容进行强调，可以使用 PowerPoint 所提供的绘图功能，直接在屏幕上进行涂写。

放映幻灯片时在屏幕上单击鼠标右键，弹出快捷菜单，在"指针选项"级联菜单中选择"激光笔""笔"或者"荧光笔"，如图 5-34 所示。然后按住左键，在幻灯片上直接书写或绘画，但不会改变幻灯片本身的内容。

在"墨迹颜色"级联菜单中还可对笔的颜色进行设置，当不需要进行标识时，则在"指针选项"→"箭头选项"的级联菜单中选择"自动"命令即可，如图 5-35 所示。

图 5-34 "指针选项"级联菜单

图 5-35 在"指针选项"→"箭头选项"的级联菜单中选择"自动"命令

5.9 打印演示文稿

演示文稿制作完成后，不仅可以在计算机上展示，还可以将幻灯片打印出来供浏览和保存。

5.9.1 设置幻灯片大小

在打印幻灯片之前需要设置幻灯片大小，自定义幻灯片大小的方法如下。

单击"设计"选项卡"自定义"组的"幻灯片大小"按钮，在打开的下拉选项中选择"自定义幻灯片大小"命令，打开"幻灯片大小"对话框。在该对话框可以分别设置幻灯片大小、宽度、高度、幻灯片编号起始值、方向等。

5.9.2 打印演示文稿

切换至"文件"选项卡，选择"打印"命令，打开图 5-36 所示的"打印"界面，在该界面中可以预览幻灯片打印的效果，可以设置份数、打印范围、每页打印幻灯片张数等内容。

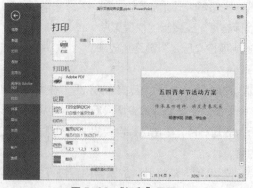
图 5-36 "打印"界面

单击"整页幻灯片"按钮，在打开的下拉选项的"打印版式"区域选择"整页幻灯片"命令，如图 5-37 所示。

在"整页幻灯片"下拉选项的"讲义"区域选择"2 张幻灯片"命令，同时选中"幻灯片加框"选项，如图 5-38 所示。

图 5-37 在"打印版式"区域选择"整页幻灯片"命令　　　图 5-38 在"讲义"区域选择"2 张幻灯片"命令

准备好打印机后，单击"打印"按钮即可开始打印。

【任务 5-1】制作"五四青年节活动方案"演示文稿

任务描述

使用合适的方法创建文件名为"五四青年节活动方案.pptx"的演示文稿，保存在文件夹"模块 5"中，该演示文稿中包括 14 张幻灯片。为了观察多个不同主题的外观效果，第 2 张幻灯片"目录"的主题与其他幻灯片不同，其主题为"Office 主题"，其他幻灯片的主题为"水滴"。第 1 张幻灯片的背景格式设置为"图片或纹理填充"，纹理选择"水滴"，第 2 张幻灯片的背景格式设置为"纯色填充"，其他幻灯片的背景格式设置为"渐变填充"。所有幻灯片的标题和正文内容来源于 Word 文档"五四青年节活动方案.docx"。各张幻灯片中插入的对象及要求如下。

① 第 1 张幻灯片为封面页，在该幻灯片中插入标题、活动策划部门，另外还插入"传承五四精神、焕发青春风采"的艺术字，其外观效果如图 5-39 所示。

② 第 2 张幻灯片为目录页，在该幻灯片中插入"目录"标题和 SmartArt 图形，其外观效果如图 5-40 所示。

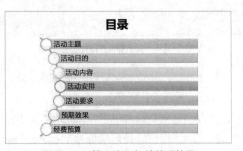

图 5-39 第 1 张幻灯片外观效果　　　　　　　　图 5-40 第 2 张幻灯片外观效果

③ 第 3 张幻灯片包括标题"一、活动主题"和一张图片，其外观效果如图 5-41 所示。

④ 第 4 张幻灯片包括标题"二、活动目的"及相关正文内容，其外观效果如图 5-42 所示。

一、活动主题

二、活动目的

以举办系列活动为主线，进一步深化爱国主义教育和革命传统教育，通过开展丰富多彩的纪念五四运动系列主题活动，回顾和缅怀令人难忘的革命历史岁月，激发团员青年的爱国爱团的热情，传承五四精神，焕发新时期青年的风采。

图 5-41　第 3 张幻灯片外观效果　　　　　　　图 5-42　第 4 张幻灯片外观效果

⑤ 第 5、6、7 张幻灯片包括"三、活动内容"的 4 个方面，其外观效果分别如图 5-43、图 5-44 和图 5-45 所示。

⑥ 第 8 张幻灯片中包括标题"四、活动安排"及相关正文内容，并设置项目符号，其外观效果如图 5-46 所示。

三、活动内容

(一)青春的纪念

组织团员青年祭扫革命烈士墓、观看革命历史电影、开展老团员退团纪念活动。引导广大团员青年瞻仰革命遗迹，回顾革命历史，继承光荣传统。

(二)青春的关爱

开展青年志愿者活动，继续组织"关爱他人、帮扶幼老"的志愿者服务，组织团员青年关爱孤残儿童、关爱老人。

三、活动内容

(三)青春的传承

举办迎"五四"诗歌朗诵会，组织团员青年创作、朗诵优秀诗歌，将团员青年的思想政治教育寓于生动活泼的艺术形式中，通过诗歌朗诵比赛，表达对"五四"精神的传承，引导广大团员青年展示激扬青春，进一步激发团员青年的昂扬斗志。

图 5-43　第 5 张幻灯片外观效果　　　　　　　图 5-44　第 6 张幻灯片外观效果

三、活动内容

(四)青春的风采

举办"五四"晚会，展现共青团员和青年学生的文化底蕴和素养，展现素质教育的优秀成果，丰富团员青年的课余文化生活，使得共青团员和青年学生们铭记历史，沿着先辈的光荣路程，为完成自己的青春使命不断努力。

四、活动安排

➢ 主办单位：明德学院团委、学生会
➢ 活动对象：明德学院全体学生
➢ 活动时间：20××年4月6日至5月6日

图 5-45　第 7 张幻灯片外观效果　　　　　　　图 5-46　第 8 张幻灯片外观效果

⑦ 第 9、10、11 张幻灯片中包括"五、活动要求"的 3 个方面，其外观效果分别如图 5-47、图 5-48 和图 5-49 所示。

⑧ 第 12 张幻灯片包括"六、预期效果"及相关正文内容，其外观效果如图 5-50 所示。

⑨ 第 13 张幻灯片包括标题"七、经费预算"和一张表格，其外观效果如图 5-51 所示。

⑩ 第 14 张幻灯片为结束页，在该幻灯片中插入艺术字"请提宝贵意见或建议"和一张图片，

其外观效果如图 5-52 所示。

五、活动要求

（一）高度重视，精心组织

各分团委、团支部要充分认识开展"五四"系列主题活动对于扩大团组织的影响力、提升团组织的凝聚力、促进和加强团组织自身建设的重要意义，要认真谋划，精心组织，组织广大团员青年积极参与各项活动。

图 5-47　第 9 张幻灯片外观效果

五、活动要求

（二）突出主题，体现特色

各分团委、团支部要结合自身实际制定切实可行的活动方案，集中力量策划突出主题、特点鲜明的活动，形成上下联动的良好局面，真正使重点工作更加贴近中心、贴近青年、贴近生活，展示团员青年奋发向上的精神风貌。

图 5-48　第 10 张幻灯片外观效果

五、活动要求

（三）加强宣传，营造氛围

各分团委、团支部要进一步扩大宣传力度，善于运用新媒体，做好主题活动的宣传工作，唱响主旋律。要充分调动广大团员青年的积极性，通过微信、微博等各种方式广泛宣传，营造浓厚的活动氛围。

图 5-49　第 11 张幻灯片外观效果

六、预期效果

各项活动准备工作充分、扎实，全体团员青年积极配合，活动气氛活跃、有序。

通过活动的开展，加强了团员青年的教育和思想的提升，广大共青团员以这次"五四"青年活动为契机，时刻牢记入团誓言，践行决心诺言，大力弘扬以爱国主义为核心的伟大民族精神，牢固树立远大的理想和坚定的信念，坚持刻苦学习，注意锤炼品格，勇于进取创新，甘于艰苦奋斗。促使广大团员青年感受到青年应有的朝气，努力追寻自己的梦想并为之不懈奋斗，用执着的信念，只争朝夕的精神，积极进取，勇创佳绩。

图 5-50　第 12 张幻灯片外观效果

七、经费预算

序号	费用支出项目	金额（元）
1	制作纪念"五·四"运动的展板	1200
2	制作晚会海报	600
3	制作晚会邀请函	800
4	购买饮用水	600
5	租赁音响设备	4000
6	租赁灯光设备	5000
7	租赁晚会主持人及演员服装	3000
8	购买与制作道具	2000
9	晚上主持人及演员化妆	2000
10	资料印刷等费用	1200
11	购买奖品、纪念品等	5200
12	晚会主持人、演员、晚会工作人员用餐	8000
13	其他项目	2000
	合计	35600

图 5-51　第 13 张幻灯片外观效果

图 5-52　第 14 张幻灯片外观效果

任务实施

1. 创建并保存演示文稿

（1）创建新的演示文稿

启动 PowerPoint 2016，系统自动创建一个新的演示文稿，并且自动添加第 1 张幻灯片。

（2）保存演示文稿

单击快速访问工具栏中的"保存"按钮，打开"另存为"界面，在该界面单击"浏览"按钮，弹出"另存为"对话框，以"五四青年节活动方案.pptx"为文件名，将创建的演示文稿保存在文件夹"模块 5"中。

（3）应用主题

主题通过使用颜色、字体和图形来设置文档的外观，使用预先设计的主题，可以轻松快捷地更改演示文稿的整体外观效果。

在"设计"选项卡"主题"组的主题列表中选择要应用的主题"水滴"，如图 5-53 所示。

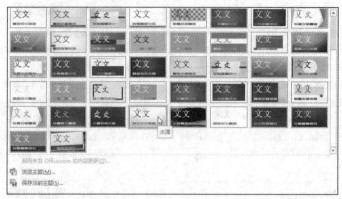

图 5-53　选择要应用的主题"水滴"

然后，在"水滴"主题上单击鼠标右键，在弹出的快捷菜单中选择"应用于所有幻灯片"命令，如图 5-54 所示。

图 5-54　选择"应用于所有幻灯片"命令

在快速访问工具栏中单击"保存"按钮 ，保存主题选择。

2．制作封面页幻灯片

（1）输入标题文字与设置标题格式

将系统自动添加的第 1 张幻灯片的版式设置为"仅标题"，在第 1 张幻灯片中单击"单击此处添加标题"占位符，在光标位置输入文字"五四青年节活动方案"作为演示文稿的总标题，然后选中标题文字，将字体设置为"方正精黑宋简体"，将字号设置为"66"，将对齐方式设置为"居中"。

（2）插入艺术字

单击"插入"选项卡"文本"组的"艺术字"按钮，从打开的下拉选项中选择一种合适的样式。单击幻灯片中的"请在此放置您的文字"艺术字占位符，输入文字"传承五四精神、焕发青春风采"。然后选中插入的艺术字，将字体设置为"华文新魏"，将字号设置为"54"，将字体样式设置为"加粗"，将字体颜色设置为"红色"。

（3）插入文本框

单击"插入"选项卡"文本"组的"文本框"按钮，在打开的下拉选项中选择"横排文本框"

命令，将鼠标指针移到幻灯片中，当鼠标指针变为形状 I 时，在幻灯片靠下方的位置按住鼠标左键并拖曳，绘制一个横排文本框。将光标置于文本框中，输入文字"明德学院　团委、学生会"，然后将字体设置为"微软雅黑"，将字号设置为"32"。

（4）设置第 1 张幻灯片的背景格式

单击"设计"选项卡"自定义"组的"设置背景格式"按钮，打开"设备背景格式"窗格，在该窗格单击"填充"按钮，切换到"填充"选项卡，选中"图片或纹理填充"单选按钮，单击"纹理"选项右侧"纹理"按钮，在打开的下拉选项中选择一种合适的纹理填充作为幻灯片背景，这里选择"水滴"纹理，如图 5-55 所示。

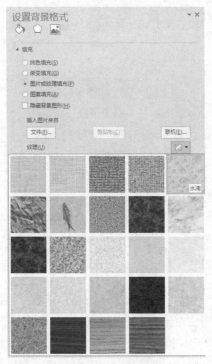

图 5-55　在"纹理"下拉选项中选择"水滴"纹理

（5）保存演示文稿

第 1 张"标题"幻灯片的外观效果如图 5-39 所示。单击快速访问工具栏中的"保存"按钮，保存该演示文稿。

3. 制作幻灯片目录页

（1）添加幻灯片

切换到"开始"选项卡，单击"幻灯片"组的"新建幻灯片"下拉按钮，在打开的下拉选项中选择"标题和内容"命令，在当前幻灯片之后添加一张幻灯片。

（2）应用主题

选定添加的幻灯片，在"设计"选项卡"主题"组要应用的 "Office 主题"上单击鼠标右键，在弹出的快捷菜单中选择"应用于选定幻灯片"命令。

（3）输入标题

在添加的幻灯片中，单击"单击此处添加标题"占位符，然后输入文字"目录"。

（4）设置标题为艺术字效果

选中标题文字"目录"，在"绘图工具－格式"选项卡的"艺术字样式"组单击"文本效果"按钮，弹出其下拉选项，从"发光"级联选项的"发光变体"区域选择"发光：5磅；蓝色，主题色1"命令，为标题文字设置艺术字效果，如图5-56所示。

选择"目录"艺术字，将字体设置为"微软雅黑"，字体样式设置为"加粗"，字号设置为"54"，对齐方式设置为"居中"。

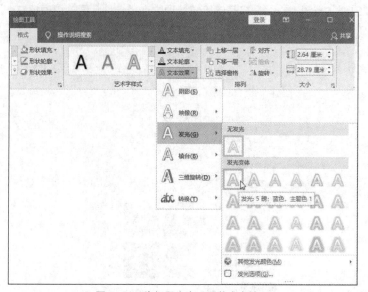

图5-56　为标题文字设置艺术字效果

（5）插入SmartArt图形

单击"单击此处添加文本"占位符中的"插入SmartArt图形"按钮，打开"选择SmartArt图形"对话框，在该对话框中单击左侧的"列表"选项，然后在右侧的列表框中选择"垂直曲形列表"选项，如图5-57所示，单击"确定"按钮，在幻灯片中插入SmartArt图形。

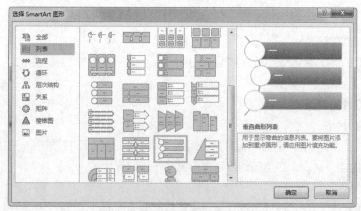

图5-57　选择"垂直曲形列表"选项

（6）添加形状

选中幻灯片中的SmartArt图形，切换到"SmartArt工具－设计"选项卡，多次单击"创建图形"组的"添加形状"按钮，将垂直曲形列表项调整至 7 项。

（7）更改颜色

选中幻灯片中的 SmartArt 图形，单击"SmartArt 工具－设计"选项卡"SmartArt 样式"组的"更改颜色"按钮，在打开的下拉选项的"彩色"区域选择"彩色 － 个性色"命令，如图 5-58 所示。

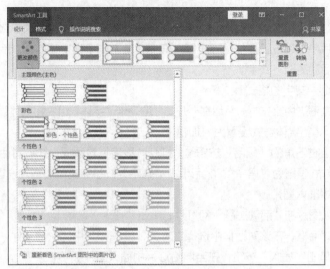

图 5-58 选择"彩色 － 个性色"命令

（8）设置 SmartArt 图形样式

选中幻灯片中的 SmartArt 图形，在"SmartArt 工具－设计"选项卡"SmartArt 样式"组选择"白色轮廓"样式，如图 5-59 所示。

（9）调整 SmartArt 图形的位置和宽度

选中幻灯片中的 SmartArt 图形，然后向左拖曳调整其位置，并且缩小其宽度至合适大小。

（10）输入文字内容

在"在此处键入文字"提示文字的下方依次输入文字"活动主题""活动目的""活动内容""活动安排""活动要求""预期效果""经费预算"，如图 5-60 所示。

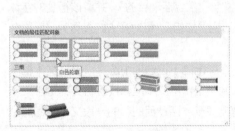

图 5-59 选择"白色轮廓"样式

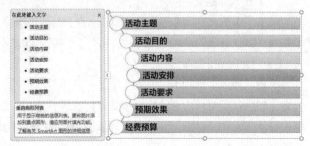

图 5-60 在提示文字下方依次输入相关内容

（11）保存演示文稿中新增及修改内容

第 2 张目录页幻灯片的外观效果如图 5-40 所示。单击快速访问工具栏中的"保存"按钮📇，保存该演示文稿。

4. 制作"活动主题"幻灯片

（1）添加幻灯片

单击"开始"选项卡"幻灯片"组"新建幻灯片"下拉按钮，在弹出的下拉选项中选择"空白"命令，在目录页幻灯片之后添加一张幻灯片。在"设计"选项卡"主题"组主题列表中的"水滴"主题上单击鼠标右键，在弹出的快捷菜单中选择"应用于选定幻灯片"命令。

（2）绘制横排文本框

单击"插入"选项卡"文本"组的"文本框"按钮，在弹出的下拉选项中选择"横排文本框"命令，然后在幻灯片中合适位置按住鼠标左键并拖曳，绘制一个横排文本框。接着将光标置于文本框中，输入"一、活动主题"文字。

（3）设置文本框中文字的格式

单击文本框的边框选中文本框，然后在"开始"选项卡"字体"组中将字体设置为"微软雅黑"，将字号设置为"54"，将字体样式设置为"加粗"。

单击"段落"组右下角的"段落"按钮，打开"段落"对话框。在该对话框"缩进和间距"选项卡中，将对齐方式设置为"居中"，然后单击"确定"按钮完成段落格式设置。

（4）在幻灯处中插入图片

首先选中要插入图片的"活动主题"幻灯片，单击"插入"选项卡"图像"组的"图片"按钮，打开"插入图片"对话框，在该对话框中选择文本夹"模块 5"中的图片文件"传承五四精神、焕发青春风采.jpg"，单击"插入"按钮，在当前幻灯片中插入图片。

然后调整图片的大小和位置，还可以使用"图片工具－格式"选项卡设置图片样式、图片边框、图片效果、图片版式以及进行裁剪图片、旋转图片等操作。

（5）保存演示文稿中新增及修改内容

第 3 张"活动主题"幻灯片的外观效果如图 5-41 所示。单击快速访问工具栏中的"保存"按钮，保存该演示文稿。

5. 制作"活动目的"幻灯片

（1）添加幻灯片

单击"开始"选项卡"幻灯片"组"新建幻灯片"下拉按钮，在弹出的下拉选项中选择"仅标题"命令，在"活动主题"幻灯片之后添加一张幻灯片。

（2）输入标题文字

单击"单击此处添加标题"占位符，在光标位置输入文字"二、活动目的"，并将该标题的字体设置为"微软雅黑"，将字号设置为"54"，将字体样式设置为"加粗"，将对齐方式设置为"居中"。

（3）绘制横排文本框

单击"插入"选项卡"文本"组的"文本框"按钮，在弹出的下拉选项中选择"横排文本框"命令，然后在幻灯片中合适位置按住鼠标左键并拖曳，绘制一个横排文本框。接着将光标置于文本框中，从 Word 文档"五四青年节活动方案.docx"中复制关于"活动目的"的一段文字至幻灯片文本框中。

（4）设置文本框中文字的格式

单击文本框的边框选中文本框，然后在"开始"选项卡"字体"组中将字体设置为"微软雅黑"，将字号设置为"36"，将字体样式设置为"加粗"。

单击"开始"选项卡"段落"组右下角的"段落"按钮，打开"段落"对话框。在该对话框

"缩进和间距"选项卡中，将"对齐方式"设置为"两端对齐"，将"特殊格式"设置为"首行缩进"且其"度量值"设置为"2 厘米"，将"行距"设置为"1.5 倍行距"，如图 5-61 所示，然后单击"确定"按钮完成段落格式设置。

（5）保存演示文稿的新增及修改内容

第 4 张"活动目的"幻灯片的外观效果如图 5-42 所示。单击快速访问工具栏中的"保存"按钮 ，保存该演示文稿。

图 5-61 "段落"对话框

6. 制作 3 张"活动内容"幻灯片

（1）复制"活动目的"幻灯片

在"普通视图"的幻灯片浏览窗格，选定待复制的幻灯片"活动目的"，然后单击"开始"选项卡"剪贴板"组的"复制"按钮。

（2）粘贴幻灯片

将光标定位到左侧幻灯片浏览窗格中当前幻灯片下方，单击"开始"选项卡"剪贴板"组的"粘贴"按钮即可。

（3）修改幻灯片的标题内容

将幻灯片中标题内容修改为"三、活动内容"。

（4）修改幻灯片的正文内容

先删除该幻灯片中原来的关于"活动目的"一段文字，然后输入两个小标题"（一）青春的纪念"和"（二）青春的关爱"。接着分别在两个小标题下方粘贴从 Word 文档"五四青年节活动方案.docx"中复制的对应的正文内容。

（5）设置"活动内容"页中小标题的格式

将两个小标题"（一）青春的纪念"和"（二）青春的关爱"字体设置为"微软雅黑"，将字号设置为"40"，将字体样式设置为"加粗"，将字体颜色设置为"绿色"。

将对应的正文内容字体设置为"微软雅黑"，字号设置为"28"，字体样式设置为"加粗"，将字体颜色设置为"黑色"。

（6）复制已添加的"活动内容"第 1 张幻灯片并修改内容

在左侧幻灯片浏览窗格的"活动内容"第 1 张幻灯片缩略图上单击鼠标右键，在弹出的快捷菜单中选择"复制幻灯片"命令，即将幻灯片复制并生成一张相同的幻灯片备份。

先将幻灯片备份中"（二）青春的关爱"及正文内容删除，将文字"（一）青春的纪念"替换为"（三）青春的传承"，删除关于"青春的纪念"的正文内容，然后粘贴从 Word 文档"五四青年节活动方案.docx"中复制的关于"青春的传承"的正文内容。小标题和正文内容格式保持不变。

（7）复制已添加的"活动内容"第 2 张幻灯片并修改内容

在左侧幻灯片浏览窗格的"活动内容"第 2 张幻灯片缩略图上单击鼠标右键，在弹出的快捷菜单中选择"复制幻灯片"命令，即将幻灯片复制并生成一张相同的幻灯片备份。

将幻灯片备份中文字"（三）青春的传承"替换为"（四）青春的风采"，删除关于"青春的传承"的正文内容，然后粘贴从 Word 文档"五四青年节活动方案.docx"中复制的关于"青春的风采"的正文内容。小标题和正文内容格式保持不变。

（8）保存演示文稿新增及修改内容

第 5、6、7 张"活动内容"幻灯片的外观效果分别如图 5-43、图 5-44 和图 5-45 所示。单击快速访问工具栏中的"保存"按钮，保存该演示文稿。

7. 制作"活动安排"幻灯片

（1）添加幻灯片

单击"开始"选项卡"幻灯片"组"新建幻灯片"下拉按钮，在弹出的下拉选项中选择"标题和内容"命令，在第 7 张"活动内容"幻灯片之后添加一张幻灯片。

（2）输入标题文字

单击"单击此处添加标题"占位符，在光标位置输入文字"四、活动安排"，并将该标题的字体设置为"微软雅黑"，将字号设置为"54"，将字体样式设置为"加粗"，将对齐方式设置为"居中"。

（3）输入"活动安排"文字内容

单击"单击此处添加文本"占位符，然后粘贴从 Word 文档"五四青年节活动方案.docx"中复制的关于"活动安排"的文字内容，包括"主办单位""活动对象""活动时间"3 个方面。

（4）设置"活动安排"文字内容为项目列表

图 5-62　从"项目符号"下拉选项中选择"箭头项目符号"

选中幻灯片中的"活动安排"3 个方面的文字内容，单击"开始"选项卡"段落"组"项目符号"下拉按钮，从打开的下拉选项中选择"箭头项目符号"，如图 5-62 所示。

（5）设置项目列表文字的格式

将项目列表文字的字体设置为"微软雅黑"，将字号设置为"36"，将字体样式设置为"加粗"，将"行距"设置为"1.5 倍行距"。

（6）保存演示文稿新增及修改内容

第 8 张"活动内容"幻灯片的外观效果如图 5-46 所示。单击快速访问工具栏中的"保存"按钮，保存该演示文稿。

8. 制作 3 张"活动要求"幻灯片

（1）复制"活动内容"第 3 张幻灯片

在"普通视图"的幻灯片浏览窗格，选定待复制的"活动内容"第 3 张幻灯片，然后单击"开始"选项卡"剪贴板"组的"复制"按钮。

（2）粘贴幻灯片

将光标定位到左侧幻灯片浏览窗格第 8 张幻灯片后面，单击"开始"选项卡"剪贴板"组的"粘贴"按钮即可。

（3）修改幻灯片的标题内容

将幻灯片中标题内容修改为"五、活动要求"。

（4）修改幻灯片的正文内容

将幻灯片中的"活动内容"的内容删除，然后粘贴从 Word 文档"五四青年节活动方案.docx"中复制的关于"活动要求"的内容。

（5）设置"活动要求"对应小标题的格式

将"活动要求"第 1 张幻灯片的小标题"（一）高度重视，精心组织"的字体设置为"微软雅黑"，将字号设置为"36"，将字体样式设置为"加粗"，将字体颜色设置为"紫色"，将"行距"设置为"1.5 倍行距"。

（6）设置"活动要求"对应的正文内容的格式

将"活动要求"第 1 张幻灯片对应的正文内容的字体设置为"微软雅黑"，将字号设置为"36"，将字体样式设置为"加粗"，将字体颜色设置为"黑色"。

将"对齐方式"设置为"两端对齐"；将"特殊格式"设置为"首行缩进"，其"度量值"设置为"2 厘米"；将"行距"设置为"1.5 倍行距"。

（7）复制已添加的"活动要求"第 1 张幻灯片并修改内容

在左侧幻灯片浏览窗格的"活动要求"第 1 张幻灯片缩略图上单击鼠标右键，在弹出的快捷菜单中选择"复制幻灯片"命令，即将幻灯片复制并生成一张相同的幻灯片备份。

将幻灯片备份中的小标题"（一）高度重视，精心组织"替换为"（二）突出主题，体现特色"，删除关于第 1 项活动要求"（一）高度重视，精心组织"的正文内容，然后粘贴从 Word 文档"五四青年节活动方案.docx"中复制的关于第 2 项活动要求"（二）突出主题，体现特色"的正文内容。小标题和正文内容格式保持不变。

（8）复制已添加的"活动要求"第 2 张幻灯片并修改内容

在左侧幻灯片浏览窗格的"活动要求"第 2 张幻灯片缩略图上单击鼠标右键，在弹出的快捷菜单中选择"复制幻灯片"命令，即将幻灯片复制并生成一张相同的幻灯片备份。

将幻灯片备份中的小标题"（二）突出主题，体现特色"替换为"（三）加强宣传，营造氛围"，删除关于第 2 项活动要求"（二）突出主题，体现特色"的正文内容，然后粘贴从 Word 文档"五四青年节活动方案.docx"中复制的关于第 3 项活动要求"（三）加强宣传，营造氛围"的正文内容。小标题和正文内容格式保持不变。

（9）保存新增及修改内容

第 9、10、11 张"活动要求"幻灯片的外观效果分别如图 5-47、图 5-48、图 5-49 所示。单击快速访问工具栏中的"保存"按钮，保存该演示文稿。

9. 制作"预期效果"幻灯片

（1）复制"活动目的"幻灯片

在幻灯片浏览窗格中幻灯片"活动目的"缩略图上单击鼠标右键，然后在弹出的快捷菜单中选择"复制"命令。

（2）粘贴幻灯片

将光标定位到幻灯片浏览窗格第 11 张幻灯片"活动要求"之后，单击鼠标右键，在弹出的快捷菜单中选择"粘贴"命令即可。

（3）修改幻灯片的标题内容

将幻灯片中标题内容修改为"六、预期效果"。

（4）修改幻灯片的正文内容

将幻灯片中关于"活动目的"的正文内容删除，粘贴从 Word 文档"五四青年节活动方案.docx"中复制的关于"预期效果"的正文内容。

（5）设置"预期效果"内容的格式

将关于"预期效果"正文内容的字体设置为"微软雅黑"，将字号设置为"26"，将字体样式设置为"加粗"，将字体颜色设置为"黑色"。

将"对齐方式"设置为"两端对齐";将"特殊格式"设置为"首行缩进",其"度量值"设置为"2 厘米";将"行距"设置为"1.5 倍行距"。

（6）保存演示文稿新增及修改内容

第 12 张"预期效果"幻灯片的外观效果如图 5-50 所示。单击快速访问工具栏中的"保存"按钮 🖫，保存该演示文稿。

10．制作"经费预算"幻灯片

（1）添加幻灯片

在第 12 张幻灯片"六、预期效果"之后添加一张版式为"空白"的幻灯片。

（2）复制第 12 张幻灯片标题

在第 12 张幻灯片"六、预期效果"中复制标题（包括占位符及其标题文字），然后在添加的第 13 张幻灯片中粘贴刚才复制的标题。将第 13 张幻灯片的标题文字修改为"七、经费预算"。

（3）插入表格

选中第 13 张幻灯片，单击"插入"选项卡"表格"组的"表格"按钮，在打开的下拉选项中选择"插入表格"命令，打开"插入表格"对话框。

在弹出的"插入表格"对话框中将"列数"和"行数"数字框分别设置为"3"和"15"，如图 5-63 所示，然后单击"确定"按钮关闭该对话框。在幻灯片中就会插入一张 15 行 3 列的表格。

图 5-63 "插入表格"对话框

> **说明** 在幻灯片含有文字"单击此处添加文本"的占位符中单击"插入表格"按钮 ，也可以打开"插入表格"对话框。

（4）在表格中输入文字内容

在表格中标题行分别输入标题文字"序号""费用支出项目""金额/元"，然后分别输入各项费用支出项目的对应内容。

（5）设置表格文字的格式

选中表格中的内容，将表格中文字的中文字体设置为"微软雅黑"，字号设置为"20"，表格各行都设置为"垂直居中"，表格标题行文字的对齐方式设置为"居中"，第 2 列所有行的对齐方式都设置为"左对齐"，其他列所有行的对齐方式设置为"居中"。

（6）调整表格的行高和列宽

拖曳鼠标调整表格的高度，然后根据表格中文字内容将各列的列宽调整至合适的宽度。

（7）调整表格在幻灯片中的位置

拖曳表格至幻灯片中的合适位置。

（8）保存演示文稿新增及修改内容

第 13 张"经费预算"幻灯片的外观效果如图 5-51 所示。单击快速访问工具栏中的"保存"按钮 🖫，保存该演示文稿。

11．制作结束页幻灯片

（1）添加幻灯片

在第 13 张幻灯片"七、经费预算"之后添加一张版式为"空白"的幻灯片。

（2）在幻灯片中插入艺术字

在"空白"版式的幻灯片中插入艺术字"请提宝贵意见或建议"。

（3）设置艺术字的"文本效果"

在幻灯片中选中艺术字，单击"绘图工具－格式"选项卡"艺术字样式"组的"文本效果"按钮，在打开的下拉选项中设置"发光"效果和"转换"效果。

（4）在幻灯片中插入图片

选中要插入图片的第 14 张幻灯片，单击"插入"选项卡"图像"组的"图片"按钮，打开"插入图片"对话框，在该对话框中选择文件夹"模块 5"中的图片文件"新时代新青年新作为.jpg"，然后单击"插入"按钮，在当前幻灯片中插入图片。

在幻灯片中调整图片的大小和位置，还可以使用"图片工具－格式"选项卡设置图片样式、图片边框、图片效果、图片版式以及进行裁剪图片、旋转图片等操作。

（5）保存演示文稿新增及修改内容

第 14 张结束页幻灯片的外观效果如图 5-52 所示。单击快速访问工具栏中的"保存"按钮🖫，保存该演示文稿。

【任务 5-2】设置演示文稿"五四青年节活动方案"动画效果与幻灯片放映方式

任务描述

打开文件夹"模块 5"中的 PowerPoint 演示文稿"五四青年节活动方案.pptx"，按照以下要求完成相应的操作。

① 将第 1 张幻灯片中的标题文字"五四青年节活动方案"的进入动画设置为"劈裂"，方向设置为"左右向中央收缩"，开始方式设置为"从上一项开始"。

② 将第 1 张幻灯片中的艺术字"传承五四精神、焕发青春风采"的进入动画设置为"擦除"，方向设置为"自左侧"，持续时间设置为"2"秒，开始方式设置为"上一动画之后"。

③ 将第 1 张幻灯片中的文字"明德学院　团委、学生会"的进入动画设置为"形状"，方向设置为"切出"，形状设置为"菱形"，开始方式设置为"单击时"。

④ 如果所设置的动画效果的顺序有误，则借助于"动画窗格"的"上移"按钮和"下移"按钮调整其顺序。

⑤ 为其他各张幻灯片中的对象设置动画效果。

⑥ 将幻灯片的切换效果设置为"翻转"，效果采用默认选项，持续时间设置为"02.00"，换片方式设置为"单击鼠标时"。

⑦ 从第一张幻灯片开始放映幻灯片。

任务实施

1．设置第 1 张幻灯片中文本和对象的动画效果

（1）打开演示文稿

打开演示文稿"五四青年节活动方案.pptx"，切换到"动画"选项卡。

（2）选择幻灯片

选择需要设置动画效果的第 1 张幻灯片。

（3）设置主标题"五四青年节活动方案"的动画效果

在幻灯片中选中含有主标题"五四青年节活动方案"的占位符，在"动画"选项卡"动画"组动画列表中选择"劈裂"选项，然后单击动画列表右侧的"效果选项"按钮，在打开的下拉选项中选择"左右向中央收缩"命令。

单击"动画"选项卡"高级动画"组的"动画窗格"按钮，使其处于选中状态，打开"动画窗格"。然后单击"动画窗格"动画行右侧的下拉按钮 ▾，在打开的下拉选项中选择"从上一项开始"命令。

（4）设置艺术字"传承五四精神、焕发青春风采"的动画效果

在幻灯片中选中艺术字"传承五四精神、焕发青春风采"，在"动画"选项卡"动画"组动画列表中选择"擦除"选项，然后单击动画列表右侧的"效果选项"按钮，在打开的下拉选项中选择"自左侧"命令。

在"动画"选项卡"计时"组"开始"下拉列表框中选择"上一动画之后"，在"持续时间"数值微调框输入"02.00"。

（5）设置文字"明德学院团委、学生会"的动画效果

在幻灯片中选中文字"明德学院　团委、学生会"的文本框，在"动画"选项卡"动画"组动画列表中选择"形状"选项，然后单击动画列表右侧的"效果选项"按钮，在打开的下拉选项中"形状"区域选择"菱形"命令，在"方向"区域选择"切出"命令，如图 5-64 所示。

（6）调整动画效果的顺序

添加了多项动画效果的"动画窗格"如图 5-65 所示，该窗格中以列表方式列出了顺序排列的动画效果，并且在幻灯片窗格中对应的幻灯片对象也会出现动画效果的标记。如果需要调整动画效果的排列顺序，可以选定其中需要调整顺序的动画效果，然后单击"上移"按钮 ▴ 或者"下移"按钮 ▾ 来改变动画顺序。

图 5-64　设置"效果选项"

图 5-65　添加了多项动画效果的"动画窗格"

2. 为其他各张幻灯片中的对象设置动画效果

参考第 1 张幻灯片动画的设置方法，灵活地为其他各张幻灯片中的对象设置动画效果。

3. 设置幻灯片的切换效果

（1）给幻灯片添加切换效果

选中要设置切换效果的幻灯片，在"切换"选项卡"切换到此幻灯片"组选择"翻转"切换效果，如图 5-66 所示。

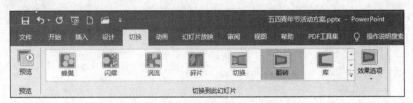

图 5-66　选择"翻转"切换效果

（2）设置切换效果的计时

在"切换"选项卡"计时"组的"持续时间"数值微调框中输入或选择所需的持续时间，这里设置为"02.00"。在"换片方式"区域选中"单击鼠标时"复选框。

如果幻灯片切换时需要添加声音，则在"声音"下拉列表框中选择一种合适的声音即可。

单击"计时"组"应用到全部"按钮，则将当前幻灯片的切换效果应用到全部幻灯片，否则，只应用到当前幻灯片。

4. 保存演示文稿的动画设置和切换效果设置

单击快速访问工具栏中的"保存"按钮🖫，保存该演示文稿。

5. 从第一张幻灯片开始放映幻灯片

切换到"幻灯片放映"选项卡，在"开始放映幻灯片"组单击"从头开始"按钮即可从第一张幻灯片开始放映幻灯片，然后依次单击进行播放。

【提升训练】

【训练 5-1】制作演示文稿"图形在 PPT 中的应用.pptx"

任务描述

创建演示文稿"图形在 PPT 中的应用.pptx"，完成以下任务，熟悉图形在演示文稿中的应用。

① 绘制与编辑形状。

② 合并与美化形状。

任务实施

创建演示文稿"图形在 PPT 中的应用.pptx"，在第一张幻灯片中输入文字"绘制与美化图形"，字体设置为"微软雅黑"，字号设置为"60"。

1. 绘制与编辑形状

（1）绘制单个圆

在"插入"选项卡的"插图"组中单击"形状"按钮，在打开的下拉选项中选择"椭圆"命令，按住"Shift"键的同时，按住鼠标左键且拖曳鼠标在幻灯片中绘制出圆，实心圆如图 5-67 所示。

再次画一个圆，设置该圆的形状填充颜色为"白色"，设置该圆的形状轮廓为 3 磅虚线，"空心"

虚线圆如图 5-68 所示。

> **说明** 按住"Shift"键，如果绘制直线则可以画出水平线和垂直线，如果绘制矩形则可以画出正方形。

图 5-67　幻灯片中绘制的实心圆

图 5-68　幻灯片中的"空心"虚线圆

（2）绘制带箭头的弧线

在"插入"选项卡的"插图"组中单击"形状"按钮，在打开的下拉选项中选择"弧形"命令，按住鼠标左键且拖曳鼠标在幻灯片中绘制弧形，然后旋转弧形，并调整其形状和位置。

选中幻灯片中的弧形，在"绘图工具-格式"选项卡的"形状样式"组"形状轮廓"下拉选项中设置弧形的粗细和箭头，带箭头的弧形如图 5-69 所示。

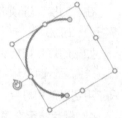

图 5-69　带箭头的弧形

（3）绘制折线

在"插入"选项卡的"插图"组中单击"形状"按钮，在打开的下拉选项中选择"任意多边形"命令，按住"Shift"键的同时，按住鼠标左键且拖曳鼠标在幻灯片中绘制线条。第一根线条绘制完成后松开鼠标左键，然后再次按住鼠标左键且拖曳鼠标在幻灯片中绘制第二根线条，第二根线条绘制完成双击鼠标左键即可。绘制的折线如图 5-70 所示。

选中幻灯片中的折线，在"绘图工具-格式"选项卡的"插入形状"组单击"编辑形状"按钮，在弹出的下拉选项中选择"编辑顶点"命令，如图 5-71 所示。此时折线处于编辑状态，如图 5-72 所示，拖曳编辑点可以调整线条的长度和折线的外形。

图 5-70　绘制的折线　　图 5-71　选择"编辑顶点"命令　　图 5-72　处于"编辑顶点"状态的折线

（4）绘制立方体

在"插入"选项卡的"插图"组中单击"形状"按钮，在打开的下拉选项中选择"立方体"命令，按住鼠标左键且拖曳鼠标在幻灯片中绘制一个立方体。选中刚绘制的立方体，单击鼠标右键，在弹出的快捷菜单中选择"设置形状格式"命令，打开"设置形状格式"窗格，切换到"效果"选项卡，展开"映像"组，将"透明度"设置为"24%"，"大小"设置为"14%"，"模糊"设置为"0磅"，"距离"设置为"2磅"，映像的自定义设置如图 5-73 所示。

设置了自定义映像效果的立方体如图 5-74 所示。

图 5-73　映像的自定义设置

图 5-74　设置了自定义映像效果的立方体

（5）绘制两个饼形组成的饼图

在"插入"选项卡的"插图"组中单击"形状"按钮，在打开的下拉选项中选择"饼形"命令，按住鼠标左键且拖曳鼠标在幻灯片中绘制一个饼形，调整饼形的尺寸和缺角大小。

以同样的方法绘制另一个饼形，且调整其尺寸和缺角大小。

将两个饼形靠近，组成一张饼图，如图 5-75 所示，该饼图可用于形象地显示分布比例、结构比例等情况。

（6）绘制两个弧形组成的图形

在"插入"选项卡的"插图"组中单击"形状"按钮，在打开的下拉选项中选择"弧形"命令，按住鼠标左键且拖曳鼠标在幻灯片中绘制一个弧形，调整弧形的尺寸和圆心角大小。

以同样的方法绘制另一个弧形，且调整其尺寸和圆心角大小。

将两个弧形靠近，组成一个图形，如图 5-76 所示，该图形可用于形象地显示分布比例、结构比例等情况。

图 5-75　两个饼形组成的饼图

图 5-76　两个弧形组成的图形

2. 合并与美化形状

（1）获取两个圆的合并

在幻灯片中分别绘制两个圆，设置两个圆的填充颜色为不同的颜色，调整两个圆的位置，使其部分相交，选中两个圆，如图 5-77 所示。

在"绘图工具-格式"选项卡的"插入形状"组单击"合并形状"按钮，在弹出的下拉选项中选择"联合"命令，如图 5-78 所示，将两个圆联合。

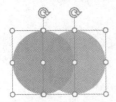

图 5-77　选中两个圆

图 5-78　"合并形状"下拉选项

221

在下拉选项中还可以选择"组合""拆分""相交""剪除"命令，两个圆的各种合并效果如图 5-79 所示。

图 5-79　两个圆的各种合并效果

（2）获取图片填充的半圆形

先分别在幻灯片中绘制一个圆和一个矩形，调整圆和矩形位置，使矩形的一条边与圆的水平直径重合。然后依次选择圆和矩形，在"合并形状"下拉选项中选择"剪除"命令，即可得到半圆形状。

选中半圆形状，设置形状填充为已有图片，最终的效果如图 5-80 所示。

（3）获取空心的泪滴形状

先分别在幻灯片中绘制一个泪滴形状和一个圆，调整两个形状至合适位置。然后依次选择泪滴形状和圆，在"合并形状"下拉选项中选择"剪除"命令，即可得到空心的泪滴形状。

选中空心的泪滴形状，设置形状轮廓的颜色为"白色"，设置形状效果为"向下偏移"的阴影，最终的效果如图 5-81 所示。

（4）获取多种形状的组合形状

先分别在幻灯片中绘制一个圆和一个剪去单角的矩形，调整两个形状至合适位置。然后选择这两个形状，在"合并形状"下拉选项中选择"联合"命令，将所选择的两个形状联合。

接着绘制一个圆，并设置该圆的填充颜色为"白色"，调整该圆至联合形状中的合适位置，并且该圆处于顶层位置，外观如图 5-82 所示。

图 5-80　图片填充的半圆形　　　　图 5-81　空心的泪滴形状　　　　图 5-82　多种形状的组合形状

【训练 5-2】制作演示文稿"绘制与美化 SmartArt 图形.pptx"

任务描述

创建演示文稿"绘制与美化 SmartArt 图形.pptx"，熟悉 SmartArt 图形在演示文稿中的应用，具体要求如下。

① 在幻灯片中插入"射线维恩图"。

② 在幻灯片中插入"块循环"。

③ 在幻灯片中插入"六边形射线"。

任务实施

创建演示文稿"绘制与美化 SmartArt 图形.pptx"，在第一张幻灯片中输入文字"绘制与美化

SmartArt 图形"，设置字体为"微软雅黑"，设置字号为"48"。

1. 在幻灯片中插入"射线维恩图"

在演示文稿"绘制与美化 SmartArt 图形.pptx"中增加一张幻灯片，在"插入"选项卡的"插图"组单击"SmartArt"按钮，打开"选择 SmartArt 图形"对话框。在该对话框中单击左侧的"循环"，然后在右侧的列表框中选择"射线维恩图"选项，如图 5-83 所示。单击"确定"按钮关闭对话框，且在幻灯片中插入默认格式的"射线维恩图"。

在"射线维恩图"各个圆形的"文本"占位符中输入文字，分别选中各个圆形，设置其形状填充颜色和形状轮廓颜色。"射线维恩图"的外观效果如图 5-84 所示。

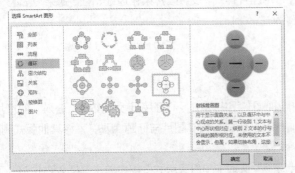

图 5-83 在"选择 SmartArt 图形"对话框中选择"射线维恩图"　　图 5-84 "射线维恩图"的外观效果

2. 在幻灯片中插入"块循环"

在演示文稿"绘制与美化 SmartArt 图形.pptx"中增加一张幻灯片，在"插入"选项卡的"插图"组单击"SmartArt"按钮，打开"选择 SmartArt 图形"对话框。在该对话框中单击左侧的"循环"选项，然后在右侧的列表框中选择"块循环"选项，单击"确定"按钮关闭对话框，且在幻灯片中插入默认格式的"块循环"。

在"块循环"各个圆形的"文本"占位符中输入文字，分别选中各个圆形和带箭头线条。设置其形状填充颜色和形状轮廓颜色。"块循环"的外观效果如图 5-85 所示。

3. 在幻灯片中插入"六边形射线"

在演示文稿"绘制与美化 SmartArt 图形.pptx"中增加一张幻灯片，在该幻灯片中复制或插入"六边形射线"SmartArt 图形，对该 SmartArt 图形执行"取消组合"命令后，设置为并列关系的图形，然后分别设置各个六边形的形状填充图片，最终的外观效果如图 5-86 所示。

图 5-85 "块循环"的外观效果　　图 5-86 "六边形射线"SmartArt 图形的外观效果

【训练 5-3】制作展示阿坝美景的演示文稿"阿坝美景.pptx"

任务描述

创建演示文稿"阿坝美景.pptx",展示阿坝景区的美景,具体要求如下。

① 设置好幻灯片母版,在母版中设置封面幻灯片的版式和正文幻灯片的版式。

② 在该演示文稿中添加多张幻灯片,在各张幻灯片中插入景区图片,输入必要的文字。

③ 根据实际需要,调整幻灯片中图片的尺寸、裁剪图片或抠图。

④ 根据实际需要,给幻灯片中的图片套用图片样式,设置图片柔化边缘、阴影效果、立体效果。

⑤ 根据实际需要,对幻灯片图片设置版式。

任务实施

创建演示文稿"阿坝美景.pptx",添加 1 张幻灯片。

1. 设置幻灯片母版

在 PowerPoint"视图"选项卡"母版视图"组中单击"幻灯片母版"按钮,进入"幻灯片母版"编辑状态,保留默认幻灯片母版中的"空白 版式"和"图片与标题 版式",将其他版式删除。

（1）设置封面幻灯片的版式

选中"空白 版式"页面,在"幻灯片母版"选项卡"母版版式"组中单击"插入占位符"下拉按钮,在弹出的下拉选项中选择"图片"命令,如图 5-87 所示。然后在"空白 版式"页面按住鼠标左键,拖曳鼠标绘制"图片"占位符。调整"图片"占位符的位置和尺寸。

在幻灯片母版视图的左侧幻灯片版式列表中,右键单击"空白 版式",在弹出的快捷菜单中选择"重命名版式"命令,在弹出的"重命名版式"对话框的"版式名称"文本框中输入新名称"封面 版式",如图 5-88 所示,然后单击"重命名"按钮即可。

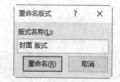

图 5-87 在"插入占位符"下拉选项中选择"图片"命令   图 5-88 "重命名版式"对话框

（2）设置正文幻灯片的版式

选中"图片与标题 版式"页面,调整"图片"占位符至页面上方,调整其高度为"15.38 厘米",宽度为"34 厘米"。

将"标题"占位符拖动到页面左下角,设置标题文字字体为"方正粗倩简体",字号为"40",颜色为"绿色,个性色 6,深色 50%"。

在"标题"占位符右侧添加 1 个"文本"占位符，设置正文文字字体为"方正卡通简体"，字号为"18"，设置段落的"首行缩进"为"1.27 厘米"，行距为"1.2 倍行距"。

"图片与标题 版式"设置完成后的外观效果如图 5-89 所示。

图 5-89 "图片与标题 版式"设置完成后的外观效果

2. 在幻灯片中插入图片与调整图片尺寸

删除第 1 张幻灯片中默认添加的占位符，在 PowerPoint"插入"选项卡"图像"组单击"图片"按钮，在弹出的"插入图片"对话框中选择待插入的图片"九寨沟-童话世界.jpg"，然后单击"插入"按钮即可将图片插入幻灯片中。

在幻灯片中选中插入的图片，在"图片工具-格式"选项卡"大小"组，设置图片的高度和宽度，如图 5-90 所示。

在图片上面右下角位置插入一个文本框，在该文本框中输入文字"大美阿坝"，设置文字的字体为"方正硬笔行书简体"，字号为"60"。

图 5-90 在"图片工具-格式"选项卡"大小"组设置图片的高度和宽度

> **说明** 这里暂没有使用幻灯片母版中的"封面 版式"。

3. 在幻灯片中裁剪图片

在"开始"选项卡"幻灯片"组中单击"新建幻灯片"下拉按钮，在弹出的下拉选项中选择"图片与标题 版式"命令，如图 5-91 所示。即可插入 1 张新幻灯片，其版式为"图片与标题"。

在该幻灯片中插入图片"九寨沟.jpg"，在标题占位符中输入文字"九寨沟"，在文本占位符中输入九寨沟景区介绍文字。

选中幻灯片中的图片，在"图片工具-格式"选项卡的"大小"组中，单击"裁剪"下拉按钮，在打开的下拉选项中选择"裁剪为形状"命令，在打开的级联选项中选择"基本形状"区域的"椭圆"命令，如图 5-92 所示，将幻灯片中的图片裁剪为"椭圆"形状。

图 5-91 选择"图片与标题 版式"

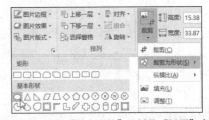

图 5-92 选择"基本形状"区域的"椭圆"命令

对幻灯片中的图片、标题文本框、正文文本框进行微调，其外观效果如图 5-93 所示。

图 5-93　幻灯片外观效果

4. 在幻灯片的图片中抠图

在演示文稿"阿坝美景.pptx"中插入 1 张幻灯片，在该幻灯片中插入图片"达古冰山.jpg"，在标题占位符中输入文字"达古冰山"，在文本占位符中输入达古冰山景区介绍文字。

选中幻灯片中插入的图片，在"图片工具-格式"选项卡的"调整"组中单击"删除背景"按钮，此时功能区显示"背景消除"选项卡，如图 5-94 所示。

图 5-94　"背景消除"选项卡

在幻灯片中选中图片会显示出删除区域和保留区域，变色区域表示删除区域，不变色区域表示保留区域。

（1）标记要保留的区域

拖曳图形中的矩形选择框，首先指定要保留的大致区域，在"背景消除"选项卡的"优化"组中单击"标记要保留的区域"按钮，然后在图片上要保留的变色区域上不断单击，出现⊕标记，直到恢复为本色。

（2）标记要删除的区域

在"背景消除"选项卡的"优化"组中单击"标记要删除的区域"按钮，然后在图片上要删除的未变色区域上不断单击，出现⊖标记，直到变色。

标记要保留区域和要删除区域的外观如图 5-95 所示。

设置好要保留区域和要删除区域后，在"关闭"组单击"保留更改"按钮，即可删除图片不需要的部分。

再一次选中幻灯片中的抠图完成的图片，在"图片工具-格式"选项卡的"大小"组中，单击"裁剪"下拉按钮，在打开的下拉选项选择"裁剪"命令，图片四周将会出现裁剪控制点，通过拖曳裁剪控制点至合适位置，得到所需的图片尺寸，如图 5-96 所示。

图 5-95　标记要保留区域和要删除区域的外观

图 5-96　拖曳裁剪控制点至合适位置

裁剪掉多余部分后可得到需要的图片尺寸。

接着在该幻灯片中插入"东措日月海.jpg""一号冰川.jpg""洛格斯神山.jpg"3 张图片，分别将这些图片裁剪为"燕尾形""剪去对角的矩形""泪滴形"。调整图片位置，对图片适度进行旋转，设置完成后的外观效果如图 5-97 所示。

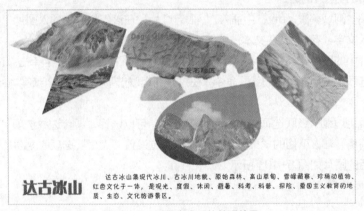

图 5-97　设置完成后的外观效果

5. 幻灯片的图片套用图片样式

在演示文稿"阿坝美景.pptx"中插入 1 张幻灯片，在该幻灯片中插入图片"黄龙.jpg"，在标题占位符中输入文字"黄龙"，在文本占位符中输入黄龙景区介绍文字。

选中幻灯片中的图片，在"图片工具-格式"选项卡的"图片样式"组单击"其他"按钮，在展开的图片样式列表中选择"旋转,白色"图片样式，如图 5-98 所示。

图 5-98　"图片样式"组与选择"旋转,白色"图片样式

套用图片样式的图片如图 5-99 所示。

图 5-99　套用图片样式的图片

6．柔化幻灯片图片的边缘

在演示文稿"阿坝美景.pptx"中插入 1 张幻灯片，在该幻灯片中插入图片"花湖.jpg"，在标题占位符中输入文字"花湖"，在文本占位符中输入花湖景区介绍文字。

选中幻灯片中的图片，在"图片工具-格式"选项卡的"图片样式"组单击"图片效果"按钮，在打开的下拉选项中选择"柔化边缘"命令，在打开的级联选项中选择"25 磅"命令，如图 5-100 所示。

如果在"柔化边缘"级联选项中没有合适的命令，可以选择"柔化边缘选项"命令，打开"设置图片格式"窗格，在该窗格的"柔化边缘"组中通过设置"大小"选项改变图片边缘柔化效果。

柔化边缘后的图片如图 5-101 所示。

图 5-100　在"图片效果"下拉选项"柔化
边缘"级联选项中选择"25 磅"命令

图 5-101　柔化边缘后的图片

7．设置图片的边框与阴影效果

在演示文稿"阿坝美景.pptx"中插入 1 张幻灯片，在该幻灯片中插入"黄河九曲第一湾 1.jpg"

"黄河九曲第一湾 2.jpg""黄河九曲第一湾 3.jpg"3 张图片，在标题占位符中输入文字"黄河九曲第一湾"，在文本占位符中输入黄河九曲第一湾景区介绍文字。

（1）设置图片的边框效果

选中幻灯片中的图片，在"图片工具-格式"选项卡的"图片样式"组单击"图片边框"按钮，在打开的下拉选项中选择主题颜色为"白色"，然后选择"粗细"命令，在打开的级联选项中选择"4.5 磅"命令，如图 5-102 所示。

（2）设置图片的阴影效果

选中幻灯片中的图片，在"图片工具-格式"选项卡的"图片样式"组单击"图片效果"按钮，在展开的下拉选项中选择"阴影"，在打开的级联选项中选择"居中偏移"命令，如图 5-103 所示。

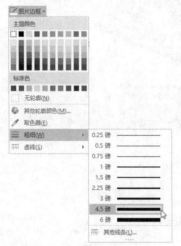

图 5-102　设置图片的边框效果

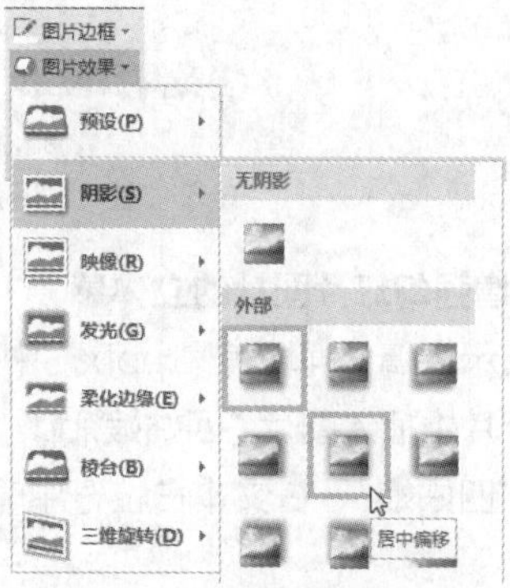

图 5-103　设置图片的阴影效果

（3）设置图片的尺寸和旋转角度

选中幻灯片中的图片"黄河九曲第一湾 1.jpg"，在"图片工具-格式"选项卡的"大小"组单击"大小和位置"按钮 ⬚，打开"设置图片格式"窗格，并显示"大小"组，取消选中"锁定纵横比"复选框，设置高度为"10 厘米"，设置宽度为"15 厘米"，设置旋转角度为"338°"，如图 5-104 所示。

其他两张图片的尺寸设置与图片 1 相同，旋转角度分别设置为"347°"和"354°"。

（4）设置图片层次位置

选中幻灯片中的图片"黄河九曲第一湾 1.jpg"，在"图片工具-格式"选项卡的"排列"组单击"上移一层"下拉按钮 ▾，在打开的下拉选项中选择"置于顶层"命令，如图 5-105 所示。

图 5-104　设置图片的尺寸和旋转角度

选中幻灯片中的图片"黄河九曲第一湾 3.jpg"，在"图片工具-格式"选项卡的"排列"组单击"下移一层"下拉按钮 ▾，在打开的下拉选项中选择"置于底层"命令，如图 5-106 所示。

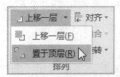

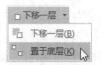

图 5-105　在下拉选项中选择"置于顶层"命令　　　　图 5-106　在下拉选项中选择"置于底层"命令

设置了边框和阴影效果的多张图片如图 5-107 所示。

图 5-107　设置了边框和阴影效果的多张图片

8. 增强幻灯片图片的立体感

在演示文稿"阿坝美景.pptx"中插入 1 张幻灯片，在该幻灯片中插入图片"四姑娘.jpg"，在标题占位符中输入文字"四姑娘"，在文本占位符中输入四姑娘景区介绍文字。

选中幻灯片中的图片，在"图片工具-格式"选项卡的"图片样式"组单击"图片效果"按钮，在打开的下拉选项中选择"映像"，在打开的级联选项中选择"紧密映像,4pt 偏移量"命令，如图 5-108 所示。

如果"映像"级联选项中没有合适的命令，可以选择"映像选项"命令，打开"设置图片格式"窗格，在"映像"组通过设置"透明度""大小""模糊""距离"来调整图片的映像效果。

图 5-108　在"图片效果"下拉选项"映像"级联选项中选择"紧密映像,4pt 偏移量"命令

设置了映像效果的图片如图 5-109 所示。

图 5-109　设置了映像效果的图片

9．对幻灯片中的多张图片设置版式

（1）一次性插入多张图片

在演示文稿"阿坝美景.pptx"中插入 1 张幻灯片，删除幻灯片中的占位符。

在"插入"选项卡"图像"组单击"图片"按钮，弹出"插入图片"对话框。在该对话框按住"Ctrl"键依次选中所需要的图片，这里分别选中"毕棚沟.jpg""九顶山.jpg""卡龙沟.jpg""月亮湾.jpg"，如图 5-110 所示。

图 5-110　在"插入图片"对话框中按住"Ctrl"键依次选中多张图片

然后单击"插入"按钮即可将选中的多张图片插入幻灯片中。一次性插入幻灯片中的多张图片也呈选中状态。

（2）选用图片版式

在"图片工具-格式"选项卡的"图片样式"组单击"图片版式"按钮，在打开的下拉选项中选择"水平图片列表"命令，即可应用相应的图片版式，如图 5-111 所示。

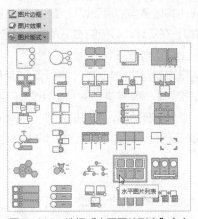

图 5-111　选择"水平图片列表"命令

（3）输入文字与设置格式

在幻灯片的多个文本占位符中分别输入对应的景区介绍文字，并设置文字格式，应用了图片版式的幻灯片效果如图 5-112 所示。

图 5-112　应用了图片版式的幻灯片效果

【考核评价】

【技能测试】

【测试 5-1】制作"自我推荐"演示文稿

参考文件夹"单元 5"中的 PowerPoint 演示文稿"自我推荐 1.pptx"制作本人的"自我推荐.pptx"演示文稿，存放在同一文件夹中，该演示文稿的制作要求如下。

① 内容包括"个人基本信息""自我评价""教育培训经历""获奖与证书""项目开发经历""专业技能与专业特长""我的作品"等项目。

②"个人基本信息"以表格的形式表现。

③"教育培训经历"页插入至少 6 张所在学院或培训机构的图片。

④"我的作品"页插入本人主持或参与的项目设计或开发的主要界面图片。

⑤ 更换幻灯片母版中的背景，在幻灯片母版的右下角插入"前进"与"后退"的动作按钮，另外插入一个用于返回"目录"的空白动作按钮。

⑥"目录"页各项目录内容链接到对应的幻灯片，每个幻灯片都设置"返回"按钮。

⑦"自我评价"页的标题链接到同一文件夹中的 Word 文档"自荐书.doc"。

⑧ 在"我的作品"页插入 1 个自选图形，然后插入 1 个文本框，在该文本框中输入文字"旅游网站的页面"，再与自选图形进行组合，将这一组合对象链接到同一个文件夹的网页文件"旅游网站页面.html"。

⑨ 根据需要在幻灯片中插入艺术字作为标题。

⑩ 根据需要合理设置各个幻灯片中对象的动画效果。

⑪ 根据需要合理设置各个幻灯片的切换效果。

⑫ 对幻灯片进行页面设置，并预览其效果。

⑬ 设置幻灯片的放映方式，然后播放幻灯片，观察幻灯片中对象的动画效果和幻灯片的切换效果，并进行排练计时。

⑭ 将演示文稿"自我推荐.pptx"打包且保存在同一文件夹中。

【测试 5-2】创建展示九寨沟美景的演示文稿"九寨沟美景.pptx"

创建演示文稿"九寨沟美景.pptx",展示九寨沟的美景。该演示文稿包括 9 张幻灯片,前 8 张幻灯片中待插入的图片名称、标题文字、景色介绍文字如表 5-1 所示,第 9 张幻灯片用于致谢。

表 5-1   待插入的图片名称、标题文字、景色介绍

幻灯片序号	标题	图片名称	景色介绍
1	圣洁天堂	011、012	去过九寨沟的人,没有一个会否认她的超凡魅力,如果世界上真有仙境,那肯定就是九寨沟。这是一个佳景荟萃、神奇莫测的旷世胜地,是一个不见纤尘、自然纯净的"圣洁天堂"
2	水中倒影如梦似幻	021、022	无风的静海,仿佛化身一块明晃晃的镜子,将天空树木全部毫不失真地复制下来。缥缈时的云雾倒影、午后的苍翠山林,亦幻亦真,仿若误入仙境,分不清哪里是天,哪里是海
3	疯狂色彩绚丽璀璨	031、032	五彩池的魅力在于同一水域,却呈现出鹅黄、墨绿、深蓝、藏青等色,彼此紧挨,却又泾渭分明,大自然妙笔涂抹的色彩,永远是那么大胆、强烈而又富于变幻,令人惊叹
4	群山拥抱勾起回忆	041、042	树正群海镶嵌在深山幽谷之中,由绿色的湖水、银色的小瀑布相连,就像给树正寨戴上一条美丽的翡翠项链。古老的水磨房、清幽的栈道,仿佛在倾诉着历史,使回忆历历在目
5	色彩琉璃变幻无穷	051、052	五彩池作为九寨沟湖泊中的精粹,无穷的颜色在她怀里尽情发酵,有的蔚蓝,有的浅绿,有的绛黄,有的粉蓝,好似打翻了的染色盘,美得那么肆无忌惮,随意豪放
6	美人卷帘沉醉其中	061、062	珍珠滩水流湍急且翻着白浪,沿着山体突然下陷,便一下子温柔起来,构成一个落差各异的水帘,水流像珍珠四溢飞溅,滴滴串起那些濒临破碎的梦,绚烂夺目
7	不期然遇见的惊喜	071、072	难得撞见出来觅食的小松鼠,或上蹿下跳身轻如燕,或眨巴着大眼睛滴溜溜地盯着游人转,不怕生,不怯场,憨态可掬又灵性十足,是九寨顽皮的小精灵
8	郁郁葱葱水满山林	081、082	让我们暂时告别都市的喧嚣,躲进这"圣洁天堂"去度过一段光阴。四顾皆仙界,一步一徘徊,挥手暂相别,相约又重来

【课后习题】

1. PowerPoint 2016 演示文稿被保存以后,默认的文件扩展名是(   )。
   A. .pptx   B. .ppsx   C. .ppt   D. .pot
2. PowerPoint 2016 "视图"这个名词表示(   )。
   A. 一种图形   B. 显示幻灯片的方式
   C. 编辑演示文稿的方式   D. 一张正在修改的幻灯片
3. 在 PowerPoint 2016 中,不能完成对个别幻灯片进行设计或修饰的对话框是(   )。
   A. 背景   B. 幻灯片版式   C. 配色方案   D. 应用设计模板
4. 幻灯片中占位符的作用是(   )。
   A. 表示文本长度   B. 限制插入对象的数量

    C．表示图形大小   D．为文本或图形预留位置

5．幻灯片上可以插入（　　）多媒体信息。

    A．声音和图片   B．音频和影片

    C．声音和动画   D．图片、音频和视频

6．在 PowerPoint 2016 中，不能对个别幻灯片内容进行编辑修改的视图方式是（　　）。

    A．大纲视图   B．幻灯片浏览视图   C．普通视图   D．以上三项均不能

7．PowerPoint 2016 的"超级链接"命令可实现（　　）。

    A．实现幻灯片之间的跳转   B．实现演示文稿幻灯片的移动

    C．中断幻灯片的放映   D．在演示文稿中插入幻灯片

8．在（　　）模式下可以对幻灯片进行插入、编辑对象的操作。

    A．普通视图   B．大纲视图   C．幻灯片浏览视图 D．备注页视图

9．在（　　）视图下能实现在一屏显示多张幻灯片。

    A．普通视图   B．大纲视图   C．幻灯片浏览视图 D．备注页视图

10．在（　　）视图下，可以方便地对幻灯片进行移动、复制、删除等编辑操作。

    A．幻灯片浏览   B．大纲   C．幻灯片放映   D．普通

模块6
应用互联网与认知新一代信息技术

06

互联网的应用正改变着人们的工作、学习与生活方式，并促进信息产业的发展，我们应学会在信息海洋中遨游，从网络上获取各种资源，利用网络进行学习和交流。

云计算、大数据、物联网、人工智能、区块链、"互联网+"等新一代信息技术的发展，正加速推进全球产业分工深化和经济结构调整。我国应加快抓住全球信息技术和产业新一轮分化和重组的重大机遇，全力打造核心技术产业生态，进一步推动前沿技术突破，实现产业链、价值链和创新链等各环节协调发展，推动我国数字经济发展迈上新台阶。

互联网与制造业融合发展促使各相关产业产生巨大变革。十大重点产业融合创新产生新的发展方向。在信息领域，新一代信息技术产业——"大""物""智""云"将改变生活、生产方式。

6.1 认知计算机网络

计算机网络是计算机技术和通信技术相结合的产物，也是利用通信线路和通信设备，将分布在不同地理位置的具有独立功能的若干台计算机连接起来形成的计算机的集合。建立计算机网络的主要目的是实现资源共享和数据通信。

6.1.1 计算机网络组成

计算机网络基本上包括计算机、网络操作系统、传输介质（有形或无形，如无线网络的传输介质就是电磁波）、应用软件4部分。

6.1.2 计算机网络分类

虽然网络类型的划分标准各种各样，但是从地理范围划分是一种大家都认可的通用网络划分标准。按这种标准可以把各种网络划分为局域网、城域网和广域网3种类型。局域网一般来说只能在一个较小区域内，城域网是不同地区的网络互联。不过在此要说明的一点就是这里的网络划分并没有严格意义上地理范围的区分，只是一个定性的概念。

1. 局域网

局域网（Local Area Network，LAN）是一种十分常见、应用极广的网络。局域网随着整个计算机网络技术的发展和提高得到充分应用和普及，几乎每个企业都有自己的局域网，甚至有的家庭中都有自己的小型局域网。很明显，所谓局域网，就是在局部地区范围内的网络，它所覆盖的地区范围较小。局域网在计算机数量配置上没有太多的限制，少的可以只有两台，多的可达几百台。一般来说在企业局域网中，工作站的数量在几十到两百台。在网络所涉及的地理距离上一般来说可以是几米至几十千米。局域网一般位于一个建筑物或一个企业内，不存在寻径问题，不包括网络层的应用。

这种网络的特点就是：连接范围小、用户数少、配置容易、连接速率高。目前局域网最快的连接速率要算现今的 10Gbit/s 以太网了。IEEE 的 802 标准委员会定义了多种主要的局域网：以太网（Ethernet）、令牌环（Token Ring）网、光纤分布式数据接口（Fiber Distributed Data Interface，FDDI）网络、异步传输方式（Asynchronous Transfer Mode，ATM）网络以及无线局域网（Wireless LAN，WLAN）。

2. 城域网

城域网（Metropolitan Area Network，MAN）一般来说是在一个城市，但不在同一地理小区范围内的计算机互联。这种网络的连接距离可以在 10～100 千米，它采用的是 IEEE 802.6 标准。城域网与局域网相比扩展的距离更长，连接的计算机数量更多，在地理范围上可以说是局域网的延伸。在一个大型城市或都市地区，一个城域网通常连接着多个局域网，如连接政府机构的局域网、医院的局域网、电信公司的局域网、公司企业的局域网等。由于光纤连接的引入，城域网中高速的局域网互联成为可能。

城域网多采用 ATM。ATM 是用于数据、语音、视频以及多媒体应用程序的高速网络传输方法。ATM 包括一个接口和一个协议，该协议能够在一个常规的传输信道上，在比特率不变及变化的通信量之间进行切换。ATM 也包括硬件、软件以及与 ATM 协议标准一致的介质。ATM 提供一个可伸缩的主干基础设施，以便能够适应不同规模、速度以及寻址技术的网络。ATM 的最大缺点就是成本太高，所以一般在政府城域网中应用，如邮政、银行、医院等。

3. 广域网

广域网（Wide Area Network，WAN）也称为远程网，所覆盖的范围比城域网更广，它一般将不同城市之间的局域网或者城域网互联，地理范围可从几百千米到几千千米。因为距离较远，信息衰减比较严重，所以这种网络一般要租用专线，通过接口信息处理协议和线路连接起来，构成网状结构，解决循径问题。这种网因为所连接的用户多，总出口带宽有限，所以用户的终端连接速率一般较低，通常为 9.6kbit/s～45Mbit/s。如中国公用计算机互联网（ChinaNet）、中国公用分组交换数据网（China Public Packet Switched Data Network，ChinaPAC）和中国公用数字数据网（China Digital Data Network，ChinaDDN）。

上面讲了网络的几种分类，其实在现实生活中我们真正接触得最多的是局域网，因为它可大可小，无论是在企业还是在家庭实现起来都比较容易，也是应用十分广泛的一种网络，所以下面我们有必要对局域网及局域网中的接入设备进行进一步认识。

随着笔记本电脑（Notebook Computer）和个人数字助理（Personal Digital Assistant，PDA）等便携式计算机的日益普及和发展，人们经常要在路途中接听电话、发送传真和电子邮件、阅读网上信息以及登录到远程设备等。然而在汽车或飞机上是不可能通过有线介质与企业的网络相连接的，这时候可能会对无线网络感兴趣了。

无线网络特别是无线局域网有很多优点，如易于安装和使用。但无线局域网也有许多不足：它的数据传输率一般比较低，远低于有线局域网；它的误码率也比较高，而且站点之间相互干扰比较严重。用户无线网络的实现有不同的方法。国外的某些大学在它们的校园内安装了许多天线，允许学生坐在树底下查看图书馆的资料。这种情况，两台计算机之间是直接通过无线局域网以数字方式实现通信的。还有一种可能的方式是利用传统的模拟调制解调器通过蜂窝电话系统进行通信。在国外的许多城市已能提供蜂窝数字分组数据系统（Cellular Digital Packet Data System，CDPD）的业务，因而可以通过 CDPD 直接建立无线局域网。无线网络是当前国内外的研究热点，其研究是由巨大的市场需求驱动的。无线网络的特点是使用户可以在任何时间、任何地点接入计算机网络，而这一特性使其具有强大的应用前景。当前已经出现了许多基于无线网络的产品，如个人通信系统（Personal Communication System，PCS）电话、无线数据终端、便携式可视电话、个人数字助理等。无线网络的发展依赖无线通信技术的发展。无线通信系统主要有低功率的无线电话系统、模拟蜂窝系统、数字蜂窝系统、移动卫星系统、无线局域网和无线城域网等。

6.1.3　计算机与网络信息安全

计算机与网络信息安全是指为数据处理系统而采取的技术的和管理的安全保护，保护计算机硬件、软件、数据不因偶然的或恶意的原因而遭到破坏、更改或显露。这里面既包含了层面的概念，其中计算机硬件可以看作物理层面，软件可以看作运行层面，再就是数据层面；又包含了属性的概念，其中破坏涉及的是可用性，更改涉及的是完整性，显露涉及的是机密性。

计算机与网络信息安全的内容主要有以下几方面。

① 硬件安全，即计算机与网络硬件和存储媒体的安全。硬件安全是指要保护这些硬设施不受损害，能够正常工作。

② 软件安全，即计算机及网络的各种软件不被篡改或破坏，不被非法操作或误操作，功能不会失效，不被非法复制。

③ 运行服务安全，即计算机与网络中的各个信息系统能够正常运行并能正常地通过网络交流信息。运行服务安全是指通过对网络系统中的各个信息系统运行状况的监测，发现不安全因素能及时报警并采取措施改变不安全状态，保障网络系统正常运行。

④ 数据安全，即计算机与网络中存在数据及流通数据的安全。数据安全是指要保护网络中的数据不被篡改、非法增删、复制、解密、显示、使用等。它是保障网络安全最根本的目的。

6.2　认知与应用互联网

互联网是世界上规模最大、覆盖范围最广的计算机网络。互联网是将全世界不同国家、不同地区、不同部门的计算机通过网络设备连接在一起构成的一个国际性的资源网络。互联网就像在计算机与计算机之间架起的一条条信息高速公路，各种信息在上面传送，使人们得以在全世界范围内共享资源和交换信息。

6.2.1　认知互联网服务

互联网服务是指通过互联网为用户提供的各类服务，通过互联网服务可以进行互联网访问，获取需要的信息。互联网服务采用 TCP/IP，即传输控制协议/互联网协议。

6.2.2　认知互联网地址

为了实现互联网中不同计算机之间的通信，每台计算机都必须有一个唯一的地址，称为互联网地址。互联网地址有两种表示形式，分别为 IP 地址和域名，用数字表示的地址称为 IP 地址，用字符表示的地址称为域名。

互联网地址由网络号和主机号构成，其中网络号标识某个网络，主机号标识网络上的某台计算机。

1. IP 地址

IP 地址包含 4 个字节，即 32 个二进制位。为了书写方便，通常每个字节使用一个 0～255 的十进制数字表示，每个十进制数字之间使用"."分隔，这种表示方法称为"点分十进制"表示方法。如"192.168.1.18"表示某个网络上某台主机的 IP 地址。

2. 域名

域名是使用字符表示的互联网地址，并由域名系统（Domain Name System，DNS）将其解释成 IP 地址。例如"www.baidu.com"表示百度的域名，它和 IP 地址相对应。

3. DNS 服务

DNS 服务是将域名与 IP 对应的网络服务。用户在访问网站时，不再需要输入冗长难记的 IP 地址，只需输入域名即可访问，因为 DNS 服务会自动将域名转换成正确的 IP 地址。DNS 协议使用了 TCP 和 UDP（User Datagram Protocol，用户数据报协议）的 53 端口。

6.2.3 认知 TCP/IP

TCP/IP 是互联网中所使用的通信协议，是互联网上计算机之间进行通信所必须遵守的规则集合。其中 TCP（Transmission Control Protocol）为传输控制协议，它提供传输层服务，负责管理数据包的传递过程，并有效地保证数据传输的正确性；IP（Internet Protocol）为互联网协议，它提供网际层服务，负责将需要传输的数据分割成许多数据包，并将这些数据包发往目的地。每个数据包中包含了部分要传输的数据和传送目的地的地址等重要信息。

6.2.4 认知浏览器

浏览器是用来检索、展示以及传递 Web 信息资源的应用程序。使用者可以借助超链接（Hyperlink），通过浏览器浏览互相关联的信息，实现从 Web 服务器中搜索信息、浏览网页、收发电子邮件等功能。Web 信息资源由统一资源标识符（Uniform Resource Identifier，URI）标记，它是一张网页、一张图片、一段视频或者任何在 Web 上所呈现的内容。

主流的浏览器分为 IE（Internet Explorer）、Chrome 浏览器、火狐（Firefox）浏览器、Safari 浏览器等几大类，其中 IE 是微软公司开发的一种 Web 浏览器。

6.2.5 认知搜索引擎

搜索引擎是指互联网中的信息搜索工具，目前比较著名的搜索引擎有百度、搜狐等。当用户访问某主页时，可以输入要查找的关键词并提交，搜索引擎就会在数据库中检索，并将检索结果返回页面。

6.2.6 认知电子邮件

电子邮件是指在互联网中通过电子信件形式通信的方式，简称 E-mail。E-mail 具有速度快、信息形式多样、收发方便、交流范围广等优点。

使用互联网提供的电子邮件服务时，首先要申请电子邮箱，每个邮箱都有一个唯一的标识。该标识也就是我们常说的 E-mail 地址，其格式为"用户名@域名"，其中"用户名"是用户申请的账号，"域名"是电子邮件服务器域名，例如"good@163.com"表示一个 E-mail 地址。

【任务 6-1】使用百度网站搜索信息

任务描述

使用 Chrome 浏览器打开百度网站首页，然后完成以下各项任务。

① 搜索"区块链的定义"。

② 搜索"张家界景点图片"。

③ 搜索"阿坝县旅游宣传片"。

④ 利用百度翻译将中文短句"纸上得来终觉浅，绝知此事要躬行"翻译为英文。

任务实施

在 Chrome 浏览器的地址栏中输入网址"www.baidu.com"，打开百度首页。

1. 搜索"区块链的定义"

在百度首页的搜索框中输入"区块链的定义"，然后单击"百度一下"按钮，即可获取搜索结果。然后单击搜索结果中的超链接，打开"区块链的定义"对应的网页，将所需内容复制到计算机的文档中即可。

2. 搜索"张家界景点图片"

在百度首页的搜索框中输入"张家界景点图片"，然后单击"百度一下"按钮，即可获取搜索结果。单击导航按钮"图片"，切换到"图片"页面，找到所需的景点图片，然后保存至计算机中即可。

3. 搜索"阿坝县旅游宣传片"

在百度首页单击导航按钮"视频"，切换到"视频"页面，然后在搜索框中输入"阿坝县旅游宣传片"，然后单击"百度一下"按钮，即可获取搜索结果。接着选择所需的视频在线观看或下载到计算机中。

4. 将中文短句翻译为英文

打开百度首页，单击导航按钮"更多"，打开百度"产品大全"页面，在"搜索服务"区域，单击"百度翻译"超链接，打开"百度翻译"网页，在左侧文本框中输入"纸上得来终觉浅，绝知此事要躬行"，右侧会自动显示对应英文。

【任务 6-2】使用 E-mail 邮箱收发电子邮件

任务描述

① 申请注册一个 163 邮箱，也可以申请注册其他邮箱。

② 登录注册成功的邮箱。

③ 通过该邮箱撰写和发送一封邮件。

④ 查看收件箱中已收到的邮件。

⑤ 阅读邮件内容。

任务实施

1. 申请 163 邮箱

（1）打开 163 邮箱的注册页面

打开浏览器，在地址栏中输入"mail.163.com"，按"Enter"键，打开 163 网易免费邮网页，在页面右下方单击导航栏的超链接"注册网易邮箱"，切换到网易邮箱的注册页面。

（2）创建账号

在网易邮箱的注册页面输入邮箱地址、密码、手机号码等用户信息，如图 6-1 所示。

 注意 如果输入的邮箱地址已经被他人占用了，就会弹出提示信息，要求重新输入邮箱地址。

接下来进行安全信息设置，如果填写的信息不符合系统安全，系统会在下方显示相应的提示信息。输入完成后一定要记住自己所填写的信息，特别是用户名和密码，以便以后登录使用。然后单击"立即注册"按钮，显示图 6-2 所示注册成功的提示信息。

图 6-1　输入用户信息

图 6-2　注册成功的提示信息

邮箱注册成功后，单击"进入邮箱"，即可直接进入 163 网易免费邮的首页。

2. 登录 163 邮箱

打开浏览器，在地址栏中输入地址"mail.163.com"，按"Enter"键，打开 163 网易免费邮的登录页面。在 163 邮箱登录页面输入用户名和密码，如图 6-3 所示，然后单击"登录"按钮即可。

登录成功后打开 163 网易免费邮首页，如图 6-4 所示。

3. 撰写和发送邮件

（1）打开写信界面

单击左侧的"写信"按钮，打开邮件撰写界面。

（2）填写收件人邮箱地址

在"收件人"文本框中填写对方的邮箱地址，这里输入"happyday_123@163.com"。

图 6-3 登录 163 网易免费邮

图 6-4 163 网易免费邮首页

（3）输入邮件主题

在邮件主题文本框中输入主题文字，这里输入"新年问候"。

（4）撰写邮件正文内容

在邮件正文内容文本框中输入邮件正文内容，这里输入"祝您在新的一年万事如意！一切顺利！"。

> **提示** 这里不仅可以输入文字，还可以设置输入内容的格式，例如设置字体、字号、对齐方式、文字颜色等，也可以完成复制、剪切和粘贴等操作，还具有设置超链接、增加图片、添加表情、添加信封等功能。

（5）添加附件

单击超链接"添加附件"，弹出"打开"对话框，在该对话框中选择要上传的文件，然后单击"打开"按钮，完成添加附件操作。附件可以添加多个，如果要删除已添加的附件，单击附件名称后面的"删除"按钮即可。

（6）设置邮件状态

在邮件撰写界面下方单击选中"紧急""已读回执""纯文本""定时发送""邮件加密"等复选框，可以设置邮件状态。

邮件撰写完成后的界面如图 6-5 所示。

图 6-5 邮件撰写完成后的界面

（7）发送邮件或存草稿箱

邮件撰写完成后，可以直接单击"发送"按钮发送，也可以单击"存草稿"按钮将写好的邮件保存到草稿箱，以后再发送邮件。

4. 查看收件箱中的邮件

首先登录已成功注册的电了邮箱，为查看刚才从电子邮箱"bestday_123@163.com"发给"happyday_123@163.com"的邮件，需要登录电子邮箱"happyday_123@163.com"。每次登录邮箱时，邮件系统会自动收取邮件，收到的邮件都会存放在"收件箱"中，如果有未读的邮件，在页面有提示信息。只需单击 163 邮箱页面左侧导航栏中的"收件箱"即可查看收件箱中的邮件，如图 6-6 所示。

图 6-6　查看收件箱中的邮件

5. 阅读邮件内容

如果需要阅读邮件的内容，只需在收件箱的邮件列表中单击邮件主题所在的行即可。

6.3　云计算

云计算（Cloud Computing）又称为网络计算，最简单的云计算技术在网络服务中已经随处可见，如搜索引擎、网络信箱等，使用者只要输入简单指令就能得到大量信息。

6.3.1　云计算的定义

"云"实质上就是一个网络，狭义地讲，云计算就是一种提供资源的网络，使用者可以随时获取"云"上的资源，按需求量使用，按使用量付费，并且资源可以看成可无限扩展的，只要按使用量付费就可以。"云"就像自来水厂一样，我们可以随时接水，并且不限量，按照自己家的用水量，付费给自来水厂就可以。从广义上说，云计算是与信息技术、软件、互联网相关的一种服务，这种计算资源共享池叫作"云"。云计算把许多计算资源集合起来，通过软件实现自动化管理，只需要很少的人参与就能快速提供资源。也就是说，计算能力作为一种商品，可以在互联网上流通，就像水、电、天然气一样，可以方便地取用，且价格较为低廉。总之，云计算不是一种全新的网络技术，而是一种全新的网络应用概念。云计算的核心概念就是以互联网为中心，在网站上提供快速且安全的云计算服务与数据存储，让每一个使用互联网的人都可以使用网络上的庞大计算资源与数据中心。

云计算是一种基于并高度依赖互联网的计算资源交付模型，集合了大量服务器、应用程序、数据和其他资源，通过互联网以服务的形式提供这些资源，并且采用按使用量付费的模式。用户与实际服务提供的计算资源相分离，并向用户屏蔽底层差异的分布式处理架构。用户可以根据需要从云提供商那里获得技术服务，例如数据计算、存储和数据库，而无须购买、拥有和维护物理数据中心及服务器。

云计算是分布式计算技术的一种，其工作原理是通过网络"云"将庞大的计算处理程序自动分拆成无数个较小的子程序，再交由多部服务器所组成的庞大系统搜寻、计算、分析之后将处理结果回传给用户。通过这项技术，网络服务提供者可以在很短的时间（数秒）内，完成对数以千万计甚至亿计数据的处理，提供和"超级计算机"同样强大效能的网络服务。现阶段所说的云计算已经不单单是一种分布式计算，而是分布式计算、效用计算、负载均衡、并行计算、网络存储、热备份冗余和虚拟化等计算机技术混合演进并跃升的结果。

6.3.2 云计算的优势与特点

云计算的可贵之处在于高灵活性、可扩展性和高性价比等。与传统的网络应用模式相比，其具有如下优势与特点。

1. 虚拟化技术

虚拟化突破了时间、空间的界限，是云计算较为显著的特点。虚拟化技术包括应用虚拟和资源虚拟两种。物理平台与应用部署的环境在空间上是没有任何联系的，云计算正是通过虚拟平台对相应终端操作完成数据备份、迁移和扩展等。

2. 动态可扩展

云计算具有高效的运算能力，在原有服务器基础上增加云计算功能能够使计算速度迅速提高，最终实现动态扩展虚拟化要求，达到对应用进行扩展的目的。

用户可以利用应用软件的快速部署条件来更为简单快捷地将自身所需的已有业务以及新业务进行扩展。例如，云计算系统中出现设备单点故障，但对于用户来说，无论是在计算层面上，还是在具体运用上都不会受到阻碍，可以利用云计算具有的动态可扩展功能来对其他服务器进行有效扩展。这样就能够确保任务得以有序完成。在对虚拟化资源进行动态扩展的情况下，同时能够高效扩展应用，提高云计算的操作水平。

3. 按需部署

计算机包含了许多应用等，不同的应用对应的数据资源库不同，所以用户运行不同的应用需要计算机具有较强的计算能力对资源进行部署，而云计算平台能够根据用户的需求快速配备计算能力及资源。

4. 兼容性强

目前市场上大多数信息技术（Information Technology，IT）资源、软件、硬件都支持虚拟化，例如存储网络、操作系统和开发软、硬件等。虚拟化要素统一放在云系统资源虚拟池中进行管理，可见云计算的兼容性非常强，可以兼容低配置机器、不同厂商的硬件产品，并获得更高性能的计算。

5. 可靠性高

云计算即使出现服务器故障也不会影响计算与应用的正常运行，因为单点服务器出现故障可以通过虚拟化技术将分布在不同物理服务器上的应用进行恢复或利用动态可扩展功能部署新的服务器进行计算。

6. 性价比高

将资源放在虚拟资源池中统一管理在一定程度上优化了物理资源，用户不再需要昂贵、存储空间大的主机，可以选择相对廉价的计算机组成云。这一方面减少费用，另一方面计算性能不逊于大型主机。

6.3.3　云计算的服务类型

大多数云计算服务都可归为四大类：适用于对存储和计算能力进行基于互联网的访问的基础设施即服务（Infrastructure as a Service，IaaS）、能够为开发人员提供用于创建和托管 Web 应用程序工具的平台即服务（Platform as a Service，PaaS）、适用于基于 Web 的应用程序的软件即服务（Software as a Service，SaaS）和无服务器计算。每种类型的云计算服务都提供不同级别的控制、灵活性和管理，因此用户可以根据需要选择正确的服务集。

（1）基础设施即服务

基础设施即服务（IaaS）是主要的服务类别之一，云计算服务提供商以即用即付的方式向用户提供虚拟化计算资源，例如服务器、虚拟机、存储空间、网络和操作系统。IaaS 包含云 IT 的基本构建块。它通常提供对网络功能、计算机（虚拟或专用硬件）和数据存储空间的访问。IaaS 为用户提供最高级别的灵活性，并使用户可以对 IT 资源进行管理和控制。它与许多 IT 部门和开发人员熟悉的现有 IT 资源最为相似。

（2）平台即服务

平台即服务（PaaS）为开发人员提供通过全球互联网构建应用程序和服务的平台，可以为开发、测试、交付和管理应用程序提供按需开发环境，让开发人员能够更轻松地快速创建 Web 或移动应用，无须考虑对开发所必需的服务器、存储空间、网络和数据库基础结构的设置或管理，从而可以将更多精力放在应用程序的部署和管理上面。这有助于提高效率，因为用户不用操心资源购置、容量规划、软件维护、补丁安装或与应用程序运行有关的任何无差别的繁重工作。

（3）软件即服务

软件即服务（SaaS）通过互联网提供按需付费应用程序，云计算提供商托管和管理应用程序，允许其用户连接到应用程序并通过全球互联网访问应用程序。

使用 SaaS 时，云提供商托管并管理应用程序和基础结构。用户通过互联网（通常使用电话、平板电脑或 PC 上的 Web 浏览器）连接到应用程序。

SaaS 提供了一种完善的产品，其运行、管理、升级和安全修补等维护工作皆由服务提供商负责。使用 SaaS 产品，用户无须考虑如何维护服务或管理基础设施，只需要考虑如何使用该特定应用程序。

（4）无服务器计算

无服务器计算侧重于构建应用功能，无须花费时间继续管理要求管理的服务器和基础结构。云提供商可为用户处理设置、容量规划和服务器管理。无服务器体系结构具有高度可缩放和事件驱动特点，且仅在出现特定函数或事件时才使用资源。

6.3.4　云计算的应用领域

如今，云计算技术已经融入社会生活的方方面面。

1. 存储云

存储云，又称云存储，是在云计算技术上发展起来的一个新的存储技术。存储云是一个以数据存储和管理为核心的云计算系统。用户可以将本地的资源上传至云上，可以在任何地方连入互联网来获取云上的资源。大家所熟知的微软等公司均有存储云的服务，在国内，百度云和微云则是市场占有量较大的存储云。存储云向用户提供了存储容器服务、备份服务、归档服务和记录管理服务等，大大方便了用户对资源的管理。

2. 医疗云

医疗云，是指在云计算、移动技术、多媒体、5G 通信、大数据以及物联网等技术基础上，结合医疗技术，使用"云计算"来创建医疗健康服务云平台，实现了医疗资源的共享和医疗范围的扩大。医疗云运用云计算技术，提高医疗机构的效率，方便居民就医。像现在医院的预约挂号、电子病历、医保等都是云计算与医疗领域结合的产物，医疗云还具有数据安全、信息共享、动态扩展、布局全国的优势。

3. 金融云

金融云，是指利用云计算的模型，将信息、金融和服务等功能分散到庞大分支机构构成的互联网"云"中，旨在为银行、保险和基金等金融机构提供互联网处理和运行服务，同时共享互联网资源，从而解决现有问题并且达到高效、低成本的目标。现在，金融与云计算的结合基本普及了快捷支付，只需要在手机上简单操作，就可以完成银行存款、购买保险和基金买卖。目前已有多家企业推出了自己的金融云服务。

4. 教育云

教育云可以将所需要的任何教育硬件资源虚拟化，然后将其传入互联网中，以向教育机构和学生、教师提供一个方便快捷的平台。大规模开放网络课程（又称慕课）就是教育云的一种应用。

5. 服务云

用户使用在线服务来发送电子邮件、编辑文档、看电影或电视、听音乐、玩游戏或存储图片和其他文件，这些都属于服务云的范畴。

6.3.5 如何选择云服务提供商

云服务提供商是提供基于云的平台、基础结构、应用程序或存储服务并通常收取费用的公司。用户选择云服务提供商应考虑以下事项。

1. 业务运行状况和流程

业务运行状况和流程应考察以下诸方面。

① 财务运行状况。提供商应对稳定性进行跟踪记录，并且财务状况良好，具有长期顺利运营所需的充足资本。

② 组织、监管、规划和风险管理。提供商应具有正式的管理结构、已确立的风险管理策略以及访问第三方服务提供商的正式流程。

③ 提供商的信任度。应认同该公司及其理念，查看提供商的声誉及其合作伙伴，了解其云经验级别，阅读评论，并咨询境况相似的其他客户。

④ 业务知识和技术专长。提供商应了解客户的业务和计划，并能够将其技术专业知识应用到这些业务和计划中。

⑤ 符合性审核。提供商应能够经第三方审核机构验证，符合客户的所有要求。

2. 管理支持

管理支持应考察以下诸方面。

① 服务等级协定（Service Level Agreement，SLA）。提供商应能够保证提供令客户满意的基础级服务。

② 性能报告。提供商应能够提供性能报告。

③ 资源监视和配置管理。提供商应具有足够的控制权，来跟踪和监视提供给客户的服务及对其系统所做的任何更改。

④ 计费与记账。应能自动进行计费与记账操作，让客户能够监视所用资源及其费用，避免产生超出预期之外的费用，还应提供对计费相关问题的支持。

3. 技术能力和流程

技术能力和流程应考察以下诸方面。

① 部署、管理和升级。确保云服务提供商拥有便于客户配置、管理以及升级软件和应用程序的机制。

② 标准接口。云服务提供商应使用标准应用程序接口（Application Programming Interface，API）和数据转换，让客户能够轻松连接到云。

③ 事件管理。云服务提供商应具有与其监视管理系统集成的正式事件管理系统。

④ 变更管理。云服务提供商应具有请求、记录、批准、测试和接受更改的正式流程文件。

⑤ 混合能力。即使客户起初不计划使用混合云，云服务提供商也应确保能够支持该模式。

4. 安全性准则

安全性准则应考察以下诸方面。

① 安全基础结构。应有用于所有级别和类型云服务的综合性安全基础结构。

② 安全策略。应备有综合性安全策略和规程，用于管理对提供商和客户系统的访问权限。

③ 身份管理。对任何应用程序服务或硬件组件进行的更改，应以个人或组角色为基础进行授权，还应要求对应用程序或数据进行更改的任何人进行身份验证。

④ 数据备份和保留。应备有可操作的用于确保客户数据完整性的策略和规程。

⑤ 物理安全性。应备有确保物理安全性的控制权，包括对共存硬件的访问权限。此外，数据中心应采取环境保护措施来保护设备和数据免受破坏事件影响，应有冗余网络和电源，以及灾难恢复和业务连续性计划文件。

6.4 大数据

随着计算技术的发展与互联网的普及，信息的积累已经到了一个非常庞大的地步，信息的增长也在不断地加快，随着互联网、物联网建设的加快，信息更是呈爆炸式增长，收集、检索、统计这些信息越发困难，必须使用新的技术来解决这些问题。

6.4.1 大数据的定义

大数据本身是一个抽象的概念。从一般意义上讲，大数据指无法在一定时间范围内用常规软件工具进行获取、存储、管理和处理的数据集，需要采用新处理模式才能具有更强的决策力、洞察发现力和流程优化能力的海量、高增长率和多样化的信息资产。大数据由巨型数据集组成，这些数据集大小常超出人类在可接受时间下的收集、使用、管理和处理能力。

大数据技术，是指从各种各样类型的数据中，快速获得有价值信息的能力。适用于大数据的技术，包括大规模并行处理（Massively Parallel Processing，MPP）数据库、数据挖掘电网、分布式文件系统、分布式数据库、云计算平台、互联网和可扩展的存储系统。

6.4.2 大数据的特点

高德纳集团于 2012 年修改了对大数据的定义："大数据是大量、高速及/或多变的信息资产，它需要新型的处理方式去促成更强的决策能力、洞察力与最优化处理。"目前，业界对大数据还没有一个统一的定义，但是大家普遍认为，大数据具备 Volume（大量）、Velocity（高速）、Variety（多样）和 Value（低价值密度）4 个特征，简称"4V"，即数据体量巨大、数据传输速度快、数据类型繁多和数据价值密度低，如图 6-7 所示。

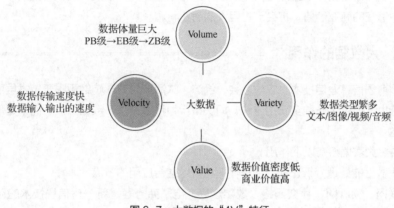

图 6-7　大数据的"4V"特征

（1）Volume

大数据的数据体量巨大。数据集的规模不断扩大，已经从 GB 级增加到 TB 级，再增加到 PB 级，近年来，数据量甚至开始以 EB 和 ZB 来计数。

例如，一个中型城市的视频监控信息一天就能达到几十 TB 的数据量。百度首页导航每天需要提供的数据超过 1.5PB（1PB=1024TB），如果将这些数据打印出来，会使用超过 5000 亿张 A4 纸。

（2）Velocity

大数据的数据产生、处理和分析的速度在持续加快。加速的原因是数据创建的实时性特点，以及将流数据结合到业务流程和决策过程中的需求。数据处理速度快，处理模式已经开始从批处理转向流处理。

很多大数据需要在一定的时间限制下得到及时处理，业界对大数据的处理能力有一个称谓——"1 秒定律"，也就是说，可以从各种类型的数据中快速获得高价值的信息。大数据的快速处理能力充分体现出它与传统数据处理技术的本质区别。

（3）Variety

大数据的数据类型、格式和形态繁多。传统 IT 产业产生和处理的数据类型较为单一，大部分是结构化数据。随着传感器、智能设备、社交网络、物联网、移动计算、在线广告等新的渠道和技术不断涌现，产生的数据类型无以计数。

现在的数据类型不再只是格式化数据，更多的是半结构化或者非结构化数据，例如可扩展标记语言（extensible Markup Language，XML）、电子邮件、博客、即时消息、视频、音频、图片、单击流、日志文件、地理位置等多类型的数据。企业需要整合、存储和分析来自复杂的传统和非传统信息源的数据，包括企业内部和外部的数据。

（4）Value

大数据的数据价值密度低。大数据由于体量不断加大，单位数据的价值密度在不断降低，然而数据的整体价值在提高，大数据包含很多深度的价值，大数据分析挖掘和利用将带来巨大的商业价值。以监控视频为例，在 1 小时的视频中，在不间断的监控过程中，有用的数据可能仅仅只有一两秒，但是却会非常重要。

根据中商产业研究院发布的《2018—2023 年中国大数据产业市场前景及投资机会研究报告》显示，2017 年我国大数据产业规模达到 4700 亿元人民币，同比增长 30%。通过对大数据进行处理，找出其中潜在的商业价值，将会产生巨大的商业利润。

6.4.3　大数据的作用

大数据孕育于信息通信技术，它对社会、经济、生活产生的影响绝不限于技术层面。本质上，它为我们看待世界提供了一种全新的方法，即决策行为将日益基于数据分析，而不是像过去更多凭借经验和直觉。

具体来讲，大数据将有以下作用。

（1）对大数据的处理分析正成为新一代信息技术融合应用的节点

移动互联网、物联网、社交网络、数字家庭、电子商务等是新一代信息技术的应用形态，这些应用不断产生大数据。云计算为这些海量、多样化的大数据提供存储和运算平台。通过对不同来源数据的管理、处理、分析与优化，将结果反馈到上述应用中，将创造出巨大的经济价值和社会价值。

（2）大数据是信息产业持续高速增长的新引擎

面向大数据市场的新技术、新产品、新服务、新业态会不断涌现。在硬件与集成设备领域，大数据将对芯片、存储产业产生重要影响，还将催生一体化数据存储处理服务器、内存计算等市场。在软件与服务领域，大数据将引发数据快速处理分析、数据挖掘技术和软件产品的发展。

（3）大数据利用将成为提高核心竞争力的关键因素

各行各业的决策正在从"业务驱动"向"数据驱动"转变。企业组织利用相关数据分析帮助他们降低成本、提高效率、开发新产品、做出更明智的业务决策等，把数据集合并后进行分析得出的信息和数据关系，可以用来察觉商业趋势、判定研究质量、避免疾病扩散、打击犯罪或测定即时交通路况等。在商业领域，对大数据的分析可以使零售商实时掌握市场动态并迅速做出应对，可以为商家制定更加精准有效的营销策略提供决策支持，可以帮助企业为消费者提供更加及时和个性化的服务；在医疗领域，大数据可提高诊断准确性和药物有效性；在公共事业领域，大数据也开始发挥促进经济发展、维护社会稳定等方面的重要作用。

（4）大数据时代科学研究的方法将发生重大改变

例如，抽样调查是社会科学的基本研究方法。在大数据时代，可通过实时监测、跟踪研究对象在互联网上产生的海量行为数据，进行挖掘分析，揭示出有规律性的内容，提出研究结论和对策。

6.4.4　大数据技术的主要应用行业

经过近几年的发展，大数据技术已经慢慢地渗透到各个行业。不同行业的大数据应用进程的速度，与行业的信息化水平、行业与消费者的距离、行业的数据拥有程度有着密切的关系。总体看来，应用大数据技术的行业可以分为以下四大类。

1. 互联网和营销行业

互联网行业是离消费者距离最近的行业，同时拥有大量实时产生的数据。业务数据化是企业运营的基本要素，因此，互联网行业的大数据应用的程度是最高的。与互联网行业相伴的营销行业，是围绕着互联网用户行为分析，以为消费者提供个性化营销服务为主要目标的行业。

2. 信息化水平比较高的行业

金融、电信等行业比较早地进行信息化建设，内部业务系统的信息化相对比较完善，对内部数据有大量的历史积累，并且有一些深层次的分析分类应用，目前正处于将内外部数据结合起来共同为业务服务的阶段。

3. 政府及公用事业行业

不同部门的信息化程度和数据化程度差异较大，例如，交通行业目前已经有了不少大数据应用案例，但有些行业还处在数据采集和积累阶段。政府将会是未来整个大数据产业快速发展的关键，通过政府及公用数据开放可以使政府数据在线化走得更快，从而激发大数据应用的大发展。

4. 制造业、物流业、医疗业、农业等行业

制造业、物流业、医疗业、农业等行业的大数据应用水平还处在初级阶段，但未来以消费者驱动的顾客对企业电子商务模式会倒逼着这些行业的大数据应用进程逐步加快。

据统计，目前我国大数据 IT 应用投资规模最高的有五大行业，其中，互联网行业占比最高，占大数据 IT 应用投资规模的 28.9%，其次是电信行业（19.9%），第三为金融行业（17.5%），政府和医疗行业分别排在第四和第五。

咨询公司麦肯锡在《大数据的下一个前沿：创新、竞争和生产力》报告中指出，在大数据应用综合价值潜力方面，信息技术、金融保险、政府及批发贸易四大行业的潜力最高，信息技术、金融保险、计算机及电子设备、公用事业的数据量最大。

6.4.5　大数据预测及其典型应用领域

大数据预测是大数据最核心的应用，它将传统意义的预测拓展到"现测"。大数据预测的优势体现在，它把一个非常困难的预测问题，转化为一个相对简单的描述问题，而这是传统小数据集无法企及的。从预测的角度看，大数据预测所得出的结果不仅仅是用于处理现实业务的简单、客观的结论，更是能用于帮助企业经营的决策。

1. 预测是大数据的核心价值

大数据的本质是解决问题，大数据的核心价值就在于预测，而企业经营的核心也是基于预测而做出正确判断。在谈论大数据应用时，最常见的应用案例便是"预测股市""预测消费者行为"等。

大数据预测是基于大数据和预测模型去预测未来某件事情的发生概率。让分析从"面向已经发生的过去"转向"面向即将发生的未来"是大数据与传统数据分析的最大不同。

大数据预测的逻辑基础是：每一种非常规的变化事前一定有征兆，每一件事情都有迹可循，如果找到了征兆与变化之间的规律，就可以进行预测。大数据预测无法确定某件事情必然会发生，它更多的是给出一个事件会发生的概率。

实验的不断反复、大数据的日积月累让人类不断发现各种规律，从而能够预测未来。利用大数据预测可能的灾难，利用大数据分析癌症可能的引发原因并找出治疗方法，都是未来能够惠及人类的事业。

例如，美国麻省理工学院利用手机定位数据和交通数据进行城市规划；气象局通过整理近期的气象情况和卫星云图，更加精确地判断未来的天气状况。

2. 大数据预测的思维改变

在过去，人们的决策主要依赖 20% 的结构化数据（如公司的销售数据、员工的基本信息等），而大数据预测则可以利用另外 80% 的非结构化数据（如图像、影像、电子邮件等数据）来做决策。大数据预测具有更多的数据维度、更高的数据频率和更广的数据宽度。与"小数据时代"相比，大数据预测的思维具有很大的改变：实样而非抽样、预测效率而非精确性、相关关系而非因果关系。

（1）实样而非抽样

在"小数据时代"，由于缺乏获取全体样本的手段，人们发明了"随机调研数据"的方法。理论上，抽取样本越随机，就越能代表全体样本，但问题是获取一个随机样本的代价极高，而且很费时。人口调查就是一个典型例子，一个国家很难做到每年都完成一次人口调查，因为随机调研实在是太耗时耗力，然而云计算和大数据技术的出现，使得获取足够大的样本数据乃至全体数据成为可能。

（2）预测效率而非精确性

"小数据时代"由于使用抽样的方法，所以需要在数据样本的具体运算上非常精确，否则就会"差之毫厘，谬以千里"。例如，在一个总样本数为 1 亿的人口中随机抽取 1000 人进行人口调查，如果在 1000 人上的运算出现错误，那么放大到 1 亿人时，偏差将会很大。但在全体样本的情况下，有多少偏差就是多少偏差，而不会被放大。

在"大数据时代"，快速获得一个大概的轮廓和发展脉络，比严格的精确性要重要得多。有时候，当掌握了大量新型数据时，精确性就不那么重要了，因为我们仍然可以掌握事情的发展趋势。大数据基础上的简单算法比小数据基础上的复杂算法更加有效。数据分析的目的并非数据分析，而是用于决策，故时效性非常重要。

（3）相关关系而非因果关系

大数据研究不同于传统的逻辑推理研究，它需要对数量巨大的数据进行统计性的搜索、比较、聚类、分类等分析归纳，并关注数据的相关性（或称关联性）。相关性是指两个或两个以上变量的取值之间存在某种规律性。相关性没有绝对性，只有可能性。但是，如果相关性强，则一个相关性成功的概率是很高的。

相关性可以帮助我们捕捉现在和预测未来。如果 A 和 B 经常一起发生，则我们只需要注意到 B 发生了，就可以预测 A 也发生了。

根据相关性，我们理解世界不再需要建立在假设的基础上，这个假设是指针对现象建立的有关其产生机制和内在机理的假设。因此，我们也不需要建立这样的假设，如哪些检索词条可以表示航空公司怎样给机票定价，顾客的烹饪喜好是什么。取而代之的是，我们可以对大数据进行相关性分析，从而知道飞机票的价格是否会飞涨，哪些食物是台风期间待在家里的人最想吃的。

数据驱动的关于大数据的相关性分析法，取代了基于假想的易出错的方法。大数据的相关性分析法更准确、更快，而且不易受偏见的影响。建立在相关性分析法基础上的预测是大数据的核心。

相关性分析本身的意义重大，同时它也为研究因果关系奠定了基础。通过找出可能相关的事物，我们可以在此基础上进行进一步的因果关系分析。如果存在因果关系，则再进一步找出原因。这种便捷的机制通过严格的实验降低了因果分析的成本。我们也可以从相关性中找到一些重要的变量，这些变量可以用到验证因果关系的实验中。

3. 大数据预测的典型应用领域

互联网给大数据预测应用的普及带来了便利，结合国内外案例来看，以下 9 个领域是典型的大数据预测应用领域。

（1）天气预报

天气预报是典型的大数据预测应用领域。天气预报粒度已经从天缩短到小时，有严苛的时效要求。如果基于海量数据通过传统方式进行计算，则得出结论时"明天"早已到来，预测并无价值，而大数据技术的发展则提供了高速计算能力，大大提高了天气预报的实效性和准确性。

（2）体育赛事预测

2014 年世界杯期间，百度、微软和高盛等公司都推出了比赛结果预测平台。百度公司的预测结果最为亮眼，全程 64 场比赛的预测准确率为 67%，进入淘汰赛后准确率为 94%。这意味着未来的体育赛事会被大数据预测。

从互联网公司的成功经验来看，只要有体育赛事历史数据，并且与指数公司进行合作，便可以进行其他体育赛事的预测。

（3）股票市场预测

英国华威商学院和美国波士顿大学物理系的研究发现，用户通过谷歌搜索的金融关键词或许可以预测金融市场的走向，相应的投资战略收益高达 326%。

（4）市场物价预测

单个商品的价格预测更加容易，尤其是机票这样的标准化产品，去哪儿网提供的"机票日历"就是价格预测，它能告知用户几个月后机票的大概价位。

由于商品的生产、渠道成本和大概毛利在充分竞争的市场中是相对稳定的，与价格相关的变量是相对固定的，商品的供需关系在电子商务平台上可实时监控，因此价格可以预测。基于预测结果可提供购买时间建议，或者指导商家进行动态价格调整和营销活动以实现利益最大化。

（5）用户行为预测

基于用户搜索行为、浏览行为、评论历史和个人资料等数据，互联网业务可以洞察消费者的整体需求，进而进行针对性的产品生产、改进和营销。百度公司基于用户喜好进行精准广告营销，阿里巴巴公司根据天猫用户特征包下生产线定制产品，亚马逊公司预测用户单击行为提前发货均受益于互联网用户行为预测。

受益于传感器技术和物联网的发展，线下的用户行为洞察正在酝酿。免费商用 Wi-Fi、iBeacon 技术、摄像头影像监控、室内定位技术、近场通信（Near Field Communication，NFC）传感器网络、排队叫号系统，可以探知用户线下的移动、停留、出行规律等数据，从而进行精准营销或者产品定制。

（6）人体健康预测

中医可以通过望闻问切的手段发现一些人体内隐藏的慢性病，甚至通过看体质便可知晓一个人将来可能会出现什么症状。人体体征变化有一定规律，而慢性病发生前人体已经有一些持续性异常。

从理论上来说，如果大数据掌握了这样的异常情况，便可以进行慢性病预测。

智能硬件使慢性病的大数据预测变为可能，可穿戴设备和智能健康设备可收集人体健康数据，如心率、体重、血脂、血糖、运动量、睡眠等状况。如果这些数据足够精准、全面，并且有可以形成算法的慢性病预测模式，或许未来这些设备就会提醒用户身体罹患某种慢性病的风险。

（7）灾害灾难预测

气象预测是最典型的灾害灾难预测。地震、洪涝、高温等自然灾害如果利用大数据进行提前的预测和告知，便有助于减灾、防灾等。与过往不同的是，过去的数据收集方式存在着死角、成本高等问题，而在物联网时代，人们可以借助廉价的传感器摄像头和无线通信网络，进行实时的数据监控收集，再利用大数据预测分析，做到更精准的自然灾害预测。

（8）环境变迁预测

除了进行短时间微观的天气、灾害预测之外，还可以进行更加长期和宏观的环境和生态变迁预测。森林和农田面积缩小、野生动植物濒危、海岸线上升、温室效应等问题是地球面临的"慢性问题"。人类知道越多的地球生态系统以及天气形态变化的数据，就越容易模型化未来环境的变迁，进而阻止不好的转变发生。大数据可帮助人类收集、存储和挖掘更多的地球数据，同时还提供了预测的工具。

（9）交通行为预测

交通行为预测是指基于用户和车辆的基于位置的服务（Location-Based Service，LBS）定位数据，分析人车出行的个体和群体特征，进行交通行为的预测。交通部门可通过预测不同时间、不同道路的车流量，来进行智能的车辆调度，或应用潮汐车道（可变车道）；用户则可以根据预测结果选择拥堵概率更低的道路。

百度公司基于地图应用的 LBS 预测涵盖范围更广。在春运期间可通过预测人们的迁徙趋势来指导火车线路和航线的设置；在节假日可通过预测景点的人流量来指导人们的景区选择；平时还有百度热力图来告诉用户城市商圈、动物园等地点的人流情况，从而指导用户出行选择和商家的选址。

除了上面列举的 9 个领域之外，大数据预测还可应用在能源消耗预测、房地产预测、就业情况预测、高考分数线预测、选举结果预测、奥斯卡大奖预测、保险投保者风险评估、金融借贷者还款能力评估等领域，让人类具备可量化、有说服力、可验证的洞察未来的能力，大数据预测的魅力正在释放出来。

6.5 人工智能

人工智能（Artificial Intelligence，AI）是计算机科学的一个分支，20 世纪 70 年代以来被称为世界三大尖端技术（空间技术、能源技术、人工智能）之一，也被认为是 21 世纪三大尖端技术（基因工程、纳米科学、人工智能）之一。这是因为近年来它获得了迅速的发展，在很多学科领域都得到了广泛应用，并取得了丰硕的成果。目前，人工智能已发展为一个独立的分支，在理论和实践上都已自成系统。

6.5.1 人工智能的定义

人工智能是研究、开发用于模拟、延伸和扩展人的智能的理论、方法、技术及应用系统的一门新的技术学科。

人工智能较早的定义，是由美国麻省理工学院的约翰·麦卡锡在 1956 年的达特茅斯会议上提出的：人工智能就是要让机器的行为看起来就像人所表现出的智能行为一样。美国斯坦福研究所人工智能中心主任 N.J.尼尔逊博士对人工智能给出了这样一个定义："人工智能是关于知识的学科——怎样表示知识以及怎样获得知识并使用知识的科学。"而美国麻省理工学院的温斯顿教授认为："人工智能就是研究如何使计算机去做以往只有人才能做的智能工作。"这些说法反映了人工智能学科的基本思想和基本内容，即人工智能是研究人类智能活动的规律，构造具有一定智能的人工系统，研究如何让计算机去完成以往需要人的智力才能胜任的工作，也就是研究如何应用计算机的软硬件来模拟人类某些智能行为的基本理论、方法和技术。总体来讲，目前对人工智能的定义大多可划分为 4 类，即机器"像人一样思考""像人一样行动""理性地思考""理性地行动"。这里"行动"应广义地理解为采取行动，或制定行动的决策，而不是肢体动作。

人工智能是研究使用计算机来模拟人的某些思维过程和智能行为（如学习、推理、思考、规划等）的学科，主要包括计算机实现智能的原理、制造类似于人脑智能的计算机，使计算机能实现更高层次的应用。人工智能涉及计算机科学、心理学、哲学和语言学等学科，几乎涵盖自然科学和社会科学的所有学科，其范围已远远超出了计算机科学的范畴。人工智能与思维科学的关系是实践和理论的关系，人工智能处于思维科学的技术应用层次，是它的一个应用分支。从思维观点看，人工智能不仅仅限于逻辑思维，要考虑形象思维、灵感思维才能促进人工智能的突破性的发展。数学常被认为是多种学科的基础科学。数学不仅在标准逻辑、模糊数学等范围发挥作用，还进入人工智能学科，它们将互相促进而更快地发展。

人工智能企图了解智能的实质，并生产出一种新的能以与人类智能相似的方式做出反应的智能机器。该领域的研究包括机器人、语言识别、图像识别、自然语言处理和专家系统等。人工智能从诞生以来，理论和技术日益成熟，应用领域也不断扩大，可以设想，未来人工智能带来的科技产品，将会是人类智慧的"容器"。

6.5.2 人工智能的主要研究内容

人工智能的研究是高度技术性和专业性的，各分支领域都是深入且各不相通的，因而涉及范围极广。人工智能学科研究的主要内容包括知识表示、自动推理、智能搜索、机器学习、知识处理系统、自然语言处理等方面，主要应用领域有智能控制、专家系统、语言和图像理解、遗传编程机器人、自动程序设计等。

1. 知识表示

知识表示是人工智能的基本问题之一，推理和搜索都与知识表示方法密切相关。常用的知识表示方法有逻辑表示法、产生式表示法、语义网络表示法和框架表示法等。

2. 自动推理

逻辑推理是人工智能研究中最持久的领域之一，问题求解中的自动推理是知识的使用过程。由于有多种知识表示方法，相应地有多种推理方法。推理过程一般可分为演绎推理和非演绎推理，谓词逻辑是演绎推理的基础，结构化表示下的继承性能推理是非演绎性的。由于知识处理的需要，近几年来提出了多种非演绎的推理方法，例如连接机制推理、类比推理、基于示例的推理、反绎推理和受限推理等。

3. 智能搜索

信息获取和精化技术已成为当代计算机科学与技术研究中迫切需要研究的课题，将人工智能技术应用于这一领域的研究是人工智能走向广泛实际应用的契机与突破口。智能搜索是人工智能的一种问题求解方法，搜索策略决定着问题求解的一个推理步骤中知识被使用的优先关系，可分为无信息导引的盲目搜索和利用经验知识导引的启发式搜索。启发式知识常由启发式函数来表示，启发式知识被利用得越充分，求解问题的搜索空间就越小。典型的启发式搜索方法有 A*、AO* 算法等。近几年搜索方法研究开始注意那些具有百万节点的超大规模的搜索问题。

4. 机器学习

机器学习是人工智能的一个重要课题。机器学习是指在一定的知识表示意义下获取新知识的过程，按照学习机制的不同，主要有归纳学习、分析学习、连接机制学习和遗传学习等。

5. 知识处理系统

知识处理系统主要由知识库和推理机组成。当知识量较大而又有多种表示方法时，知识库存储系统所需要的知识的合理组织与管理是重要的。推理机在问题求解时，规定使用知识的基本方法和策略，推理过程中为记录结果或通信需要使用数据库或采用黑板机制。如果在知识库中存储的是某一领域（如医疗诊断）的专家知识，则这样的知识系统称为专家系统。为适应复杂问题的求解需要，单一的专家系统向多主体的分布式人工智能系统发展，这时知识共享、主体间的协作、矛盾的出现和处理将是研究的关键问题。

专家系统是目前人工智能中最活跃、最有成效的一个研究领域，它是一种具有特定领域内大量知识与经验的程序系统。近年来，在"专家系统"或"知识工程"的研究中已出现了成功和有效应用人工智能技术的趋势。人类专家由于具有丰富的知识，所以才具备优异的解决问题的能力。计算机程序如果能体现和应用这些知识，也应该能解决人类专家所解决的问题，而且能帮助人类专家发现推理过程中出现的差错。这一点已被证实，例如在矿物勘测、化学分析、规划和医学诊断方面，专家系统几乎已经达到了人类专家的水平。

6. 自然语言处理

自然语言处理是人工智能技术应用于实际领域的典型范例，经过多年艰苦努力，这一领域已获得了大量令人瞩目的成果。目前该领域的主要课题是计算机系统如何以主题和对话情境为基础，生成和理解自然语言，这是一个极其复杂的编码和解码问题。

6.5.3　人工智能对人们生活的积极影响

就人类科技发展的历史来看，从"蒸汽时代"到"电力时代"，再到"信息时代"，人们从自然中不断获得全新的动力，结果却是相同的，使人们的工作变得"省劲"。我们也必须意识到，"为省劲而废的劲是技术"。人工智能就是这样的技术，它对人们生活的积极影响是多方面的。其影响主要体现如下。

1. 更好地满足人类需求

人工智能具有思维推理和行为实践的双重功能，可以更好地在物质上和精神上满足人类的需求。

2. 使人类劳动方式趋于简单并提高效率、趋向自由

人工智能技术不仅可以在工作中大大减少人类的体力劳动，甚至人工智能的一些机器学习、记忆、自动推理的功能，还可以极大地降低人类脑力劳动的强度，并辅助人类进行数据分析或事务决

策。人工智能的目的就是用无机物构成的机器来部分取代人类有机大脑的部分功能，可以在体力和脑力上双重性地帮助人类减轻劳动负担。人类拥有更多的可自由支配的时间，来完成其余事务，这无疑使人类生活变得效率更高，更加自由。例如机器人和专家系统分别帮助人类减少体力和脑力劳动。

3. 使人类的衣食住行等基本生活方式丰富化发展

人工智能技术与人类衣食住行等的结合，将改变人类的生活方式。

（1）智能服装

智能服装是在传统服装的基础上，加入电子智能设备，使之能够"读出"人体心跳和呼吸频率，能够自动播放音乐，能够在胸前显示文字与图像。一件衣服可以成为能同时播放音乐、视频、调节温度，甚至上网冲浪的"聪明衣衫"。

（2）智能餐具

在餐具上植入智能设备，有两种用途：一是公用智能餐具，例如智能餐盘，适用于食堂等公共场所，便于顾客结算费用；二是家用智能餐具，例如智能筷子，可以快速分析食物成分和能量比例，便于用户判断食物优劣。

（3）智能家电

智能冰箱、智能电视等智能家电现在已经进入了千家万户，利用语音识别、图像识别等技术，这些家电在便利操控和安全性能上无疑更具有优势。

（4）智能汽车

智能汽车的无人驾驶技术正在紧锣密鼓地发展之中，相信在不久的将来，人类将不必为交通堵塞、驾驶疲劳等问题烦恼，而可以利用时间更好地学习和工作。

4. 提高人类生活安全保障

目前的安全防盗技术，主要采用数字密码和电磁密码等安全保障措施。这些密码保障方式虽然足够先进，但依然有漏洞和破绽可循，密码容易被破解盗取。而人工智能领域图像识别和计算机视觉等技术，提供了人脸识别、指纹识别、虹膜识别等保密方式，使人们生活中的隐私以及人身财产安全能够得到更多的保障。

5. 使人类的社会交往与娱乐方式发生革新

智能手机的社交功能与体感游戏机的娱乐功能，是人工智能在社交和娱乐方面应用的典范。智能手机可使陌生人的联系变得更加容易，社交活动更容易展开，当然，这其中有一定的风险性，需要慎重对待；而体感游戏机在使人休闲娱乐的同时，也在一定程度上帮助人锻炼体魄，从而使人变得更加健康，以及培养人的身体的协调性与互助协作精神。

6.5.4 人工智能的应用领域

近年来人工智能迅速融入经济、社会、生活等各行各业，在全世界形成了燎原之势。在金融、物流等多个领域人工智能也将发挥更大的作用，诸如支付、结算、保险、个人财富管理、仓库选址、智能调度等众多方面已经开始与人工智能融合。人工智能的未来发展方向将更为广阔，未来的人工智能将更多地进入生活的方方面面。

1. 金融领域

银行使用人工智能系统组织运作、金融投资和管理财产。银行使用协助顾客服务系统帮助核对账目、发行信用卡和恢复密码等。

2. 医疗领域

随着技术的成熟，人工智能越来越多地被应用到医疗领域，如能够"读图"识别影像，还能"认字"读懂病历，甚至出具诊断报告，给出治疗建议。这些曾经在想象中的画面，逐渐变成现实。此外，人工神经网络可以用来做临床诊断决策支持系统。

3. 顾客服务领域

人工智能是自动上线的好助手，可减少操作，使用的主要是自然语言加工系统，呼叫中心的回答机器也用类似技术。

4. 运输领域

汽车的变速箱已使用模糊逻辑控制器。

5. 传媒领域

2019 年我国"两会"圆满落幕之后，一位声音动听的 AI 女主播参与两会的播报中，并迅速走红网络，这位由科大讯飞股份有限公司研发的 AI 女主播精通汉语、英语、日语等多种语言。科大讯飞股份有限公司作为我国首批新一代人工智能开放创新平台之一，通过语音合成技术所研发的 AI 女主播具有形象逼真、口音自然、口型精准等优点。未来人工智能在传媒领域将发挥更大的作用。

6. 语音识别领域

在语音识别领域，在具有语音识别功能的科大讯飞输入法之后，出现了云知声智能科技股份有限公司开发的智能医疗语音录入系统。该系统采用了国内面向医疗领域的智能语音识别技术，能实时准确地将语音转换成文本。这项应用不但能避免复制粘贴操作，提高病历输入安全性，而且可以节省医生的时间。目前，一些医院已应用了这一技术。

7. 金融智能投资领域

所谓智能投顾（投资顾问），即利用计算机的算法优化理财资产配置。目前，国内进行智能投顾业务的企业已经超过 20 家。

6.5.5　人工智能趋势与展望

经过 60 多年的发展，人工智能在算法、算力（计算能力）和算料（数据）"三算"方面取得了重要突破，正处于从"不能用"到"可以用"的技术拐点，但是距离"很好用"还有诸多瓶颈。那么在可以预见的未来，人工智能将会出现怎样的发展趋势与特征呢？

1. 从专用人工智能向通用人工智能发展

如何实现从专用人工智能向通用人工智能的跨越式发展，既是下一代人工智能发展的必然趋势，也是研究与应用领域的重大挑战。2016 年 10 月，美国发布《国家人工智能研究与发展战略计划》，提出在美国的人工智能长期发展策略中要着重研究通用人工智能。AlphaGo 系统开发团队创始人戴密斯·哈萨比斯提出朝着"创造解决世界上一切问题的通用人工智能"这一目标前进。微软在 2017 年成立了通用人工智能实验室，众多感知、学习、推理、自然语言理解等方面的科学家参与其中。

2. 从人工智能向人机混合智能发展

借鉴脑科学和认知科学的研究成果是人工智能的一个重要研究方向。人机混合智能旨在将人的作用或认知模型引入人工智能系统中，提升人工智能系统的性能，使人工智能成为人类智能的自然延伸和拓展，通过人机协同更加高效地解决复杂问题。

3. 从"人工+智能"向自主智能系统发展

当前人工智能领域的大量研究集中在深度学习，但是深度学习的局限是需要大量人工干预，例如人工设计深度神经网络模型、人工设定应用场景、人工采集和标注大量训练数据、人工适配智能系统等，非常费时费力。因此，科研人员开始关注减少人工干预的自主智能方法，提高人工智能对环境的自主学习能力。例如 AlphaGo 系统的后续版本 AlphaGo 从零开始，通过自我对弈强化学习实现围棋、国际象棋、日本将棋的"通用棋类人工智能"。在人工智能系统的自动化设计方面，2017年谷歌提出的自动化学习系统（AutoML）试图通过自动创建机器学习系统降低人工成本。

4. 人工智能将加速与其他学科领域交叉渗透

人工智能本身是一门综合性的前沿学科和高度交叉的复合型学科，研究范畴广泛而又异常复杂，其发展需要与计算机科学、数学、认知科学、神经科学和社会科学等学科深度融合。随着超分辨率光学成像、光遗传学调控、透明脑等技术的突破，脑与认知科学的发展开启了新时代，能够大规模、更精细解析智力的神经环路基础和机制。人工智能将进入生物启发的智能阶段，依赖于生物学、脑科学、生命科学和心理学等学科的发现，将机理变为可计算的模型。同时人工智能也会促进脑科学、认知科学、生命科学甚至化学、物理学、天文学等传统学科的发展。

5. 人工智能产业将蓬勃发展

随着人工智能技术的进一步成熟以及政府和产业界投入的日益增长，人工智能应用的云端化将不断加速，全球人工智能产业规模将进入高速增长期。

6. 人工智能将推动人类进入普惠型智能社会

"人工智能+X"的创新模式将随着技术和产业的发展日趋成熟，对生产力和产业结构产生革命性影响，并推动人类进入普惠型智能社会。我国经济社会转型升级对人工智能有重大需求，在消费场景和行业应用的需求牵引下，需要打破人工智能的感知瓶颈、交互瓶颈和决策瓶颈，促进人工智能技术与社会各行各业的融合提升，建设若干标杆性的应用场景创新，实现低成本、高效益、广范围的普惠型智能社会。

6.6 物联网

通过在物品上嵌入电子标签、条形码等能够存储物品信息的标识，并通过无线网络将即时信息发送到后台信息系统，而各大信息系统可互联形成一个庞大的网络，从而可达到对物品进行实时跟踪、监控等智能化管理的目的。这个网络就是物联网（Internet of Things）。通俗来讲，物联网可实现人与物之间的信息沟通。

6.6.1 物联网的定义

国际电信联盟 2005 年一份报告曾描绘"物联网"时代的图景：当驾驶员出现操作失误时汽车会自动报警，公文包会提醒主人忘带了什么东西，衣服会"告诉"洗衣机对颜色和水温的要求等。物联网把新一代 IT 技术充分运用在各行各业之中，具体地说，就是把感应器嵌入和装备到电网、铁路、桥梁、隧道、公路、建筑、供水系统、大坝、油气管道等各种物品中，然后将"物联网"与现有的互联网整合起来，实现人类社会与物理系统的整合。在这个整合的网络当中，存在能力超级强大的中心计算机群，能够对整合网络内的人员、机器、设备和基础设施实施实时的管理和控制。在此基础上，人类可以以更加精细和动态的方式管理生产和生活，达到"智慧"状态，以提高资源利用率和生产力水平，改善人与自然的关系。

物联网的概念是在 1999 年提出的，物联网早期的定义很简单：把所有物品通过射频识别（Radio Frequency Identification，RFID）等信息传感设备与互联网相联，实现智能化识别和管理。物联网被视为互联网的应用拓展，应用创新是物联网发展的核心，以用户体验为核心的创新 2.0 是物联网发展的灵魂。物联网是指通过信息传感设备，按约定的协议将任何物品与互联网相联进行信息交换和通信，以实现智能化识别、定位、跟踪、监控和管理的网络。物联网主要解决物品与物品、人与物品、人与人之间的互联。

6.6.2　物联网的工作原理

物联网是在计算机互联网的基础上，利用 RFID、无线数据通信等技术，构造一个覆盖世界上万事万物的"Internet of Things"。在这个网络中，物品（商品）能够彼此进行"交流"，而无须人的干预。其实质是利用 RFID 技术，通过计算机互联网实现物品（商品）的自动识别和信息的交换与共享。

而 RFID，正是能够让物品"开口说话"的一种技术。在"物联网"的构想中，RFID 标签中存储着规范而具有互用性的信息，通过无线数据通信网络把它们自动采集到中央信息系统，实现物品（商品）的识别，进而通过开放性的计算机网络实现信息交换和共享，实现对物品的"透明"管理。

"物联网"概念的问世，打破了之前的传统思维。过去的思路一直是将物理基础设施和 IT 基础设施分开：一方面是机场、公路、建筑物，而另一方面是数据中心，包括个人计算机、宽带等。而在"物联网时代"，钢筋混凝土、电缆将与芯片、宽带整合为统一的基础设施，在此意义上，基础设施更像是一块新的地球工地，世界的运转就在它上面进行，其中包括经济管理、生产运行、社会管理乃至个人生活。

6.6.3　物联网的主要特征

物联网具有以下主要特征。

① 全面感知，即利用 RFID、传感器、二维码等随时随地获取物品的信息。

② 可靠传递，通过各种电信网络与互联网的融合，将物品的信息实时准确地传递出去。

③ 智能处理，利用云计算、模糊识别等各种智能计算技术，对海量的数据和信息进行分析和处理，对物品实施智能化的控制。

6.6.4　物联网的体系结构

目前，物联网还没有一个被广泛认同的体系结构，但是，我们可以根据物联网对信息感知、传输、处理的过程将其划分为 3 层结构，即感知层、网络层和应用层。

① 感知层：主要用于对物理世界中的各类物理量、标识、音频、视频等数据的采集与感知。数据采集主要涉及传感器、RFID、二维码等技术。

② 网络层：主要用于实现更广泛、更快速的网络互联，从而对感知到的数据信息可靠、安全地进行传送。目前能够用于物联网的通信网络主要有互联网、无线通信网、卫星通信网与有线电视网。

③ 应用层：主要包含应用支撑平台子层和应用服务子层。应用支撑平台子层用于支撑跨行业、

跨应用、跨系统之间的信息协同、共享和互通。应用服务子层包括智能交通、智能家居、智能物流、智能医疗、智能电力、数字环保、数字农业、数字林业等领域。

6.6.5 物联网的应用案例

1. 物联网在农业中的应用

（1）农业标准化生产监测

将农业生产中最关键的温度、湿度、二氧化碳含量、土壤温度、土壤含水率等数据信息实时采集，实时掌握农业生产的各种数据。

（2）动物标识溯源

实现各环节一体化全程监控，实现动物养殖、防疫、检疫和监督的有效结合，对动物产品的安全事件进行快速、准确的溯源和处理。

（3）水文监测

将传统近岸污染监控、地面在线检测、卫星遥感和人工测量融为一体，为水质监控提供统一的数据采集、数据传输、数据分析、数据发布平台，为湖泊观测和成灾机理的研究提供实验与验证途径。

2. 物联网在工业中的应用

（1）电梯安防管理系统

通过安装在电梯外围的传感器采集电梯正常运行、冲顶、蹲底、停电、关人等数据，并经无线传输模块将数据传送到物联网的业务平台。

（2）输配电设备监控、远程抄表

基于移动通信网络，实现所有供电点及受电点的电力电量信息、电流电压信息、供电质量信息及现场计量装置状态信息实时采集，以及用电负荷远程控制。

（3）一卡通系统

基于 RFID-SIM 卡的企事业单位的门禁、考勤及消费管理系统等。

3. 物联网在服务产业中的应用

（1）个人保健

在人身上安装不同的传感器，对人的健康参数进行监控，并且实时传送到相关的医疗保健中心。如果有异常，保健中心可通过手机提醒体检。

（2）智能家居

以计算机技术和网络技术为基础，包括各类消费电子产品、通信产品、信息家电及智能家居等，实现家电控制和家庭安防功能。

（3）移动电子商务

实现手机支付、移动票务、自动售货等功能。

（4）机场防入侵

铺设多个传感节点，覆盖地面、栅栏和低空探测，防止人员的翻越、偷渡、恐怖袭击等攻击性入侵。

4. 物联网在公共事业中的应用

（1）智能交通

通过连续定位系统（Continuous Positioning System，CPS）、监控系统，可以查看车辆运行状态，关注车辆预计到达时间及车辆的拥挤状态。

（2）平安城市

利用监控探头，实现图像敏感性智能分析并与 110、119、112 等联动，从而构建和谐安全的城市生活环境。

（3）城市管理

运用地理编码技术，实现城市布建的分类、分项管理，可实现对城市管理问题的精确定位。

（4）环保监测

将传感器所采集的各种环境监测信息，通过无线传输设备传输到监控中心，进行实时监控和快速反应。

（5）医疗卫生

物联网在医疗卫生领域的应用包括远程医疗、药品查询、卫生监督、急救及探视视频监控等。

5. 物联网在物流产业中的应用

物流领域是物联网相关技术最有现实意义的应用领域之一。物联网的建设，会进一步提升物流智能化、信息化和自动化水平，推动物流功能整合，对物流服务各环节运作将产生积极影响。具体地讲，主要有以下几个环节。

（1）生产物流环节

基于物联网的物流体系可以实现整个生产线上的原材料、零部件、半成品和产成品的全程识别与跟踪，减少人工识别成本和出错率。通过应用产品电子代码（Electronic Product Code，EPC）技术，就能通过识别电子标签快速从种类繁多的库存中准确地找出工位所需的原材料和零部件，并能自动预先形成详细补货信息，从而实现流水线均衡、稳步生产。

（2）运输环节

物联网能够使物品在运输过程中的管理更透明，可视化程度更高。通过给在途运输的货物和车辆贴上 EPC 标签，运输线的一些检查点安装上 RFID 接收转发装置，企业能实时了解货物目前所处的位置和状态，实现运输货物、线路、时间的可视化跟踪管理。此外，物联网还能帮助实现智能化调度，提前预测和安排最优的行车路线，缩短运输时间，提高运输效率。

（3）仓储环节

将物联网技术（如 EPC 技术）应用于仓储管理，可实现仓库的存货、盘点、取货的自动化操作，从而提高作业效率，降低作业成本。入库储存的商品可以实现自由放置，提高仓库的空间利用率；通过实时盘点，能快速、准确地掌握库存情况，及时进行补货，提高库存管理能力，降低库存水平；按指令准确高效地拣取多样化的货物，可减少出库作业时间。

（4）配送环节

在配送环节，采用 EPC 技术能准确了解货物存放位置，大大缩短拣选时间，提高拣选效率，加快配送的速度。通过读取 EPC 标签，与拣货单进行核对，可提高拣货的准确性。此外，可以确切了解目前有多少货箱处于转运途中、转运的始发地和目的地，以及预期的到达时间等信息。

（5）销售物流环节

当贴有 EPC 标签的货物被客户提取，智能货架会自动识别并向系统报告，物流企业可以实现敏捷反应，并通过历史记录预测物流需求和服务时机，从而使物流企业更好地开展主动营销和主动式服务。

6.7 信息检索

6.7.1 使用搜索引擎

搜索引擎是根据用户需求，运用一定算法和特定策略，从互联网检索出特定信息并反馈给用户的一门检索技术。搜索引擎的实现基于多种技术，如网络爬虫技术、检索排序技术、网页处理技术、大数据处理技术、自然语言处理技术等。典型的搜索引擎有百度等。下面以百度为例，说明如何使用搜索引擎。

1. 简单搜索

在搜索框中输入关键词，按"Enter"键或单击"百度一下"按钮，执行搜索，页面中很快会显示搜索结果，如图 6-8 所示。

图 6-8 简单搜索

通常，搜索结果的前面几条为广告内容，百度会在网站地址后标注"广告"进行提示。

2. 使用双引号搜索

通常，百度会自动对关键词进行拆分，这会导致搜索结果中包含许多无用的内容。使用双引号将关键词括注起来，表示执行精确搜索，如图 6-9 所示。

图 6-9 使用双引号搜索

3．使用加号搜索

在关键词前面使用加号，表示在搜索结果的网页中必须包含关键词，如图 6-10 所示。

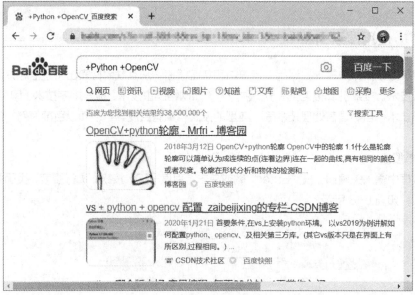

图 6-10　使用加号搜索

4．使用书名号搜索

使用书名号将关键词括注起来，表示搜索影视作品或小说等，如图 6-11 所示。

图 6-11　使用书名号搜索

5．在指定网站内搜索

使用"site:网站域名"可限制在指定网站内搜索网页。例如，"Python site:xinhuanet.com"表示只在新华网中搜索关键词"Python"，如图 6-12 所示。

6．在网页标题中搜索

在关键词前加上"intitle:"，表示只在网页标题中搜索关键词，如图 6-13 所示。

图 6-12　在指定网站内搜索

图 6-13　在网页标题中搜索

7．精确搜索指定文件类型的文档

在百度中搜索文档时，可使用"filetype:文档格式"指定要搜索文档的文件类型。例如，"Python filetype:pdf"表示搜索包含关键词 Python 的 PDF 文档，如图 6-14 所示。

图 6-14　精确搜索指定文件类型的文档

8．使用逻辑运算符

在百度中，可使用下面的逻辑运算符表示关键词之间的逻辑关系。

逻辑与：空格，表示在搜索结果的网页中同时包含多个指定的关键词，与使用加号"＋"作为关键词前缀类似。

逻辑或：|，表示在搜索结果的网页中包含一个或多个指定的关键词，如图 6-15 所示。

图 6-15　使用逻辑或搜索

逻辑非：-，表示在搜索结果的网页中不包含指定关键词，如图 6-16 所示。

图 6-16　使用逻辑非搜索

6.7.2　商标检索

商标是用于区别商品或服务的标志，每一个注册商标都指定用于某一商品或服务。

商标检索即商标查询，指查询商标的注册信息。商标检索是申请商标注册的必经程序。中国商标网提供了商标检索功能。

在中国商标网主页中单击导航菜单栏中的"商标查询"超链接，可打开商标查询使用说明页面，如图 6-17 所示。

图 6-17　商标查询使用说明页面

在页面中单击"我接受"按钮，进入商标查询分类导航页面，如图 6-18 所示。

图 6-18　商标查询分类导航页面

商标检索分为商标近似查询和商标综合查询。

1．商标近似查询

商标近似查询可按图形、文字等商标组成要素执行近似检索，查询是否有相同或近似商标。

商标近似查询操作步骤如下。

① 在商标查询分类导航页面中单击"商标近似查询"超链接，打开商标近似查询页面，如图 6-19 所示。

图 6-19　商标近似查询页面

　　② 在"国际分类"输入框中输入商标国际分类编号。可单击输入框右侧的 🔍 按钮，打开对话框显示商标国际分类列表，如图 6-20 所示。在列表中单击分类，即可将对应的商标分类编号填入"国际分类"输入框。

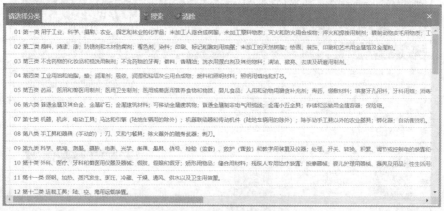

图 6-20　商标国际分类列表

　　③ 在"类似群"输入框中输入商标的类似群编号，多个编号用分号"；"分隔。可单击输入框右侧的 🔍 按钮，打开图 6-21 所示对话框。在列表中选中商标分类对应的复选框，单击"加入检索"按钮，将对应的编号填入"类似群"输入框。

　　④ 在"查询方式"区域中选中查询方式对应的单选按钮，默认查询方式为"汉字"，还可选择按"拼音""英文""数字""字头""图形"等方式查询。

　　⑤ 在"商标名称"输入框中输入要查询的商标名称包含的词语。

　　⑥ 单击"查询"按钮执行检索操作。

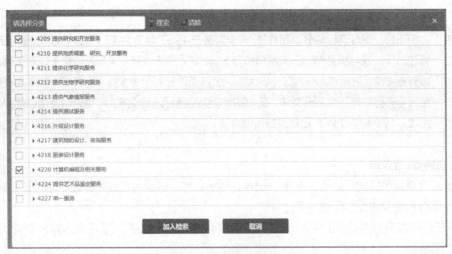

图 6-21 商标的类似群

图 6-22 显示了国际分类编号为 42、类似群编号为"4209;4220"、查询方式为"汉字"、商标名称为"百度"的近似查询结果。在查询结果列表中单击"申请/注册号"或"商标名称"超链接，可查看商标的详细信息，如图 6-23 所示。

图 6-22 近似查询结果

图 6-23 查看商标的详细信息

> **提示** 为便于统一国际商标的分类和管理,多个国家于 1957 年 6 月 15 日在法国尼斯签订了《商标注册用商品与服务国际分类尼斯协定》,简称《尼斯协定》。《尼斯协定》规定了商品与服务分类法,它将商品分为三十四大类,服务项目分为十一大类。我国于 1988 年开始使用国际商标注册用商品分类法,在 1993 年实施商标法修改案后,也开始使用国际服务分类法。1994 年 8 月 9 日我国加入该协定。

2．商标综合查询

商标综合查询可按国际分类、申请/注册号、商标名称、申请人名称等参数查询某一商标的有关信息。商标综合查询的操作步骤如下。

① 在商标查询分类导航页面中单击"商标综合查询"超链接,打开商标综合查询页面,如图 6-24 所示。

图 6-24　商标综合查询页面

② 在"国际分类"输入框中输入商标国际分类编号。可单击输入框右侧的 🔍 按钮,打开对话框选择商标国际分类来输入商标分类编号。

③ 在"申请/注册号"输入框中输入商标的申请或注册编号。

④ 在"商标名称"输入框中输入要查询商标名称包含的词语。

⑤ 在"申请人名称（中文）"输入框中输入商标申请人的中文名称。

⑥ 在"申请人名称（英文）"输入框中输入商标申请人的英文名称。

⑦ 单击"查询"按钮执行检索操作。

图 6-25 显示了国际分类编号为 42、商标名称为"百度"的综合查询结果。在查询结果列表中单击"申请/注册号"或"商标名称"超链接,可查看商标的详细信息。

图 6-25　综合查询结果

6.7.3　专利检索

专利检索是指查找专利说明书，了解专利的相关详细信息。通常，可从专利分类表、专利文摘、专利题录公报等各种专利工具书查询专利信息，也可从在线专利数据库中查询专利信息。国家知识产权局的"专利检索及分析系统"可提供在线专利检索。专利检索及分析系统可提供常规检索和高级检索两种检索方式。

1．常规检索

常规检索提供方便、快捷的检索模式，可帮助用户快速定位检索对象，适用于检索目的明确，或者初次接触专利检索。常规检索提供了下面的 7 种检索模式入口。

① 自动识别：系统自动识别检索关键词包含的检索要素类型，识别的类型包括号码类型（申请号、公开号）、日期类型（申请日、公开日）、分类号类型（IPC、ECLA、UC、FI\FT）、申请人类型、发明人类型和文本类型。

② 检索要素：系统在标题、摘要、权利要求和分类号等专利要素中进行检索。

③ 申请号：系统在申请号字段进行检索，该字段支持带校验位的申请号或者专利号进行检索，支持模糊检索，并自动联想提示国别代码信息。

④ 公开（公告）号：系统在公开号字段进行检索，该字段支持模糊检索，并自动联想提示国别代码信息。

⑤ 申请（专利权）人：系统在申请人字段进行检索。

⑥ 发明人：系统在发明人字段进行检索。

⑦ 发明名称：系统在发明名称字段进行检索。

常规检索的操作步骤如下。

① 在国家知识产权局主页导航菜单栏中选择"服务\政务服务平台"，进入国家知识产权局政务服务平台导航页面。

② 在导航页面"查询服务"区域单击"专利检索及分析系统"超链接，进入专利检索及分析系统的免责声明页面。

③ 免责声明页面显示了免责声明、关于隐私权、关于版权以及关于解释权等相关信息，使用专利检索及分析系统应遵循并接受这些说明信息。在页面中单击"同意"按钮，进入专利检索及分析系统的常规检索页面，如图 6-26 所示。

269

图 6-26　常规检索页面

④ 单击页面左上角的"请登录"超链接，使用注册的账号登录专利检索及分析系统。如果未注册账号，可单击"免费注册"超链接进入注册页面注册账号。

⑤ 选择国家和地区。将鼠标指针指向关键词输入框左侧的⊕按钮，显示国家和地区选项，如图 6-27 所示。如果需要检索指定国家或地区的专利，可在选项列表中选中对应的国家或地区复选框。

图 6-27　选择国家和地区

⑥ 选择检索模式入口。将鼠标指针指向关键词输入框左侧的▾按钮，显示检索模式入口选项，如图 6-28 所示。默认的检索模式为自动识别，如果要使用其他检索模式，可在选项列表中选中对应的单选按钮。

图 6-28　选择检索模式

⑦ 在关键词输入框中输入检索关键词。单击"检索"按钮执行检索操作。图 6-29 显示了按默认模式，关键词为"人脸识别"的检索结果。

图 6-29　检索结果

页面上方的"检索式"下拉列表框显示了当前检索式中的检索模式入口，可在其中选择其他检索模式入口，然后单侧右侧的 🔍 按钮执行新的检索。

检索历史区域显示已执行的检索，单击其中的"检索"按钮，可重新执行检索。

页面下方列出了检索结果，可单击其中的"详览"按钮查看专利的详细内容。

2．高级检索

高级检索可根据收录数据范围提供检索入口和智能辅助检索功能。高级检索的字段、所属数据范围和用户类型的说明如表 6-1 所示。

表 6-1　高级检索的字段、所属数据范围和用户类型的说明

序号	字段名称	所属数据范围	用户类型
1	申请号		
2	申请日	中外专利联合检索；	
3	公开（公告）号	中国专利检索；	匿名用户
4	公开（公告）日	外国专利检索	
5	发明名称		

续表

序号	字段名称	所属数据范围	用户类型
6	IPC 分类号	中外专利联合检索；中国专利检索；外国专利检索	匿名用户
7	申请（专利权）人		
8	发明人		
9	优先权号		
10	优先权日		
11	摘要		
12	权利要求		
13	说明书		
14	关键词		
15	外观设计洛迦诺分类号	中国专利检索	匿名用户
16	外观设计简要说明		
17	申请（专利权）人所在国（省）		
18	申请人地址		
19	申请人邮编		
20	PCT 进入国家阶段日期		注册用户
21	PCT 国际申请号		
22	PCT 国际申请日期		
23	PCT 国际申请公开号		
24	PCT 国际申请公开日期		
25	ECLA 分类号	外国专利检索	注册用户
26	UC 分类号		
27	FT 分类号		
28	FI 分类号		
29	发明名称（英）		
30	发明名称（法）		
31	发明名称（德）		
32	发明名称（其他）		
33	摘要（英）		
34	摘要（法）		
35	摘要（德）		
36	摘要（其他）		

高级检索的操作步骤如下。

① 在常规检索页面或常规检索结果页面中，单击导航菜单栏中的"高级检索"超链接，进入高级检索页面，如图 6-30 所示。

② 检索历史区域显示了已执行过的常规检索或者高级检索。单击"检索"按钮，可按检索式执行高级检索。单击"引用"按钮，可将检索式添加到页面下方的检索式编辑区的编辑框中。

③ 在范围筛选区域中，可单击范围选项将其选中，在检索时使用范围筛选。

图 6-30 高级检索页面

④ 高级检索区域显示了默认的高级检索字段，在字段输入框中可输入字段的检索关键词。将鼠标指针指向字段输入框时，可自动显示字段的规则提示信息。部分字段输入框的右侧带有❓按钮，单击❓按钮可打开对话框选择输入内容。

⑤ 设置检索字段。除了默认检索字段，检索系统允许用户添加或取消其他的检索字段。单击高级检索区域右上角的"配置"按钮，打开"设置检索字段"对话框，如图 6-31 所示。默认检索字段不能取消。要将其他检索字段添加到高级检索区域，可在对话框中选中对应的复选框，然后单击"保存"按钮即可。要取消已经添加到高级检索区域中的其他检索字段，可在对话框中取消选中对应的复选框，然后单击"保存"按钮。

⑥ 生成和编辑检索式。设置了筛选范围、输入了检索字段的检索关键词后，在检索式编辑区中单击"生成检索式"按钮生成检索式，生成的检索式显示在编辑框中。可在编辑框中手动修改检索式。

⑦ 在检索式编辑区中单击"检索"按钮执行检索。检索结果显示在检索式编辑区下方，如图 6-32 所示。

图 6-31　设置检索字段

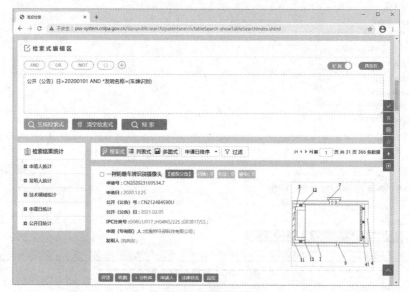

图 6-32　查看检索结果

6.7.4　信息资源库检索

信息资源库指为用户提供信息资源服务的数据库。本小节以中国知网为例说明信息资源库的基本检索方法。

1998 年，知网世界银行提出了国家知识基础设施（National Knowledge Infrastructure，NKI）的概念。中国知识基础设施工程（China National Knowledge Infrastructure，CNKI）是以实现全社会知识资源传播共享与增值利用为目标的信息化建设项目，由清华大学、清华同方发起，始建于 1999 年。CNKI 数据库涵盖了期刊、博士论文、硕士论文、会议论文、报纸、工具书、年鉴、专利、标准、国学以及海外文献等多种资源。中国知网为 CNKI 的网络出版平台，为用户提供在线检索服务。中国知网提供一框式检索和高级检索两种检索方式。

1. 一框式检索

一框式检索将检索功能浓缩至"一框"中，根据不同检索项的需求特点采用不同的检索机制和匹配方式，体现智能检索优势，操作便捷，检索结果兼顾全面和准确。

采用一框式检索进行文件检索的操作步骤如下。

① 在浏览器中打开中国知网主页，如图 6-33 所示。

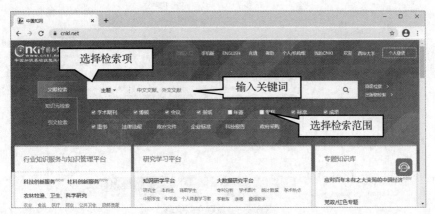

图 6-33　中国知网主页

② 选择检索项。默认检索项为"主题"，即在主题字段中检索关键词。将鼠标指针指向关键词输入框左侧的检索项，页面自动打开检索项列表，从列表中可选择其他的检索项。

③ 输入检索关键词。在检索框中输入检索关键词时，页面可自动显示提示列表，用户可从列表中选择推荐的关键词。关键词支持*（与）、+（或）、-（非）、"、""和()等运算符。检索框内输入的内容不得超过 120 个字符。输入运算符*、+、-时，前后留一个空格，优先级需用英文括号确定。若检索词本身含空格或*、+、-、()、/、%、=等特殊符号，为避免歧义，须将检索词用英文单引号或英文双引号括注。

④ 选择检索范围。检索范围包括学术期刊、博硕、会议等，选中对应的复选框表示检索对应类型的文献数据库。

⑤ 单击 Q 按钮执行检索。

检索结果如图 6-34 所示。检索结果显示总库共有 3.96 万条匹配的检索结果，各个分库的查询结果数量显示在分库名称下方。单击分库名称，可只显示该分库的检索结果。

图 6-34　查看检索结果

⑥ 查看文献信息。在检索结果列表中单击文件题名，可在新的浏览器窗口中显示文献信息，如图 6-35 所示。

图 6-35　查看文献信息

⑦ 在线阅读文献内容。单击"HTML 阅读"按钮，可在浏览器中阅读文献全文。

⑧ 下载文献。单击"CAJ 下载"按钮，可下载 CAJ 格式的文献。单击"PDF 下载"按钮，可下载 PDF 格式的文献。CAJ 格式的文献需使用 CAJViewer 浏览器进行阅读，在页面最下方提供了 CAJViewer 浏览器下载超链接。

提示　CNKI 检索功能无须登录即可使用，阅读文献全文和下载文献等功能需要登录 CNKI 账号才能使用。可单击页面右上角的"注册新用户"按钮注册 CNKI 账号。

2. 高级检索

高级检索支持多字段逻辑组合，并可通过选择精确或模糊的匹配方式、检索控制等方法完成较复杂的检索，得到符合需求的检索结果。

在中国知网主页中，单击检索框右侧的"高级检索"超链接，进入高级检索页面，如图 6-36 所示。在高级检索页面中，除了高级检索之外，还可执行专业检索、作者发文检索、句子检索等特殊高级检索，本小节只介绍高级检索。

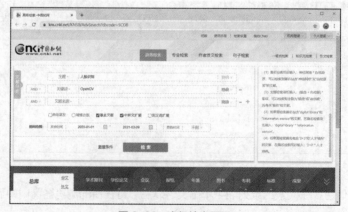

图 6-36　高级检索页面

　　高级检索页面默认包含了 3 个检索框，可单击检索框右侧的 **−** 按钮删除检索框，或者单击 **+** 按钮添加检索框。与一框式检索类似，可为每个检索框选择不同的检索项，输入检索关键词。高级检索增加了关键词是否执行精确检索设置。默认情况下，检索项执行精确检索。对第二个及之后的检索项，可从检索框右侧的下拉列表框中选择"模糊"选项，以便执行模糊检索。各个检索项之间默认的逻辑关系为"AND"，可在检索框左侧的逻辑运算下拉列表框中选择"AND""OR""NOT"运算。

　　高级检索还在页面中提供了"网络首发""增强出版""基金文献""中英文扩展""同义词扩展"等附加检索选项，选中对应的复选框，可增加对应的附件检索条件。高级检索还可在页面中设置时间范围条件。

　　设置为所需选项后，单击"检索"按钮执行检索操作，检索结果显示在页面下方，如图 6-37 所示。执行检索后，高级检索选项被隐藏，页面上方仅显示一个检索框，可在检索框中输入关键词，然后单击"检索"按钮执行新的检索；单击"结果中检索"按钮，可在当前检索结果中执行检索。单击检索框下方的 **⌄** 按钮，可重新显示高级检索选项。

图 6-37　高级检索结果

6.8　量子信息

　　在物理学中，量子表示最小不可分割物理量的基本单位。1900 年，马克斯·普朗克（Max Planck）提出了"量子"概念。20 世纪 20 年代，物理学家们建立了研究微观世界基本粒子运动规律的量子力学。在量子力学中，量子信息指量子系统表示的物理信息。量子信息技术是量子物理与信息技术相结合产生的新学科，以量子力学为基础，通过对光子、电子等微观粒子系统及其量子态进行人工观测和调控，借助量子叠加和量子纠缠等独特物理现象，以经典理论无法实现的方式获取、传输和处理信息。

　　目前，量子信息技术的研究主要集中在量子通信和量子计算。

6.8.1　量子通信

　　量子通信使用量子态来携带信息，以量子纠缠作为信道，将量子态由 A 地传送到 B 地，从而完成信息传递。

2016 年 8 月，我国发射了世界上第一个量子科学实验卫星"墨子号"，并于 2017 年 1 月正式交付使用。2017 年，我国建成全球首条量子保密通信干线：京沪干线。主干线长 2000 多千米，沿线有 32 个中继站。2021 年 1 月 7 日，中国科学院院士潘建伟研究小组在《自然》杂志上发表了题为《一个超过 4600 公里的集成星地量子通信网络》的学术文章，该文章指出，潘建伟研究小组在"墨子号"量子通信实验卫星和京沪干线的基础上，实现了 4600 千米的量子保密通信网络，并为 150 多个用户提供服务。

6.8.2 量子计算

量子计算是一种应用量子力学原理进行有效计算的新颖计算模式，其计算性能远超现有计算模式。

2019 年 10 月，谷歌开发出了 53 量子比特处理器，该处理器只用了约 200 秒就完成了经典计算机大约需要 1 万年才能完成的任务。2020 年 9 月，中国科学院院士潘建伟在公开演讲中透露，其研究团队已经实现了超过谷歌 53 量子比特处理器 100 万倍的计算性能。

2018 年，百度成立量子计算研究所。2019 年，百度发布国际领先、国内第一的基于云平台的量子脉冲计算系统——量脉（Quanlse）。2020 年 5 月，百度发布国内首个、也是目前唯一支持量子机器学习的深度学习平台——量桨（Paddle Quantum）。2020 年 9 月，百度发布国内首个云原生量子计算平台——量易伏（Quantum Leaf），可用于编程、模拟和运行量子计算机。现阶段百度量子计算研究所隶属于百度研究院，主要聚焦于量子软件和信息技术应用研究，重点进行量子人工智能（Quantum AI）、量子算法（Quantum Algorithm）和量子架构（Quantum Architecture）的研发，合称为 QAAA 规划。目前已经初步建成由量脉、量桨以及量易伏三大项目为主体的百度量子平台，旨在提供全面的量子基础设施即服务 QaaS（Quantum Infrastructure as a Service）。

6.9 移动通信

移动通信指通过无线技术，在移动用户之间、移动用户与固定点用户之间进行信息传输和交换。移动通信技术的发展过程大致可分为 5 个阶段：1G、2G、3G、4G 和 5G。G 指 Generation，即代的意思。

6.9.1 第一代移动通信技术

1981 年诞生了第一代移动通信技术（1G）。1G 为模拟通信，通过频率调制技术，将语音信号加载到电磁波上，载波信号发送到空中，接收设备从载波信号中还原语音信号，即完成通话。"1G 时代"的主要通信工具为"大哥大"，代表公司为美国的摩托罗拉。

1G 因为采用模拟信号，存在信号容易被干扰、语音品质低、传输距离短、通话时容易传音等诸多缺点。

6.9.2 第二代移动通信技术

1992 年开始出现第二代移动通信技术（2G）标准。为了克服模拟通信的缺点，2G 引入了数字调频技术，在 1G 的基础上增加了数据传输服务，彩信、手机报、壁纸、铃声成为新的热门服务。

诺基亚成为"2G 时代"的代表公司。

"2G 时代"的典型通信系统是全球移动通信系统（Global System for Mobile Communications，GSM）和码分多址访问（Code Division Multiple Access，CDMA）系统。

GSM 是欧洲电信标准组织（European Telecommunications Standards Institute，ETSI）制定的一个数字移动通信标准，其空中接口采用时分多路复用（Time Division Multiplexing，TDM）技术。GSM 具有安全性高、网络容量大、手机号码资源丰富、通话清晰、抗干扰性强、信息灵敏、通话死角少、手机耗电量低等诸多特点。

CDMA 采用扩频技术，在基带信号中增加了标识基站地址的伪随机码，大大增加了信号频谱。CDMA 具有频谱利用率高、语音质量好、保密性强、掉话率低、电磁辐射小、容量大、覆盖广等诸多特点。

6.9.3　第三代移动通信技术

2001 年，出现第三代移动通信技术（3G）标准。3G 相比于 2G，信号频带更宽、传输速度更快，手机成为多媒体终端，人们可通过手机上网、收发电子邮件、进行视频通话、玩游戏，触摸屏手机、PAD、海量应用 App 等不断出现和更新。苹果（Apple）公司成为"3G 时代"的代表公司。

3G 采用 CDMA 技术，主要的技术标准有 CDMA2000、TD-SCDMA 和 WCDMA。

CDMA2000 是国际电信联盟（International Telecommunications Union，ITU）的 IMT-2000 标准认可的无线电接口，向后兼容 2G CDMA（也称 IS-95）。

时分同步码分多路访问（Time Division-Synchronous Code Division Multiple Access，TD-SCDMA）是由我国提出的无线通信国际标准，被 ITU 列为 3G 移动通信标准。

宽带码分多路访问（Wideband Code Division Multiple Access，WCDMA）是 GSM 的升级版本，其部分协议与 2G GSM 相同。

6.9.4　第四代移动通信技术

2008 年，第四代移动通信技术（4G）标准被发布。4G 又称广代接入分布式网络，集成了 3G 和无线局域网（WLAN）技术，速度更快、信号频带更宽。4G 的下行速度可达 100～150Mbit/s，当传输速度稳定在 100Mbit/s 时，每个信道的频带为 100MHz，是 3G 的 20 倍。

4G 的核心技术包括软件无线电技术、正交频分复用技术、智能天线技术、IPv6 技术等。

苹果公司依然是"4G 时代"的代表公司，但一些新兴公司也不断出现，如华为、小米、字节跳动、滴滴打车、美团外卖等。出现了新的移动支付方式，如支付宝、微信支付等。

6.9.5　第五代移动通信技术

4G 的速度已经很快，但它存在一个较大缺点：网络拥塞。第五代移动通信技术（5G）通过加大带宽、利用毫米波、大规模多输入多输出、3D 波束成形、小基站等技术，实现比 4G 更快的速度、更低的时延、更低的功耗和更大的带宽，可以连接海量设备。

2013 年 2 月，欧盟宣布加快发展 5G 技术。2013 年 5 月，韩国三星公司宣布成功开发出 5G 核心技术。

2014 年 5 月，日本电信运营商 NTT DOCOMO 宣布开始测试 5G 网络。

2015 年 9 月，美国移动运营商 Verizon 宣布从 2016 年开始使用 5G 网络。

2016 年 1 月，我国工业和信息化部（简称工信部）在北京召开 5G 技术研发试验启动会。根据总体规划，我国 5G 技术研发试验将在 2016—2018 年进行，分为 5G 关键技术试验、5G 技术方案验证和 5G 系统验证 3 个阶段实施。

2017 年 11 月，我国工信部发布《工业和信息化部关于第五代移动通信系统使用 3300-3600MHz 和 4800-5000MHz 频段相关事宜的通知》，确定 5G 中频频谱。2017 年 11 月下旬工信部发布通知，正式启动 5G 技术研发试验第三阶段工作，并力争于 2018 年年底前实现第三阶段试验基本目标。

2018 年 2 月 23 日，沃达丰和华为宣布，两公司在西班牙合作采用非独立的 3GPP 5G 新无线标准和 Sub 6GHz 频段完成了全球首个 5G 通话测试。2018 年 2 月 27 日，华为在 2018 世界移动通信大会（Mobile World Congress，上发布了首款 3GPP 标准 5G 商用芯片巴龙 5G01 和 5G 商用终端，支持全球主流 5G 频段，理论上可实现最高 2.3Gbit/s 的数据下载速率。2018 年 8 月 2 日，奥迪与爱立信宣布，计划率先将 5G 技术用于汽车生产。2018 年 11 月 21 日，重庆首个 5G 连续覆盖试验区建设完成，5G 远程驾驶、5G 无人机、虚拟现实等多项 5G 应用同时亮相。

2019 年 6 月 6 日，工信部正式向中国电信、中国移动、中国联通、中国广电发放 5G 商用牌照，我国正式进入"5G 商用元年"。2019 年 10 月 31 日，三大运营商公布 5G 商用套餐，并于 11 月 1 日正式上线 5G 商用套餐。

5G 是跨时代的技术，它除了更极致的体验和更大的容量，还将开启物联网时代，并渗透至各个行业。5G 的典型应用场景包括云端虚拟现实（Virtual Reality，VR）/增强现实（Augment Reality，AR）、远程驾驶、自动驾驶、智能制造、无线机器人云端控制、智能电网、远程医疗、超高清 8K 视频、云游戏、联网无人机、超高清/全景直播、AI 辅助智能头盔、AI 城市视频监控等。

6.10　区块链

6.10.1　区块链的概念

区块链技术包含分布式账本、非对称加密、共识算法、智能合约等多种技术，具有去中心化、共识可信、不可篡改、可追溯等特性。

区块链包括下列基本概念。

交易：指使分布式账本状态发生改变的操作，如添加记录、转账记录等。

区块：主要由一段时间内的交易记录、标识前一区块的唯一哈希值、时间戳以及其他信息构成。

链：一个个区块按时间顺序连接形成的数据链。

6.10.2　发展过程及应用领域

区块链发展至现在，可分为 3 个阶段：区块链 1.0、区块链 2.0 和区块链 3.0。

区块链 1.0：主要技术包括分布式账本、块链式数据、梅克尔树、工作量证明等。

区块链 2.0：主要应用于金融或经济市场，主要技术包括智能合约、虚拟机、去中心化应用等。

区块链 3.0：区块链与大数据、人工智能等新技术融合，主要应用于身份认证、公证、仲裁、审计、物流、医疗、签证、投票等多种社会治理领域。

6.11 信息安全

6.11.1 信息安全概念

在信息社会，信息已成为一种重要的社会资源。信息安全是一门涉及计算机科学、网络技术、通信技术、密码技术、信息安全技术、数学、信息论等多种学科的综合性学科。信息安全不仅关系到人们的日常生活，也关系到国家、社会的安全和稳定。信息安全包括信息本身的安全和信息系统的安全。

1. 信息本身的安全

信息本身的安全指保证数据的机密性、完整性和可用性，避免意外损失或丢失数据，防止数据被窃取；保证信息传播的安全，防止和控制非法、有害信息的传播，维护社会道德、法规和国家利益。

信息的机密性：非授权用户不能访问信息。

信息的完整性：信息正确、完整、未被篡改。

信息的可用性：保证信息随时可以使用。

常见的需要保证安全的信息如下。

个人的姓名、身份证号码、住址、电话号码、照片、银行账户等个人信息。

企业、事业、机关单位的商业机密、技术发明、财务数据等需要保密的信息。

政府部门、科研机构、军事等单位与国家安全相关的需要保密的信息。

2. 信息系统的安全

信息系统的安全指保证存储、处理和传输信息的系统的安全，其重点是保证信息系统的正常运行，避免存储设备和传输网络发生故障、被破坏，避免系统被非法入侵。

信息系统的安全包括构成信息系统的计算机、存储设备、操作系统、应用软件、数据库、传输网络等各组成部分的安全。

6.11.2 信息安全的主要威胁

信息安全威胁主要来源于物理环境、信息系统自身的缺陷以及人为因素。

1. 来自物理环境的安全威胁

物理环境的安全问题，主要包括自然灾害、辐射、电力系统故障、蓄意破坏等造成的自然的或意外的事故。

例如，地震、火灾、水灾、雷击、静电、有害气体等对计算机系统的损害；电力系统停电、电压突变，导致系统停机、破坏存储设备、网络传输数据丢失。

2. 因信息系统自身缺陷产生的安全威胁

信息系统自身包括硬件系统、软件系统等，这些组成部分存在的缺陷会产生安全威胁。

硬件系统的安全威胁主要来源于设计或质量缺陷。例如，计算机的硬盘、电源或主板芯片发生故障，导致系统崩溃、数据丢失等。计算机基本输入/输出系统(Basic Input/Output System，BIOS)中保存的万能密码导致非法用户入侵，破坏 BIOS 设置等。

软件系统包括操作系统、应用软件等，其设计缺陷、软件漏洞等被黑客或计算机病毒利用，为系统带来安全威胁。

3. 人为因素产生的安全威胁

人为因素主要包括内部攻击和外部攻击两大类。

内部攻击指系统内部合法用户故意、非故意行为造成的隐患或破坏。例如，内部人员非法窃取、盗卖数据；违规操作导致设备损坏、系统故障；系统弱密码导致入侵风险。

外部攻击指来自系统外部的非法用户攻击。例如，伪装成合法用户登录系统盗取或破坏数据；利用系统漏洞入侵系统。

6.11.3 信息安全技术

信息安全涉及信息的存储、处理、使用、传输等多个环节的理论和技术。常见的信息安全技术如下。

加密技术：对数据、文件、密码等机密数据进行加密，提高信息安全性。数据加密技术主要分为数据存储加密和数据传输加密。常见的加密算法有对称加密算法和非对称加密算法。

入侵检测技术：信息系统存在本地和网络入侵风险，入侵检测可帮助系统快速发现攻击威胁。

防火墙技术：防火墙用于在本地网络和外部网络之间建立防御系统，仅允许安全、核准的信息进入本地网络，抵制存在威胁的数据。

系统容灾技术：系统容灾技术可在系统遭受安全威胁被破坏时，能快速恢复系统数据和系统运行。数据备份和系统容错是系统容灾技术的主要研究内容。

6.11.4 信息安全法规

为了预防和打击犯罪，维护信息安全，我国出台了一系列信息安全法规。

1994 年 2 月 18 日，我国出台《中华人民共和国计算机信息系统安全保护条例》，这是我国第一部保护计算机信息系统安全的法规。

1997 年 5 月 20 日，我国出台《中华人民共和国计算机信息网络国际联网管理暂行规定（修正）》。

1997 年 12 月 8 日，我国出台《中华人民共和国计算机信息网络国际联网管理暂行规定实施办法》。

1997 年 12 月 11 日，我国出台《中华人民共和国计算机信息网络国际联网安全保护管理办法》。

2000 年 9 月 25 日，我国出台《中华人民共和国电信条例》。

2000 年 9 月 20 日，我国出台《互联网信息服务管理办法》。

2002 年 9 月 29 日，我国出台《互联网上网服务营业场所管理条例》。

2006 年 5 月 18 日，我国出台《信息网络传播权保护条例》。

6.12 计算机病毒

6.12.1 计算机病毒的概念

1. 计算机病毒的概念

《中华人民共和国计算机信息系统安全保护条例》对计算机病毒的定义为：计算机病毒，是指编制或者在计算机程序中插入的破坏计算机功能或者毁坏数据，影响计算机使用，并能自我复制的一组计算机指令或者程序代码。

2. 计算机病毒的特点

计算机病毒具有下列特点。

传染性：计算机病毒可自我复制，传染其他程序或文件。传播渠道通常包括 U 盘、网页、电子邮件等。

破坏性：计算机病毒可破坏文件或数据、扰乱系统正常工作。

触发性：计算机病毒往往有触发机制，满足触发条件时运行病毒程序。

隐蔽性：计算机病毒往往依附于其他文件或程序，不易被发现。

人为性：计算机病毒是人为编写的计算机程序代码。

顽固性：部分计算机一旦感染计算机病毒，往往不易清除。

变异性：部分计算机病毒会在传播过程中变种，使其更难以被发现和清除。

3. 计算机病毒的主要危害

计算机病毒的主要危害如下。

破坏文件或数据，格式化磁盘，破坏计算机 BIOS 设置等。

占用系统内存资源，导致系统运行变慢或系统崩溃。

占用磁盘空间。

抢占系统网络资源，造成网络阻塞或通信瘫痪。

6.12.2　计算机病毒的主要传播途径

计算机病毒的主要传播途径如下。

U 盘、移动磁盘、光盘等存储设备。在存储设备之间复制文件容易传播病毒。

网页。计算机病毒伪装为网页超链接，单击超链接时感染病毒。

局域网。计算机病毒可通过局域网进行自我复制，感染局域网中的计算机。

电子邮件。计算机病毒可伪装成电子邮件，打开邮件就会感染病毒。

盗版软件。盗版软件往往隐藏了计算机病毒，安装盗版软件导致感染病毒。

6.12.3　计算机病毒的分类

计算机病毒的种类繁多，几种常见的计算机病毒类型如下。

文件型病毒：感染计算机中文件（如.exe、.docx 等文件）的计算机病毒。

网络型病毒：通过计算机网络传播的计算机病毒。

引导型病毒：感染系统磁盘引导扇区的计算机病毒。

混合型病毒：具有多种感染、传播方式的计算机病毒。

6.12.4　计算机病毒的防治

计算机病毒的危害性极大，采取预防措施是阻止计算机病毒的最好方式。计算机病毒的主要预防措施如下。

安装防病毒软件和防火墙，并启动实时监视功能、定期扫描系统、及时升级。

不使用盗版软件或来路不明的软件。

在使用外部存储设备时，先使用防病毒软件检测外部存储设备是否安全。

不打开来历不明的电子邮件和网页超链接。

发现计算机感染病毒后，应中断网络连接，避免计算机病毒通过网络传播。

计算机病毒的传播能力往往很强，感染后应立即采取措施清除病毒，杀毒软件是清除计算机病毒的最好工具。常见的杀毒软件有 360、瑞星、金山毒霸、卡巴斯基、迈克菲等。

【提升训练】

【训练 6-1】通过招聘网站制作与发送求职简历

任务描述

通过智联招聘网或者前程无忧人才招聘网制作与发送求职简历。

任务实施

① 准备一份电子版的个人简历。

② 在智联招聘网或者前程无忧人才招聘网注册为合法用户。

③ 注册成功后进行登录，进入简历管理中心，创建新的个人简历，或者修改完善已创建的简历。

④ 个人简历修改完善后，通过智联招聘网外发简历或委托投递简历。

【训练 6-2】分析云计算在智能电网中的应用

任务描述

云计算作为新一代信息技术产业的重要领域之一，在智能电网中具有广阔的应用空间，在电网建设、运行管理、安全接入、实时监测、海量存储、智能分析等方面能够发挥巨大作用，全方位应用于智能电网的发、输、变、配、用和调度等各个环节。将云计算技术引入电网数据中心，将显著提高设备利用率，降低数据处理中心能耗，解决服务器资源利用率偏低与信息壁垒问题，全面提升智能电网环境下海量数据处理的效能、效率和效益。

试探讨电力行业与云计算结合的可行性，分析云计算在智能电网中的应用。

任务实施

1. 电力行业与云计算结合的可行性

云计算就是将原本分散的资源聚集起来，再以服务的形式提供给受众，实现集团化运作、集约化发展、精益化管理、标准化建设等。电力行业的应用特点非常符合云计算的服务模式和技术模式。

随着智能电网、物联网的建设，会带来一些海量数据的高可靠性的存储和处理要求。智能电网会产生海量数据，例如，我们每家每户的电表，每一个电表的数据采集比以前要多出很多数据量，可能每 5 分钟就会采集一组数据，电表的数据采集数量就非常大。对电网来说，它的变电、输电、发电各个环节，都需要监控数据的采集。这些海量数据，如果要进行存储，然后同时进行数据挖掘、数据分析，那么必须要依靠强大的云计算来作为底层支撑，这也是它应用的前提。

在智能电网技术领域引入云计算，能够在保证现有电力系统硬件基础设施基本不变的情况下，对当前系统的数据资源和处理器资源进行整合，从而大幅提升电网实时控制和高级分析的能力，为智能电网技术的发展提供有效的支持。

采用云计算，不仅可以实现电力行业内数据采集和共享，最终实现数据挖掘，提供商业智能，辅助决策分析，促进生产业务协调发展，也可以帮助电网公司将数据转换为服务，提升服务价值。

云计算与电力行业的结合既可避免云技术的公共不安全性，又适合电网这样的大型电网企业建设。将云计算引入电力系统，在现有电力内网的基础上构建电力云是一种需要，也是一种趋势。

2. 云计算在智能电网中的应用

在风力、太阳能发电等新能源发电领域，云计算可以为存储密集型和计算密集型应用系统提供相应解决方案，同时突破传统的负荷检测方法，引导企业自主进行绿色用电认购，合理利用能源。此外，电网调度可以通过云计算提供的统一访问服务接口，实现数据搜索、获取、计算等。

随着智能电网规模的扩大，输变电设备运行信息量剧增，输变电设备评估需要综合分析当前设备运行状态，并给出可靠性评价。此种形势对数据的存储和计算提出了更高处理要求。应用云计算技术，可为输变电设备评估提供分布式数据存储和计算服务，扩展数据存储空间，提升数据处理和计算性能。

配网管理涉及电网空间分布和设备运行状态变化等复杂问题，地理空间信息和电力生产信息相互集成的综合应用系统是支持智能化配网管理的基本手段。将地图信息、文字、图形、图表信息融于一体，地理信息系统（Geographical Information System，GIS）需要存储海量信息并进行大量计算，云计算技术能很好地解决海量数据存储和计算带来的技术难点及性能瓶颈。

在电力系统运行方式和规划方案研究中，技术人员需要借助潮流计算比较运行方式，或规划供电方案的可行性、可靠性和经济性。云计算技术利用分布式文件、分布式数据库等存储电网模型和运行数据，通过并行及分布式计算，加工电网模型和运行数据等，为电网规划、调度提供快速可靠的数据支持。同时，云计算还可以应用于网损计算、安全分析、稳定计算等。

随着智能电网发展的逐步深入，电网与客户间的密切交互必将产生海量数据信息，基于云计算技术的能效管理系统，能够快速、高效地将客户用电数据进行存储、处理和分析。有了"云"这个资源池，智能电网环境下的用电信息将得以有效存储，电力信息交互系统将得以高效运行。

【训练 6-3】分析大数据的典型应用案例

任务描述

如何能提前预知各种天文奇观？风力发电和创业者开店如何选址？如何才能准确预测并对气象灾害进行预警？包括在未来的城镇化建设过程中，如何打造智能城市？等，这一系列问题的背后，其实都隐藏着大数据的身影——不仅彰显着大数据的巨大价值，更直观地体现出大数据在各个行业的广泛应用。

大数据的应用范围越来越广，涉及生活的许多方面，试列举大数据的典型应用案例。

任务实施

大数据时代的出现简单地讲是海量数据同计算能力结合的结果，确切地说是移动互联网、物联网产生了海量的数据，大数据计算技术完美地解决了海量数据的收集、存储、计算、分析的问题。

1. 医疗大数据，看病更高效

除了较早前就开始利用大数据的互联网公司，医疗行业是让大数据分析最先"发扬光大"的传统行业之一。医疗行业拥有大量的病例、病理报告、治愈方案、药物报告等。如果这些数据可以被整理和应用将会极大地帮助医生和病人。

在未来，借助于大数据平台我们可以收集不同病例和治疗方案，以及病人的基本特征，可以建立针对疾病特点的数据库。如果未来基因技术发展成熟，可以根据病人的基因序列特点进行分类，建立医疗行业的病人分类数据库。在医生诊断病人时可以参考病人的疾病特征、化验报告和检测报告，参考疾病数据库来快速帮助病人确诊，明确定位疾病。在制定治疗方案时，医生可以依据病人的基因特点，调取相似基因、年龄、身体情况的有效治疗方案，制定出适合病人的治疗方案，帮助更多人及时进行治疗。同时这些数据也有利于医药行业开发出更加有效的药物和医疗器械。

2．生物大数据，改良基因

当下，我们所说的生物大数据技术主要是指大数据技术在基因分析上的应用，通过大数据平台人类可以将自身和生物体基因分析的结果进行记录和存储，利用建立基于大数据技术的基因数据库。大数据技术将会加速基因技术的研究，快速帮助科学家进行模型的建立和基因组合模拟计算。基因技术是人类未来战胜疾病的重要武器，借助于大数据技术的应用，人们将会加快自身基因和其他生物的基因的研究进程。未来利用生物基因技术来改良农作物，利用基因技术来消灭害虫都将实现。

3．金融大数据，理财利器

大数据在金融行业应用范围较广，典型的案例有花旗银行利用 IBM 沃森电脑为财富管理客户推荐产品；美国银行利用客户点击数据集为客户提供特色服务，如有竞争的信用额度；招商银行利用客户刷卡、存取款、电子银行转账、微信评论等行为数据进行分析，每周给客户发送针对性广告信息，里面有顾客可能感兴趣的产品和优惠信息。

可见，大数据在金融行业的应用可以总结为以下 5 个方面。

① 精准营销：依据客户消费习惯、地理位置、消费时间进行推荐。

② 风险管控：依据客户消费和现金流提供信用评级或融资支持，利用客户社交行为记录实施信用卡反欺诈，利用数据分析报告实施产业信贷风险控制。

③ 决策支持：利用决策树技术进行抵押贷款管理。

④ 效率提升：利用金融行业全局数据了解业务运营薄弱点，利用大数据技术加快内部数据处理速度。

⑤ 产品设计：利用大数据计算技术为财富客户推荐产品，利用客户行为数据设计满足客户需求的金融产品。

4．零售大数据，最懂消费者

零售行业大数据应用有两个层面。一个层面是零售行业可以了解客户消费喜好和趋势，进行商品的精准营销，降低营销成本。另一个层面是依据客户购买产品，为客户提供可能购买的其他产品，扩大销售额，也属于精准营销范畴。另外零售行业可以通过大数据掌握未来消费趋势，有利于热销商品的进货管理和过季商品的处理。零售行业的数据对于产品生产厂家是非常宝贵的，零售商的数据信息将会有助于资源的有效利用，降低产能过剩，生产厂家依据零售商的信息按实际需求进行生产，减少不必要的生产浪费。

想象一下这样的场景，当顾客在地铁候车时，墙上有某一零售商的巨幅数字屏幕广告，可以自由浏览产品信息，对感兴趣的或需要购买的商品用手机扫描下单，约定在晚些时候送到家中。在顾客浏览商品并最终选购商品后，商家可能已经了解顾客的喜好及个人详细信息，按要求配货并送达顾客家中。未来，甚至顾客都不需要有任何购买动作，利用之前的购买行为产生的大数据，当顾客的沐浴露剩下最后一滴时，顾客中意的沐浴露可能就已送到顾客的手上，虽然顾客和商家从未谋面，但可能已如朋友般熟识。

5. 电商大数据，精准营销法宝

电商是最早利用大数据进行精准营销的行业，除了精准营销，电商可以依据客户消费习惯来提前为客户备货，并利用便利店作为货物中转点，在客户下单后迅速将货物送上门，提高客户体验。

电商可以利用其交易数据和现金流数据，为其生态圈内的商户提供基于现金流的小额贷款，电商业也可以将此数据提供给银行，同银行合作为中小企业提供信贷支持。由于电商的数据较为集中，数据量足够大，数据种类较多，因此未来电商大数据应用将会有更多的应用场景，包括预测流行趋势、消费趋势、地域消费特点、客户消费习惯、各种消费行为的相关度、消费热点、影响消费的重要因素等。依托大数据分析，电商的消费报告将有利于品牌公司产品设计、生产企业的库存管理和计划生产、物流企业的资源配置、生产资料提供方产能安排等，有利于精细化社会化大生产，有利于精细化社会的出现。

6. 农牧大数据，量化生产

大数据在农牧业中的应用主要是指依据未来商业需求的预测来进行农牧产品生产，降低"菜贱伤农"的概率。同时大数据的分析将会更加精确预测未来的天气气候，帮助农牧民做好自然灾害的预防工作。大数据分析也会帮助农民依据消费者消费习惯来决定增加哪些品种的种植，减少哪些品种农作物的生产，提高单位种植面积的产值，同时有助于快速销售农产品，完成资金回流。牧民可以通过大数据分析来安排放牧范围，有效利用牧场。渔民可以利用大数据分析安排休渔期、定位捕鱼范围等。

由于农产品不容易保存，因此合理种植和养殖十分重要。如果没有规划好，容易产生"菜贱伤农"的悲剧。过去出现的猪肉过剩、卷心菜过剩、香蕉过剩的原因就是农牧业没有规划好。借助于大数据提供的消费趋势报告和消费习惯报告，政府将为农牧业生产提供合理引导，建议依据需求进行生产，避免产能过剩，造成不必要的资源和社会财富浪费。农业关乎国计民生，科学的规划将有助于社会整体效率提升。大数据技术可以帮助政府实现农业的精细化管理，实现科学决策。在数据驱动下，结合无人机技术，农民可以采集农产品生长信息、病虫害信息等。相对于过去雇佣飞机成本将大大降低，同时精度也将大大提高。

7. 交通大数据，畅通出行

交通作为人类行为的重要组成和重要条件之一，对于大数据的感知也是最急迫的。目前，交通大数据应用主要体现在两个方面。一方面可以利用大数据来了解车辆通行密度，合理进行道路规划，包括单行线路规划。另一方面可以利用大数据来实现即时信号灯调度，提高已有线路运行能力。科学地安排信号灯是一个复杂的系统工程，必须利用大数据计算平台才能计算出一个较为合理的方案。科学的信号灯安排将会提高 30%左右已有道路的通行能力。机场的航班起降依靠大数据将会提高航班管理的效率，航空公司利用大数据可以提高上座率，降低运行成本。铁路利用大数据可以有效安排客运和货运列车，提高效率、降低成本。

8. 教育大数据，因材施教

随着技术的发展，信息技术已在教育领域有了越来越广泛的应用。考试、课堂、师生互动、校园设备使用、家校关系……只要技术达到的地方，几乎各个环节都被数据包裹。

在课堂上，大数据不仅可以帮助改善教育教学，在重大教育决策制定和教育改革方面，大数据更有用武之地。大数据还可以帮助家长和教师甄别出孩子的学习差距和有效的学习方法。例如，某公司开发出了一种预测评估工具，帮助学生评估他们已有的知识和达标测验所需程度的差距，进而指出学生有待提高的地方。评估工具可以让教师跟踪学生学习情况，从而找到学生的学习特点和方法。有些学生适合按部就班，有些则更适合图式信息和整合信息的非线性学习。这些都可以通过大数据搜集和分析很快识别出来，从而为教育教学提供坚实的依据。

毫无疑问，将来无论是针对教育管理部门，还是校长、教师，以及学生和家长，都可以得到针对不同应用的个性化分析报告。通过大数据的分析来优化教育机制，也可以做出更科学的决策，这将带来潜在的教育改变。个性化学习终端将会更多地融入学习资源云平台，根据每个学生的不同兴趣爱好和特长，推送相关领域的前沿技术、资讯、资源乃至未来职业发展方向等，并贯穿每个人学习的全过程。

9. 体育大数据，夺冠精灵

大数据对于体育的改变可以说是方方面面的，从运动员本身来讲，可穿戴设备收集的数据可以让运动员更了解自己的身体状况。媒体评论员，通过大数据提供的数据可更好地解说比赛，分析比赛。数据已经通过大数据分析转化成洞察力，为体育竞技中的胜利增加筹码，也为身处世界各地的体育爱好者随时随地观赏比赛提供了个性化的体验。有教练表示："在球场上，比赛的输赢取决于比赛策略和战术，以及赛场上连续对打期间的快速反应和决策，但这些细节转瞬即逝，所以数据分析成为一场比赛最关键的部分。对于那些拥护并利用大数据进行决策的选手而言，他们毋庸置疑地将赢得足够的竞争优势。"

10. 环保大数据，对抗自然灾害

借助于大数据技术，天气预报的准确性和实效性将会大大提高，预报的及时性将会大大提升，同时对于重大自然灾害，例如龙卷风，通过大数据计算平台，人们将会更加精确地了解其运动轨迹和危害的等级，有利于帮助人们提高应对自然灾害的能力。天气预报的准确度的提升和预测周期的缩短也将会有利于农业生产的安排。

11. 食品大数据，舌尖上的安全

随着科学技术和生活水平的不断提高，食品添加剂及食品品种越来越多，传统手段难以满足当前复杂的食品监管需求，从不断出现的食品安全问题来看，食品监管成了食品安全的棘手问题。此刻，大数据管理将海量数据聚合在一起，将离散的数据需求聚合能形成数据长尾，从而满足传统手段难以满足的需求。在数据驱动下，采集人们在互联网上提供的举报信息，国家可以掌握部分乡村和城市的死角信息，挖出非法加工点，提高执法透明度，降低执法成本。国家可以参考医院提供的就诊信息，分析出涉及食品安全的信息，及时进行监督检查，第一时间进行处理，降低已有不安全食品的危害。参考个体在互联网的搜索信息，掌握流行疾病在某些区域和季节的爆发趋势，及时进行干预，降低其流行危害。政府可以提供不安全食品厂商信息、不安全食品信息，帮助人们提高食品安全意识。

当然，食品安全涉及从田头到餐桌的每一个环节，需要覆盖全过程的动态监测才能保障食品安全。以稻米生产为例，产地、品种、土壤、水质、病虫害发生、农药种类与数量、化肥、收获、储藏、加工、运输、销售等环节，无一不影响稻米安全状况，通过收集、分析各环节的数据，可以预测某产地将收获的稻谷或生产的稻米是否存在安全隐患。

大数据不仅能带来商业价值，亦能产生社会价值。随着信息技术的发展，食品监管也面临着众多的各种类型的海量数据，如何从中提取有效数据成为关键所在。可见，大数据管理是一项巨大的

挑战，一方面要及时提取数据以满足食品安全监管需求；另一方面需在数据的潜在价值与个人隐私之间进行平衡。相信大数据管理在食品监管方面的应用，可以为食品安全撑起一把有力的保护伞。

12. 政府调控和财政支出，大数据令其有条不紊

政府利用大数据技术可以了解各地区的经济发展情况、各产业发展情况、消费支出和产品销售情况，可以依据数据分析结果，科学地制定宏观政策，平衡各产业发展，避免产能过剩，有效利用自然资源和社会资源，提高社会生产效率。大数据还可以帮助政府进行监控自然资源的管理，无论是国土资源、水资源、矿产资源、能源等，大数据通过各种传感器来提高其管理的精准度。同时大数据技术也能帮助政府进行支出管理，透明合理的财政支出将有利于提高公信力和监督财政支出。

大数据及大数据技术带给政府的不仅仅是效率提升、科学决策、精细管理，更重要的是数据治国、科学管理的意识改变，未来大数据将会从各个方面来帮助政府实施高效和精细化管理。政府运作效率的提升、决策的科学客观、财政支出的合理透明都将大大提升国家整体实力，成为国家竞争优势。

【训练 6-4】分析人工智能在物流领域的综合应用

任务描述

从行业作业性质看，人工智能在物流行业应用前景可观，首先有丰富的场景，其次有大量重复的劳动，再次物流作业的高效离不开数据规划与决策，而这些因素正是和人工智能应用相匹配的。在物流领域，人工智能究竟有哪些落地场景？试分析人工智能在物流领域各环节的综合应用。

任务实施

1. 表单处理

物流行业有许多表单、文档数据，人工智能技术中的计算机视觉和深度学习就可以在这一场景中应用。

例如腾讯云的光学字符阅读器技术，通过计算机视觉结构化识别表单内容，能够快速便捷地完成纸质报表单据的电子化，大幅避免人工输单；对文档扫描件或者图片中的印章进行位置检测、内容提取，可实现自动化一致性比对；独有的手写文字识别技术可以精准识别出手写文字、数字、证件号码、日期等，实现带有手写文字的扫描件或图片数字化处理。

以北京奔驰进口报关业务为例。因为零部件的单据非常复杂，一个零部件涉及的单据可能有 100 多页，以往一页一页地录，4 个人要花一周时间，如今应用了人工智能技术，一个人 40 分钟就可以解决，且准确率极高。

2. 园区管理

表单处理完，货物进入园区。随着物联网（Internet of Things，IoT）、5G 等技术的应用，人工智能在园区管理上同样可以发挥重要作用，例如监测、采集场院内车辆信息，提供车辆装载率、车辆调度、运力监测和场地人员能效等基础数据，优化运力成本；再如对人员工作情况进行管理，规避员工不规范甚至危险的操作。

2018 年，菜鸟网络曾宣布全面启动物流 IoT 战略，并向全行业发布了全球首个基于物流 IoT 的"未来园区"。这是 IoT、边缘计算和人工智能等前沿技术第一次在物流领域的大规模应用，"未来园区"可以识别每一个烟头，监控每一个井盖，实时保障园区安全、高效运转。

2019 年，京东物流披露，其已建成的 5G 智能园区。通过"5G+高清摄像头"，不仅可以实现人员的定位管理，还可以实时感知仓内生产区拥挤程度，及时进行资源优化调度；5G 与 IoT 的结合，帮助对园区内的人员、资源、设备进行管理与协同；5G 还帮助园区智能识别车辆，并智能导引货车前往系统推荐的月台进行作业，让园区内的车辆更加高效有序。这中间同样是以人工智能技术为底层依托。

3. 搬运

从园区进入仓内，其中必然要发生的一个动作就是装卸。"货物识别+机器人"与自动化分拣则可大大降低人类的劳动强度。例如，自主移动机器人（Automatic Mobile Robot，AMR）是目前发展和应用较快的技术，与传统自动导引车（Automated Guided Vehicle，AGV）不同的是，AMR 的运行不需要地面二维码、磁条等预设装置，即时定位与地图构建（Simultaneous Localization and Mapping，SLAM）系统为其装上了"一双眼睛"，让其可以实现高效的搬运和拣货作业。

以 AMR 商业化项目落地领先的灵动科技为例，其率先将计算机视觉技术与多传感器输入相结合，让其机器人实现了真正的视觉自主导航。据说，灵动视觉 AMR 能够帮助企业实现人效提升 2 倍以上、拣货成本下降超过 30% 的"降本增效"成果。

4. 装卸与装载

2019 年，顺丰对外发布的"慧眼神瞳"一度备受关注，这也是顺丰科技人工智能计算机视觉成果在业务场景的落地突破。简单地说，"慧眼神瞳"就是利用各种视频和图像进行自动化分析的人工智能系统。例如中转场的装卸口环节，将摄像机部署在装卸口，通过分析车辆到离卡行为、车牌识别、车辆装载率、人员工作效率等基础数据，就可以刻画出装卸口作业场景的完整生产要素，将所有作业数据线上化，持续优化各项运营成本，优化运转效率。

同样，与华为云合作的德邦快递，也有类似技术应用。例如，通过人工智能来监控快递分拣的场地、场景，抓取对货物搬运不规范的情况，从而让业务员或者理货员操作的规范程度大大提高。

如果说上述场景的应用是在"助人"，无人叉车的应用则是在"替人"。2018 年，首款无人叉车应用于德邦快递浦东分拨中心，改进后的无人叉车采用"无人叉车+智能托盘+多层货架+JDS（调度系统）+LMS（库位管理系统）"的形式进行实地操作、多机调度、多车协同，同时通过 RFID 及传感器等进行智能路径规划，经测试新解决方案可使仓内成本下降 30%，总毛利润增加 7%。

除了安全，运输的另外一个关注点在于装载率，如何能装更多的货？基于大数据积累和人工智能深度学习算法，G7 数字货舱就可以实时感知货物量方，自动记录"量方"变化曲线，时刻知晓装载率。通过人工智能摄像头和高精度传感器对厢内货物进行图像三维建模，保证货物运输状态全程可视化，并智能管控装车过程和装车进度。

5. 盘点

库存盘点也是仓储管理的重要一环。如何保证盘点的准确高效？人工智能同样可以提供助力。一汽物流就与百度云合作，运用无人机航拍取代人工盘点。简单来说，所谓无人机取代人工，就是无人机通过获取图像数据，基于视觉识别技术模型进行自动分析，并快速识别子库区，及库内汽车数量、车辆所在的车位号，与库存系统进行实时比对，如果实际数量与库存数量不吻合，将对异常数据进行警示，实现库存自动盘点。经过多次的数据训练，可将无人机识别准确率提升至 100%。

此外，无人机还有报警、提示等功能，当实拍图与从整车仓储定位管理系统获取车辆位置信息形成的图示有差异时，将会第一时间提示工作人员，查漏补缺，避免产生重大损失。

6. 仓储系统

在仓内投入大量的机器人等设备，就需要一个系统进行管理，就像身体需要大脑。

旷视科技推出的人工智能物联网（AIoT）操作系统——河图（HETU），据介绍是旷视科技推出的首个智能机器人网络协同大脑，是一套致力于机器人与物流、制造业务快速集成，一站式解决规划、仿真、实施、运营全流程的操作系统。旷视河图与机器人硬件设备相结合，不仅体现了河图对整个作业节奏的控制、连接运维等能力，也实现了人、设备、订单、空间、货的高效协同。

2019 年，极智嘉（Geek+）宣布，推出实体智慧物流版的 aPaaS（application Platform as a Service）系统——"极智云脑"。极智云脑能够让客户轻松重构其解决方案，并在云端高效部署，自由调度机器人和各种设备，实现高度灵活的智能化系统，极大降低智慧物流的部署门槛，让人工智能触手可得。

而针对无人仓内物流机器人数量多，设备模型、接口、技术特点驳杂繁多，设备巡检和及时维护工作量大，京东物流也推出了 X 仓储大脑。据介绍，X 仓储大脑自 2018 年 8 月投入应用，在人工智能等技术的助力下，显著提升规划、运营监控及维保效率，降低人力成本。

7. 无人驾驶与智能副驾

运输是物流的重要一环，人工智能在该环节的应用也表现在多个方面，例如无人驾驶、车队管理、智能副驾等。以大家熟知的无人驾驶为例，要实现无人驾驶，要依靠 3 个环节：感知、处理以及执行，这均离不开人工智能。

驾驶从来不是一份安全的工作，对于长时间驾驶的驾驶员尤甚，而计算机视觉则给了车辆发现危险的"眼睛"。

中寰卫星导航通信有限公司曾发布的智能副驾产品，其智能副驾依托车载智能硬件远程信息处理器和高级驾驶辅助系统，通过传感器数据融合和智能算法，结合高级驾驶辅助系统地图等位置服务，从"人、车、路"3 个方面建立协同的安全管理机制，及时感知道路运输过程中的不安全因素，并通过监控管理平台实时呈现、预警，以安全共管云平台方案为商用车安全管理提供工具、手段和依据，降低风险、减少隐患，以提供实时在线的虚拟"副驾驶"。当驾驶员有风险系数不大的行为时，设备将启动报警，并上报平台，形成日报、月报，提供给车主甚至保险公司。如果出现重大风险，立即启动本地报警，如果本地报警没有引起驾驶员重视，则引入管理者介入；如果管理者依然没有解决，则会启动亲情电话，让驾驶员的亲人在线提醒。

8. 无人机与无人车配送

配送是货物流动过程的最后环节，也是物流链条上人力资源投入最多的环节。目前，在这一环节，常见的科技创新是无人机与无人车配送。亚马逊于 2013 年提出的 Prime Air 业务，将无人机引入物流领域。国内顺丰、京东、中通等企业也纷纷跟进。

无人配送车是应用在快递快运配送与即时物流配送中的低速自动驾驶无人车，其核心技术架构与汽车自动驾驶系统基本一致。我们也时常听说京东、菜鸟、美团、苏宁等无人配送车在小区校园等封闭区域配送、快递员接驳等多种场景中的应用和测试。

例如，2019 年 8 月，苏宁物流对外公开 5G 无人配送车的路测实况，这也是 5G 技术应用从实验阶段走向商业化应用。

9. 调度与分单

借助人工智能技术，实现物流运配环节车辆、人员、设备等作业资源的协调统一，使作业效率最大化。

以外卖为例，资料显示：美团实时智能配送系统是全球最大规模、高复杂度的多人多点实时智能配送调度系统。能够基于海量数据和人工智能算法，在消费者、骑手、商家三者中实现最优匹配，同时需要考虑是否顺路、天气如何、路况如何、消费者预计送达时间、商家出餐时间等复杂因素，实现 30 分钟左右准时送达。

而饿了么的智能调度系统方舟，通过使用深层次神经网络与多场景智能适配分担，引入"大商圈"概念，为不同场景建立了不同的适配模型。得益于深度学习与多场景人工智能适配分单，该系统能实时感知供需、天气等变化，对预计送达时间、商户出餐时间、商圈未来订单负载等做出精准预测，用户的订单将会在最优决策下被匹配最佳路径，保证配送效率和体验。

分单是快递的一个重要环节，人工智能的应用，使其实现了从人工分单到人工智能分单的转变。以送往北京的包裹为例，过去包裹到达北京的转运中心之后，需要专门的人员对包裹进行区分，哪些去往海淀区，哪些去往东城区，去往不同区的包裹会被写上不同的编号。到达网点之后要经过再次分拨，到达配送站之后，快递员之间需要第三次分拨。这些分单工作人员，要达到熟练至少要经过半年的训练。一个转运中心大则 100 多号人"三班倒"工作，小的也需要几十人，还会经常发生错误，出现类似去往北京的包裹意外来到了深圳这样的问题，严重影响派送效率和消费者体验。

菜鸟网络通过人工智能技术、大规模的机器学习，处理海量数据，实现智能分单。包裹发出时，就会对包裹要去往的网点以及快递员做出精准的对应，并在面单上标识出编号，无须由人工手写分单。包裹到达转运中心、网点以及配送站之后，工作人员根据编号即可判断包裹的分配，分单准确率大大提高，效率也得到提高。

10. 客服

以言语理解为核心的认知智能研究也是人工智能领域的核心研究之一，目标是让机器具备处理海量语音内容和认识理解自然口语的能力，并在此基础上实现自然的人机交互。在日常生活中，小度、小爱等都是代表案例。而在物流快递业当中，其可以应用的场景之一是客服。客服工作难度大，人员流失率也高，为此很多公司都在打造智能客服系统。以"三通一达"、顺丰和美团、饿了么为主的公司均已上线了语音和文字智能客服，其服务半径辐射 80%以上终端消费者。菜鸟也曾发布语音助手产品。

以圆通速递为例，圆通速递在 2017 年开始相继在官网、微信等渠道上线国内版智能在线机器人客服，代替或协助人工在线客服完成客户服务工作，一定程度上解决了客服用工成本高、服务时间难以满足客户需求的问题。相关资料显示，圆通速递高峰期每日电话呼入量超 200 万通，需要 5000 人工座席处理，在配备智能语音客服机器人后，高峰期 90%以上电话呼入可通过语音机器人处理，日均服务量超 30 万，每秒可处理并发呼入量超 1 万次，在控制成本的前提下，极大程度上提升了效率。

除了上述案例，人工智能在路径规划、智能选址、智能路由、商品布局等方面均可以应用。

【训练 6-5】探析人工智能在计算机视觉和模式识别中的应用

任务描述
人工智能的应用领域非常多，试探析人工智能在计算机视觉和模式识别中的应用及其技术原理。

任务实施

1. 计算机视觉
计算机视觉是一个广阔的领域，它包括涉及诸如图像和视频之类视觉信息的模式识别。计算机视觉以照片、静止的视频图像和一系列图像（视频）作为输入，经过算法模型的处理，产生输出，如图 6-38 所示。

图 6-38　计算机视觉

输出可以是识别、检测和发现某个目标、特征或者活动。视觉相关的应用隐含着一定程度的自动化，特别是自动化视觉，通常需要人在应用中参与（如检查）。机器视觉一词用来描述在工业应用中的类似或者有一定重叠度的技术，诸如检查、过程控制、测量和机器人。

计算机视觉有许多有趣而且强大的应用，同时应用场景也在快速增加。例如，可以在下述场景中使用计算机视觉。

① 视频分析和内容筛选。

② 唇读。

③ 指挥自动化机器（例如汽车和无人机）。

④ 视频识别和描述。

⑤ 视频字幕。

⑥ 识别像拥抱和握手之类的人际交互动作。

⑦ 机器人及其控制系统。

⑧ 人群密度估算。

⑨ 清点数目（例如排队、基础设施规划、零售）。

⑩ 检查与质量控制。

⑪ 零售客户步行路径分析以及参与度分析。

无人航空器（Unmanned Aerial Vehicle，UAV）经常被称为无人机，通过应用计算机视觉，无人机能够执行检查（例如石油管道、无线信号塔）、完成建筑和区域搜索、帮助制作地图和送货。计算机视觉现在正广泛应用于公安、安保和监控。当然，这类应用也要注意符合伦理道德，保护人们的利益。

2. 模式识别

模式识别涉及输入非结构化数据，经过算法模型处理，继而检测是否存在某种特定的模式（检测），然后为识别出的模式分配一个类别（分类），或者发现所识别模式的主题（识别），如图 6-39 所示。

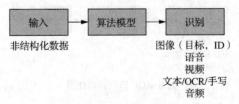

图 6-39　模式识别

这些应用的输入可以包括图像（包括视频、一系列静止的图像）、音频（例如讲话、音乐和声音）和文本。文本可以根据其特性进一步细分为电子、手写或者打印（例如纸、支票、车牌号）文本。以图像为输入的目的可能是检测目标、识别目标、发现目标，或者三者皆有。"检测"用来指代所发现的不同于背景的目标，也包括对目标位置的测量和围绕被检测目标边际框的具体测量。识别是指为检测到的目标分类或打标签的过程，识别会更进一步，并为所识别的人脸分配一个身份。

模式识别的其他应用包括以下方面。

① 读出视频和音频中的文字。

② 在图像上打标签和分类。

③ 汽车保险中基于图像来评估汽车受损程度。

④ 从视频和音频中提取信息。

⑤ 基于面部和声音的情感识别。

音频识别的应用包括以下方面。

① 语音识别。

② 将语音转换为文本。

③ 分离并识别出讲话者。

④ 基于声音、实时客服和销售电话的情感智能分析。

⑤ 伐木和森林砍伐声音检测。

⑥ 缺陷检测（例如制造过程中的缺陷或零配件失效）。

最后，手写或打印的文本可以通过光学字符阅读器和手写字符识别转换为电子文档，文档也可以转换为语音，但这被认为更可能是人工智能的生成性应用，而不是识别性应用。

【训练 6-6】探析人工智能在自然语言领域的应用

任务描述

自然语言是人工智能发展与应用中非常有趣且令人激动的领域，通常分成 3 个子领域：自然语言处理（Natural Language Processing，NLP）、自然语言生成（Natural Language Generation，NLG）和自然语言理解（Natural Language Understanding，NLU）。分别探析人工智能在这 3 个子领域的应用及其技术原理。

任务实施

1. 自然语言处理

自然语言处理输入文本、语音或手写形式的语言，经过 NLP 算法处理后，输出结构化的数据，如图 6-40 所示。

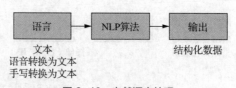

图 6-40 自然语言处理

与自然语言处理相关的具体任务和技术包括以下方面。

① 量化和目标文本分析。

② 语音识别（语音转换为文本）。

③ 话题模型（例如话题以及文档中讨论的主题）。

④ 文本分类（例如电视剧）。

⑤ 情感分析（例如正面、负面、中性）。

⑥ 主体检测（例如人、地点）。

⑦ 命名识别（例如大峡谷、迈尔斯·戴维斯）。

⑧ 语义相似性分析（例如不同词和文本之间在总体上意思的相似性）。

⑨ 为部分语音打标签（例如名词、动词）。

⑩ 机器翻译（例如英文到法文的翻译）。

一个具体的自然语言处理应用涉及公司会议录音、文本转换，然后提供会议总结，其中包括围绕不同话题的分析和会议表现。

另外一个应用采用自然语言处理来对招聘面试进行分析，并根据性别中立性、语调、措辞等因素给出整体评分。它还为提高评分和整体工作描述提供优化建议。

自然语言处理的其他应用还包括以下方面。

① 基于情感的新闻聚合。

② 情感驱动的社会媒体调查以及品牌监控。

③ 电影评论和产品评论的情感分析。

④ 动物声音转换。

现在有许多云服务提供商通过自然语言处理服务和应用程序接口（Application Programming Interface，API）来提供这方面的一些功能。

2. 自然语言生成

自然语言生成以结构化数据的形式来输入语言，经过 NLG 算法处理，产生对应语言作为输出，如图 6-41 所示。这种语言输出可以是文本或者文本转换为语音的形式。结构化输入数据的案例可以是比赛中运动员情况的统计数据、广告效果数据或者公司的财务数据等。

图 6-41　自然语言生成

自然语言生成应用包括以下方面。

① 根据句子和文档自动产生文本概述。

② 简要回顾（例如新闻和体育）。

③ 关于图片的故事。

④ 业务分析报告概要。

⑤ 招聘人员参与医院研究。

⑥ 自然语言形式的患者医院账单。

⑦ 梦幻足球选秀总结和每周比赛回顾。

⑧ 房产描述和房地产市场报告。

⑨ 与公司收入报告相关的新闻发布。

3. 自然语言理解

自然语言理解以语言为输入（文本、语音或手写），经过 NLU 算法的处理，产生可以被理解的语言作为输出，如图 6-42 所示。所产生的可理解语言可以用来采取行动、生成响应、回答问题、进行对话等。

图 6-42　自然语言理解

"理解"一词可以非常深奥且具有哲学性质，并会涉及领悟的概念，注意到这一点非常重要。理解所指的能力，往往不仅是领悟信息（与死记硬背相反），而且是把理解的信息与现存知识整合，并以此作为不断增长的知识基础。

在不进行全面哲学讨论的情况下，让我们仅用术语"理解"来表示算法能够对输入语言做更多的工作，而不仅是解析并执行简单的任务，例如文本分析。自然语言理解要解决的问题显然比自然语言处理和自然语言生成问题（普通人工智能问题）难得多，而且自然语言理解是实现通用人工智能的主要基本组成。

目前的自然语言理解日臻完善，已经有了包括个人虚拟助理、聊天机器人、客户成功（支持与服务）代理、销售代理等在内的应用。这些应用通常包括某些形式的手写内容或语音对话，经常围绕着信息搜集、问题解答或者某些协助性工具。

个人虚拟助理的具体应用案例包括诸如苹果的 Siri 以及 Nuance 的 Nina 等。聊天机器人的应用案例包括润滑油专家、工作面试、贷款顾问和商业保险专家。

【训练 6-7】探析物联网技术在智能交通中的应用

任务描述

随着城市化进程的加快，城市交通问题也越来越突出。智能交通在解决交通问题方面的作用效果日益凸显，智能交通受到越来越多的关注。交通被认为是物联网所有应用场景中最有前景的应用之一，试探析智能交通中应用了哪些物联网技术？物联网在智能交通里的应用场景有哪些？

任务实施

智能交通指的是将先进的信息技术、数据传输技术以及计算机处理技术等有效集成到交通运输管理体系中，使人、车和路能够紧密配合，改善交通运输环境来提高资源利用率等。

物联网作为新一代信息技术的重要组成部分，通过射频识别、全球定位系统等信息感应设备和技术，按照约定的协议，把物体与互联网相连，进行信息交换和通信。随着物联网技术的不断发展，也为智能交通系统的进一步发展和完善注入了新的动力。

1. 物联网技术在智能交通中的应用

（1）视频监控与采集技术

此技术可以实现将视频图像和模式识别相结合，为更好地解决交通问题打下基础。视频检测系统将视频采集设备采集到的连续模拟图像转换成离散的数字图像后，经分析处理得到车牌号码、车型等信息，能够计算出交通流量、车速、车头时距、占有率等交通参数。

（2）全球定位技术

全球定位技术是很多车内导航系统的核心技术，车辆中配备的嵌入式全球定位接收器能够接收多个不同卫星的信号并计算出车辆当前所在的位置。随着技术的进一步提升，定位的误差也越来越小。

（3）位置感知技术

通过在专门的车辆上部署相应接收器，并以一定的时间间隔记录车辆的三维位置坐标（经度坐标、纬度坐标、高度坐标）和时间信息，辅以电子地图数据，可以计算出行驶速度等交通数据。

（4）RFID 技术

RFID 技术可以通过射频信号自动识别目标对象并获取相关数据，识别工作无须人工干预，可工作于各种恶劣环境。RFID 技术可识别高速运动物体并可同时识别多个标签，操作快捷方便。RFID 具有车辆通信、自动识别、定位、远距离监控等功能，在移动车辆的识别和管理系统方面有着非常广泛的应用。

2. 物联网在智能交通里的应用场景

（1）智能公交车

智能公交通过 RFID、传感等技术，实时了解公交车的位置，实现弯道及路线提醒等功能。同时能结合公交的运行特点，通过智能调度系统，对线路、车辆进行规划调度，实现智能排班。

（2）共享自行车

共享自行车通过配有全球定位或窄带物联网（Narrow Band Internet of Things，NB-IoT）模块的智能锁，将数据上传到共享服务平台，实现车辆精准定位、实时掌控车辆运行状态等。

（3）车联网

利用先进的传感器、RFID 以及摄像头等设备，采集车辆周围的环境以及车自身的信息，将数据传输至车载系统，实时监控车辆运行状态，包括油耗、车速等。

（4）智能红绿灯

通过安装在路口的雷达装置，实时监测路口的行车数量、车距以及车速，同时监测行人的数量以及外界天气状况，动态地调控交通灯的信号，提高路口车辆通行率，减少交通信号灯的空放时间，最终提高道路的承载力。

（5）汽车电子标识

汽车电子标识，又叫电子车牌，通过 RFID 技术，自动地、非接触地完成车辆的识别与监控，将采集到的信息与交管系统连接，实现车辆的监管以及解决交通肇事、逃逸等问题。

（6）充电桩

运用传感器采集充电桩电量、状态监测以及充电桩位置等信息，将采集到的数据实时传输到云平台，通过应用程序与云平台进行连接，实现统一管理等功能。

（7）智慧停车

在城市交通出行领域，由于停车资源有限，停车效率低下等问题，智慧停车应运而生。智慧停车以停车位资源为基础，通过安装地磁感应、摄像头等装置，实现车牌识别、车位的查找与预定以及使用应用程序自动支付等功能。

（8）高速无感收费

通过摄像头识别车牌信息，将车牌绑定至微信或者支付宝，根据行驶的里程，自动通过微信或者支付宝收取费用，实现无感收费，提高通行效率、缩短车辆等候时间等。

以物联网、大数据、人工智能等为代表的新技术能有效地解决交通拥堵、停车资源有限、红绿灯变化不合理等问题，最终使智能交通得以实现。智能交通系统在许多城市已经开始规模化应用，市场前景广阔，随着技术的不断发展，物联网在智能交通领域的应用也将继续深入。

【训练 6-8】探析物联网技术在环境监测中的应用

任务描述

当前，物联网技术已经成为环境监测工作主要的手段，在社会发展中所起到的作用也变得十分突出。

对物联网技术在大气监测、水质监测、污水处理监测等方面的应用进行探析。

任务实施

将物联网技术应用在环境监测中，可以实现对环境信息的采集、传输、分析及存储，可以为环境监测提供更多全面、准确的数据信息，将这些数据信息整理和分析，能够及时有效地发现其中存在的问题，做好预防和控制工作，提升环境监测质量和监测效率，有助于推动环境管理工作持续发展，对于我国未来环境发展具有十分突出的促进作用。

1. 大气监测

大气监测工作是环境监测工作的重要组成部分，相关监测人员要对大气中存在的污染物定期观察和分析，以此来判断大气中污染物含量是否超标。物联网传感器技术在环境监测中的应用，可以在监测有毒物质区域安装传感器，或是在人口稠密地区安装传感器，这样传感器监测的范围就更广，在传感器监测范围内，如果出现大气污染问题，或是监测内容突然剧烈变化，都会根据传感器技术进行更深层次的了解，从而寻求合理的应对措施，做好预防工作。

2. 水质监测

水质监测工作涉及范围较广，其中包含对工业排水和天然水污染的监测，同时也包括对没有污染的水资源的监测工作。在水质监测工作中，不仅需要对水质问题进行分析和判断，还要对水资源中有毒物质进行更加全面的了解。就当前我国水质监测工作现状来看，主要是日常饮用水监测和水污染监测两方面，饮用水监测是将传感器和相关设备安装在水源地，根据每日对水源地水质情况的监测，实时分析和掌握水质情况；水污染监测则是对工业废水的监测，能够有效避免重大污染问题出现，从而有效地对污染排放进行管理和控制。

3. 污水处理监测

人们对水资源保护和再利用问题重视程度在逐渐提升，尤其是对水环境质量的监测工作，成为解决水污染问题的主要手段，具有十分深远的影响和意义。在污水处理监测中应用物联网传感器技术，可以对污水处理情况进行实时监测，可以有效降低人员劳动强度，促使污水处理技术真实性、全面性获得有效保障。

【考核评价】

【技能测试】

【测试 6-1】通过互联网搜索招聘网站与获取招聘信息

借助百度网站获取前程无忧招聘网、智联招聘网等网站的网址。然后打开这些网站的首页，浏览其招聘信息，搜索与记录所需的招聘信息。

【测试 6-2】通过互联网查询旅游景点信息

通过携程旅行网查询并记录张家界和黄山两地著名的旅游景点信息。

【测试 6-3】通过互联网查询火车车次及时间

通过中国铁路时刻网或火车网查询长沙与北京间的火车车次及时间。

【测试 6-4】通过互联网查询乘车路线

利用百度地图查询从天安门出发到北京西站的乘车路线。

【测试 6-5】通过互联网搜索与获取台式计算机配置方案

通过中关村在线的 DIY 硬件频道搜索一款价格在 7000~8000 元的台式计算机配置方案。

【测试 6-6】通过互联网搜索与下载所需的资料

① 通过百度网站搜索与下载"全国计算机等级考试一级"的最新考试大纲。
② 通过百度网站搜索与下载有关"物联网"的相关资料。

【课后习题】

1. IP 地址由（　　）位二进制数组成。
   A. 16　　　　　　　B. 8　　　　　　　C. 32　　　　　　　D. 64
2. 下列电子邮件地址中，（　　）是正确的。
   A. http://www.sina.com　　　　　　B. good@163.com
   C. abc.edu.com　　　　　　　　　　D. www.baidu.com
3. 云计算是一种基于并高度依赖于（　　）的计算资源交付模型。
   A. 服务器　　　　　B. 互联网　　　　　C. 应用程序　　　　　D. 服务
4. 能为开发人员提供通过全球互联网构建应用程序和服务平台的云计算服务类型是（　　）。
   A. IaaS　　　　　　B. PaaS　　　　　　C. SaaS　　　　　　D. 无服务器计算
5. 使用（　　）服务类型，云提供商托管并管理软件应用程序和基础结构。用户（通常使用电话、平板电脑或 PC 上的 Web 浏览器）通过 Internet 连接到应用程序。
   A. IaaS　　　　　　B. PaaS　　　　　　C. SaaS　　　　　　D. 无服务器计算
6. 大数据具有"4V"特点，即 Volume、Velocity、Variety、Value，其中 Value 表示的是（　　）。
   A. 数据价值密度高　B. 数据价值密度低　C. 数据量大　　　D. 数据类型多
7. 大数据预测具有更多的数据维度，更快的数据频度和更广的数据宽度。主要利用（　　）数据来做决策。
   A. 非结构化　　　　B. 结构化　　　　　C. 关系型　　　　　D. 所有数据

8. 比较而言，大数据预测更加关注（　　　）。

　　　A. 抽样　　　　　　B. 预测效率　　　　　C. 精确度　　　　　D. 因果关系

9. 20 世纪 70 年代以来被称为世界三大尖端技术是空间技术、能源技术和（　　　）。

　　　A. 纳米科学　　　　B. 量子通信　　　　　C. 人工智能　　　　D. 基因工程

10. 人工智能是研究使用（　　　）来模拟人的某些思维过程和智能行为（例如：学习、推理、思考、规划等）的学科。

　　　A. 计算机　　　　　B. 云计算　　　　　　C. 物联网　　　　　D. 大数据

11. 我们可以根据物联网对信息感知、传输、处理的过程将其划分为 3 层结构，即感知层、（　　　）和应用层。

　　　A. 硬件层　　　　　B. 网络层　　　　　　C. 传输层　　　　　D. 处理层